Festigkeitslehre für Wirtschaftsingenieure

Klaus-Dieter Arndt · Holger Brüggemann ·
Joachim Ihme

Festigkeitslehre für Wirtschaftsingenieure

Verständlich durch viele durchgerechnete
Beispiele

3., überarbeitete und erweiterte Auflage

Springer Vieweg

Klaus-Dieter Arndt
Ostfalia Hochschule für angewandte
Wissenschaften
Wolfenbüttel, Deutschland

Holger Brüggemann
Ostfalia Hochschule für angewandte
Wissenschaften
Wolfenbüttel, Deutschland

Joachim Ihme
Ostfalia Hochschule für angewandte
Wissenschaften
Wolfenbüttel, Deutschland

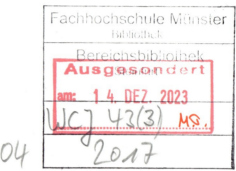
ISBN 978-3-658-18065-2   ISBN 978-3-658-18066-9 (eBook)
https://doi.org/10.1007/978-3-658-18066-9

Die Deutsche Nationalbibliothek verzeichnet diese Publikation in der Deutschen Nationalbibliografie; detaillierte bibliografische Daten sind im Internet über http://dnb.d-nb.de abrufbar.

Springer Vieweg
© Springer Fachmedien Wiesbaden GmbH 2011, 2014, 2017

Lektorat: Thomas Zipsner

Gedruckt auf säurefreiem und chlorfrei gebleichtem Papier

Springer Vieweg ist Teil von Springer Nature
Die eingetragene Gesellschaft ist Springer Fachmedien Wiesbaden GmbH
Die Anschrift der Gesellschaft ist: Abraham-Lincoln-Strasse 46, 65189 Wiesbaden, Germany

Vorwort

Noch ein Buch über Festigkeitslehre – so werden viele Leser denken, wenn sie dieses Buch in die Hand nehmen. Warum haben wir dieses Buch geschrieben? Die Festigkeitslehre gehört als Teil der Technischen Mechanik zu den Kernfächern eines Ingenieurstudiums, wird aber bei den Studierenden eher als „Hammer-", „Hass-" oder „Loser-Fach" angesehen. Durch die Einführung der Bachelor-Studiengänge wurde die Anzahl der Präsenzstunden für die Studierenden gekürzt. Dem selbstständigen Erarbeiten von Wissen und Fähigkeiten wurde mehr Raum gegeben. Dies erfordert entsprechend aufbereitete Unterlagen zur Theorie eines Faches und eine ausreichende Menge von Beispielen und Übungsaufgaben. Unser Ziel war es daher, den Stoff einerseits für das Bachelor-Studium auf das Wesentliche zu beschränken, ihn andererseits aber so praxis- und anwendungsnah wie nur möglich aufzubereiten, gerade auch für die zunehmende Zahl der Studierenden in Wirtschaftsingenieur-Studiengängen. Wir haben daher in zahlreichen Beispielen und Aufgaben auch wirtschaftliche Aspekte mit berücksichtigt. Das Buch ist sicher auch für Studierende an Technikerschulen und für Praktiker geeignet.

Es entstand aus der Vorlesung „Festigkeitslehre", die wir seit mehreren Jahren an der Ostfalia – Hochschule für angewandte Wissenschaften (Hochschule Braunschweig/Wolfenbüttel) halten. Die Unterlagen zu dieser Lehrveranstaltung für den Bachelor-Studiengang Maschinenbau gehen auf ein Skript unseres früheren Kollegen Prof. Dipl.-Ing. Eckard Dollase zurück, das von unserem inzwischen leider verstorbenen Kollegen Prof. Dr.-Ing. Klaus-Dieter Giese erweitert und überarbeitet wurde. Beiden sind wir für die Überlassung ihrer Unterlagen zu großem Dank verpflichtet.

Die dritte Auflage wurde überarbeitet, Anregungen aufgenommen, Fehler beseitigt und der Stoff in den einzelnen Kapiteln durch zusätzliche Hinweise und Abbildungen erweitert sowie zeichnerische Darstellungen vereinheitlicht.

Die Abbildungen wurden farblich überarbeitet, mit folgender Bedeutung: Kräfte blau, innere Kräfte, Druck und Normalspannungen rot, Momente grün, Streckenlasten und Schubspannungen rotbraun, Durchsenkungen violett.

Wir danken Herrn Dipl.-Ing. Heinrich Turk, der als wissenschaftlicher Mitarbeiter seit mehreren Jahren die Pflege und Erweiterung der zum Skript gehörenden Aufgabensammlung übernommen hat. Zahlreiche Proben aus der Werkstoffprüfung hat uns Herr Manfred Grochholski zur Verfügung gestellt. Dank gebührt auch dem Springer Vieweg Verlag, insbesondere Herrn Dipl.-Ing. Thomas Zipsner und Frau Imke Zander, für die konstruktive und reibungslose Zusammenarbeit. Unseren Familien danken wir für ihre stete Unterstützung und das Verständnis.

Für Anregungen aus dem Kreis der Leser zur weiteren Verbesserung dieses Buches sind wir dankbar.

Wolfenbüttel, im März 2017   Klaus-Dieter Arndt
                                                              Holger Brüggemann
                                                              Joachim Ihme

Verwendete Bezeichnungen und Indizes

Verwendete Bezeichnungen

A	Fläche, Bruchdehnung, Querschnitt
B	Breite
a	Nahtdicke
a, b	Konstanten
a, b, c, h, l, s	Abmessungen
C	Celsius
C	Drehfederkonstante, Federkonstante, Integrationskonstante
D, d	Durchmesser
d	Differenzial
E	Elastizitätsmodul
$E \cdot A$	Dehnsteifigkeit
$E \cdot I$	Biegesteifigkeit
e	Abstand, Exzentrizität, Randfaserabstand
F	Kraft
G	Gestalt, Gleit-/Schubmodul
$G \cdot I_p$	Torsions-, Verdrehsteifigkeit
g	Erdbeschleunigung
GEH	Gestaltänderungsenergiehypothese
GFK	Glasfaserverstärkter Kunststoff
GJL	Gusseisen mit Lamellengrafit
GJS	Gusseisen mit Kugelgrafit
H	Hohe, Flächenmoment 1. Grades (statisches Flächenmoment)
I	Flächenmoment 2. Grades (Flächenträgheitsmoment)
i	Trägheitsradius
K	Kelvin
K	Kosten
k	Krümmung

k'	bezogene oder spezifische Kosten
L, l	Länge
M	Material, Moment, Mittelpunktkoordinaten, Schubmittelpunkt
Mg	Magnesium
m	Masse, Poisson'sche Konstante, Steigung
m'	bezogene oder spezifische Masse
N	Lastspiele
N	Newton
NH	Normalspannungshypothese
n	Anzahl, Drehzahl
P	Leistung, Steigung des Gewindes
PP	Polypropylen
PVC	Polyvinylchlorid
p	Druck, Flächenpressung
q	Streckenlast
R, r	Radius
R	Werkstofffestigkeit
Rb	Randbedingung
S	Schwerpunkt, Sicherheitsfaktor, Streckgrenze
s	Abstand, Blechdicke, Wandstärke, Weg
SH	Schubspannungshypothese
T	Temperatur, Torsionsmoment
t	Tonne
Üb	Übergangsbedingung
V	Volumen
v	Geschwindigkeit
W	Arbeit, Formänderungsarbeit, Widerstandsmoment
w	Koordinate, Durchbiegung, spezifische Formänderungsarbeit
x, y, z	Koordinaten
α	Korrekturfaktor, Winkel, Längenausdehnungskoeffizient
β	Winkel
γ	Winkel, Winkeländerung, spezifisches Gewicht
Δ, δ	Differenz
ε	Dehnung, Querkürzung
ϑ	Temperatur, thermisch
φ	Anstrengungsverhältnis, Biegewinkel, Neigung, Verdrehwinkel, Winkeländerung
ζ, η	Koordinaten, Korrekturfaktor
λ	Schlankheitsgrad
μ	Querkontraktionszahl (POISSON'sche Konstante)
ρ	Dichte, Krümmungsradius
σ	Normalspannung, Spannung

τ Schubspannung, Tangentialspannung
ω Winkelgeschwindigkeit

Indizes

A, B, C, D Eckpunkte, Schnittbezeichnung
Al   Aluminium
a   Abscheren, Ausschlagspannung, außen, axial
B   Bruch
b   Biegung
bd   Biegedruckspannung
bz   Biegezugspannung
CFK   Carbonfaserverstärkter Kunststoff
Cu   Kupfer
D   Dauer
d   Druck
E   Elastizitätsgrenze
erf   erforderlich
elast   elastisch
F   Fließen, Fließ-/Stauchgrenze, Formänderung,
f   Formänderung
G   Gewicht
ges   gesamt
Grenz   Grenzspannung
H   Horizontal
h   Hauptachse
I   Doppel-T
i   Zählindex, Index, innere
K   Knickung
L   Winkel
l   Lochleibung
M   Material
m   Mittelspannung, mechanisch, mittlere
max   maximal
mech   mechanisch
min   minimal
N   Normal
n   Nenn, normal
o   Oberspannung
P   Proportionalitätsgrenze
p   polar

plast	plastisch
proj	projiziert
q	Querkraft
R	Reißlänge
r	radial
res	resultierend
S	Schwerpunkt, Stirnfläche, Streckgrenze
s	Schub
Sch	schwellend
St	Stahl
T	Traglänge
t	tangential, Torsion, Zeit
ϑ	thermisch
tat	tatsächlich
therm	thermisch
u	Umfang, Unterspannung
v	Vergleichsspannung
vorh	vorhanden
W	Wand, wechselnd
x, y, z	Koordinaten
z	Zug
zd	Zug-/Druckspannung
zul	zulässig

Indizes von *R*

e	Streckgrenze
eH	obere Streckgrenze
eL	untere Streckgrenze
$p_{0,2}$	0,2 % Dehngrenze
$p_{0,01}$	0,01 % Stauchgrenze
m	Zugfestigkeit

Inhaltsverzeichnis

Einführung

Die „Festigkeit von Dingen" ist etwas, was im Alltagsleben häufig Gegenstand der Betrachtung ist. Meist wird umgangssprachlich dabei der Begriff „*fest*" verwendet. Beispielsweise fragen Kinder im Winter, ob das Eis „fest genug sei, um es zu betreten". „Fest" wird als Beschreibung der Materialeigenschaft des Eises genutzt. Die Materialeigenschaft wird in Verbindung mit einer Belastung gebracht – die Kinder wollen das Eis betreten. Und es geht um einen Schaden, beziehungsweise um die Vermeidung eines Schadens. Die Kinder wollen nicht einbrechen. Auch in technischen Zusammenhängen findet dieser Begriff häufig Verwendung. Beispielsweise kann man Autozeitschriften entnehmen, dass in Kraftfahrzeugen zunehmend hoch*feste* Stähle oder *Faserverbund*werkstoffe eingesetzt werden, um die Fahrzeuge leichter zu gestalten und das Crashverhalten zu verbessern. Wieder geht es um eine Materialeigenschaft, die in Verbindung mit einer Belastung (dem Crashtest) steht. Und wieder soll auch ein Schaden vermieden werden: die Insassen des Fahrzeuges sollen nicht verletzt werden.

Beiden Beispielen kann man entnehmen, dass die „Festigkeit" etwas mit den Eigenschaften eines Materials, mit den Belastungen und mit der Vermeidung von Schäden zu tun haben muss.

Wie die Begriffe „fest" beziehungsweise „Festigkeit" in der Technik definiert sind und was dabei die Aufgabe der „Festigkeitslehre" ist, ist Inhalt des Kap. 1.

1.1 Aufgaben der Festigkeitslehre

Die **Festigkeitslehre** ist ein Teilgebiet der **Technischen Mechanik.** Dieses Gebiet kann unterteilt werden in:

- **Statik**
- **Festigkeitslehre** oder **Elastostatik** und
- **Kinematik/Kinetik.**

© Springer Fachmedien Wiesbaden GmbH 2017
K.-D. Arndt et al., *Festigkeitslehre für Wirtschaftsingenieure*,
https://doi.org/10.1007/978-3-658-18066-9_1

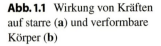

Abb. 1.1 Wirkung von Kräften auf starre (**a**) und verformbare Körper (**b**)

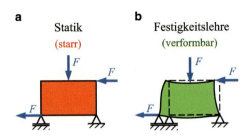

Die **Statik** ist die Lehre vom Gleichgewicht der Kräfte an einem **starren Körper** mit dem Ziel der Ermittlung unbekannter Kräfte, wie Auflager-, Gelenk- und Stabkräfte. Sie dient als Grundlage für die Dimensionierung und Auslegung (Festigkeitsberechnung) technischer Bauteile.

In der **Festigkeitslehre** betrachten wir keine idealen starren Körper, sondern deformierbare oder elastische Körper. Sie stellt den Zusammenhang zwischen den **äußeren** und **inneren** Kräften sowie den **Verformungen** (Abb. 1.1) her. Auch die Lösung statisch unbestimmter Systeme setzt voraus, dass die Werkstoffe nicht starr sind. Darüber hinaus sind die Haltbarkeit und die Stabilität technischer Bauteile von großem Interesse. Die Aufgabe der Festigkeitslehre besteht darin, mit den aus der Statik ermittelten Kräften und Momenten Bauteile zu dimensionieren oder Spannungen zu ermitteln und zu überprüfen, ob sie unter den zulässigen Grenzwerten liegen.

Zu den weiteren Aufgaben der Festigkeitslehre gehören:

- Berechnungsverfahren für die Kraftwirkungen **im Innern** von Körpern und die hervorgerufenen Formänderungen zu entwickeln.
- Regeln zur Beurteilung und Vermeidung des Versagens von Bauteilen aufzustellen.

Ein Versagen der Bauteile tritt bei einer Überbeanspruchung im Betrieb in folgender Form auf:

- **Gewaltbruch** (statische Beanspruchung)
- **Dauer**(schwing)**bruch** (dynamische Beanspruchung; Abb. 1.2 und 1.3)
- **unzulässig große Verformung**
- **Instabilität** (Knicken, Beulen).

Der Dauerbruch (Dauerschwingbruch, Ermüdungsbruch) tritt infolge einer Dauerbeanspruchung auf. Im Bereich des Dauerschwinganrisses hat die Bruchfläche meist eine glatte Struktur, wobei der Restbruch i. Allg. grober strukturiert ist. Typisch für einen Dauerbruch sind die Rastlinien (Abb. 1.2). Diese Erscheinungsform ist jedoch nicht immer ausgeprägt. Fehlstellen an der Oberfläche oder auch im Werkstück können Auslöser für diese Art von Brüchen sein. Fehlstellen sind zum Beispiel Entkohlung an der Oberfläche, Schlackeneinschlüsse, Risse oder Gefügeunregelmäßigkeiten. Ferrit wirkt im Fall einer

Abb. 1.2 Dauerbruch. (Quelle: IWM RWTH Aachen)

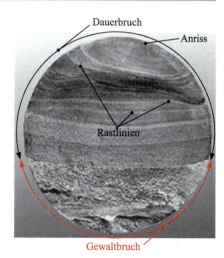

Entkohlung, wegen der schlechteren Wechselfestigkeit, als Auslöser. Infolge des Bruchfortlaufes nimmt die Materialquerschnittsfläche immer mehr ab (Rastlinien) und es kommt durch Überbelastung letztendlich zum Bruch (Restbruchfläche) des Bauteils.

Die Lage der Bruchebene ist vor allem von der Beanspruchungsrichtung abhängig. Brüche, die senkrecht zur Beanspruchungsrichtung auftreten, bezeichnet man als normalflächig. Für spröde Trennbrüche und Ermüdungsbrüche ist diese Bruchlage i. Allg. charakteristisch. Von Schubbrüchen spricht man dagegen, wenn die Bruchflächen in Richtung der größten Schubspannungen auftreten. Bei Gewaltbrüchen von zähen Werkstoffen ist diese Bruchform u. a. anzutreffen. Bei unterschiedlichen Werkstoffen kann der Bruch durch Normal- und Schubspannungen ausgelöst werden. In Abb. 1.4 sind die Zuordnungen zwischen den Normalspannungen und den Schubspannungen im gefährdeten Querschnitt und die daraus resultierenden Bruchverläufe dargestellt. Die Beanspruchungsarten und die Spannungsverteilung werden im Abschn. 1.2 näher erläutert.

Abb. 1.3 Ermüdungsbruch eines Fahrradpedalarmes. (*hell*: Spröd-, Gewaltbruch, *dunkel*: Ermüdungsbruch mit Rastlinien). (Quelle: Wikipedia)

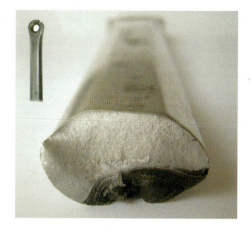

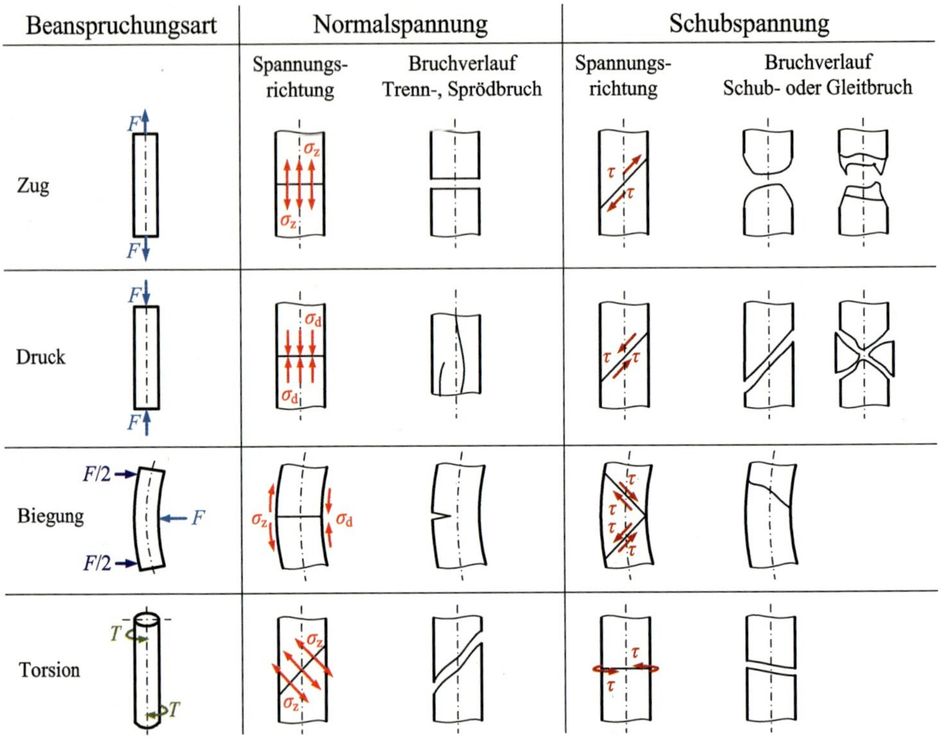

Beanspruchungsart	Normalspannung		Schubspannung	
	Spannungs-richtung	Bruchverlauf Trenn-, Sprödbruch	Spannungs-richtung	Bruchverlauf Schub- oder Gleitbruch
Zug				
Druck				
Biegung				
Torsion				

Abb. 1.4 Bruchverläufe in Abhängigkeit der Beanspruchungsarten

Eine Vorgehensweise zur Lösung einer sicheren Bauteilauslegung ist Abb. 1.5 zu entnehmen.

Grundlagen für die Berechnungsverfahren der Festigkeitslehre sind:

- die Gesetze und Regeln der Statik sowie
- ideal homogene und isotrope Körper.

Homogen bedeutet, dass der Werkstoff überall gleichartige Eigenschaften aufweist. Bei isotropen Werkstoffen sind die Eigenschaften richtungsunabhängig.

Die realen Werkstoffe der Technik (z. B. Metalle, Kunststoffe, Holz, Keramik, . . .) hingegen:

- sind nur für gleichmäßig feinkörnige Werkstoffe (z. B. Stahl oder Aluminium) annähernd homogen bzw. quasi-isotrop („nahezu isotrop")
- dagegen ist die Belastbarkeit/Beanspruchbarkeit begrenzt, d. h. innere Kraftwirkungen und Verformungen von Bauteilen sind **zulässig**, sie müssen (aber deutlich) unter bestimmten Grenzwerten bleiben, damit es nicht zum Versagen, z. B. Bruch, kommt.

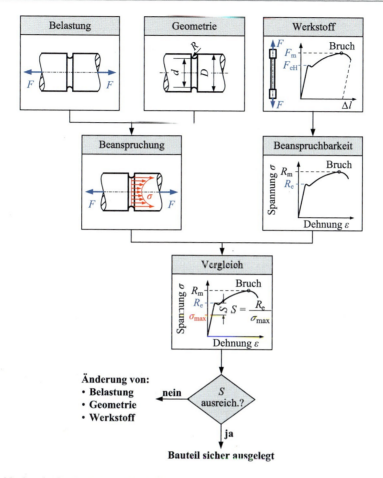

Abb. 1.5 Nachweis der Festigkeit. (Nach [8])

Eine wesentliche Voraussetzung für eine möglichst wirklichkeitsnahe Festigkeitsberechnung ist die Kenntnis über die verwendeten Werkstoffe! Aus diesem Grunde benötigen wir Kenntnisse der Werkstoffkunde und Werkstoffprüfung, um eine Beurteilung für die Wahl des einzusetzenden Werkstoffes vornehmen zu können.

Die **Werkstoffkunde** vermittelt Kenntnisse über den Aufbau, die Eigenschaften, die Behandlungsmöglichkeiten und den Einsatz der Werkstoffe.

Die **Werkstoffprüfung** untersucht das Verhalten beanspruchter Werkstoffe, d. h.

- den Zusammenhang zwischen Kräften und Verformungen
- und den Grenzbeanspruchungen, die zum Versagen führen.

Eine Unterscheidung der Werkstoffe erfolgt nach duktil (zäh) oder spröde.

Duktile Werkstoffe:

- Werkstoffe, die vor dem Bruch stark gedehnt werden können, heißen **duktil** oder **zäh.**
- Zu den duktilen Werkstoffen gehören z. B. unlegierte Stähle und Aluminium.
- Duktile Werkstoffe können Stöße und Energie absorbieren.
- Bei Überlastung tritt vor dem endgültigen Versagen eine große Deformation auf.
- Duktile Werkstoffe sind für das spanlose Umformen gut geeignet.

Spröde Werkstoffe:

- Zu den spröden Werkstoffen gehören gehärtete Stähle und Grauguss.
- Spröde Werkstoffe sind sehr stoßempfindlich und können wenig Energie aufnehmen.
- Bei spröden Werkstoffen tritt kein oder nur ein geringes Fließen vor dem Bruch auf.

Die **Festigkeitslehre** ist daher eine Verknüpfung von Technischer Mechanik und Werkstoffkunde bzw. -prüfung zur Berechnung der **inneren Kraftwirkung** (Beanspruchung) und der **Verformung** von Bauteilen sowie zum Vergleich mit den zulässigen Werten.

Die mithilfe der elementaren Festigkeitslehre berechneten Spannungen können aufgrund von Vereinfachungen/Idealisierungen erheblich von den tatsächlichen Spannungen abweichen. Viele Berechnungsverfahren erfassen nur sehr ungenau die tatsächlichen Vorgänge im Werkstoff, die vom jeweiligen Betriebszustand und der Belastungsart abhängig sind. Kenngrößen, als Ergebnis langer Erfahrung (z. B. Vergleichsspannungen, siehe Abschn. 3.4), führen daher zu brauchbaren Ergebnissen der Festigkeitslehre.

Aus diesem Grund werden zwei Vorgehensweisen betrachtet:

- Berechnung der **Tragfähigkeit** (zulässige Belastung/Lastbegrenzung), Abmessungen und Material sind gegeben
- Ermittlung der **erforderlichen Abmessungen** (Dimensionierung), Kräfte und Momente sind gegeben.

Das Ziel jeder Berechnung ist, dass mit **Sicherheit** kein Versagen eintritt.

1.2 Belastungen, Beanspruchungen und Beanspruchungsarten

Aus der **(äußeren) Belastung**, den Kräften und Momenten, der Bauteilgeometrie und der Belastungsintensität im Bauteil kann die jeweilige Beanspruchung ermittelt werden.

Abhängig von der **Belastungsrichtung** und der damit verbundenen **Verformung** treten **fünf Grundbeanspruchungsarten** (siehe Abb. 1.6) auf:

- **Zug**, **Druck** und **Biegung**
- **Schub/Abscheren** und **Torsion** (Verdrehen).

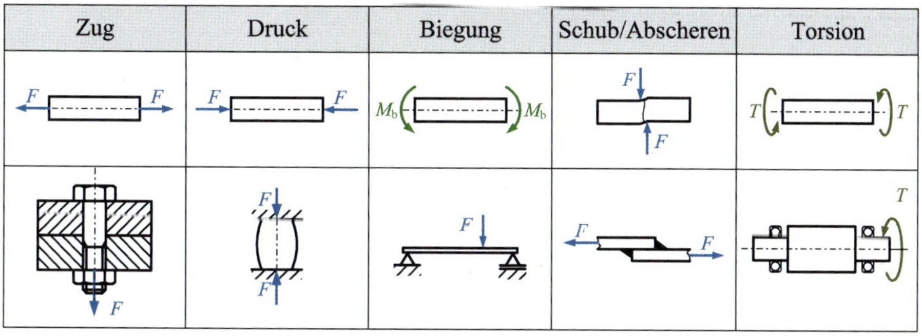

Zug	Druck	Biegung	Schub/Abscheren	Torsion

Abb. 1.6 Grundbeanspruchungsarten mit typischen Beispielen. (Nach [8])

In Abb. 1.6 sind typische Beispiele dieser fünf Grundbeanspruchungsarten dargestellt.

Tab. 1.1 enthält die fünf Grundbeanspruchungsarten, erweitert um die Beanspruchungsart Flächenpressung/Lochleibung mit Zuordnung der Kraftrichtung und der Spannungsverteilung im Querschnitt.

In Abb. 1.7 sind für die Beanspruchungsarten Zug, Druck, Biegung und Torsion die Spannungsverteilungen dargestellt (Ergänzung zu Tab. 1.1).

Platten und Schalen (eben und gekrümmt) hingegen sind komplizierte Bauteile, sie werden hier nicht näher behandelt und gehören darüber hinaus in den Bereich der höheren Festigkeitslehre.

Tab. 1.1 Grundbeanspruchungsarten mit Kraftrichtung und Spannungsverteilung

Beanspruchungsart	Kraftrichtung	Spannungsverteilung im Querschnitt	Beispiele
Zug	In Stabachse	Gleichmäßig	Zugstange, Seil,
Druck	In Stabachse	Gleichmäßig	Säule, Fundament
Biegung	Senkrecht zur Stabachse	Linear	Träger, Blattfeder, Achse
Schub	Senkrecht zur Stabachse	Gleichmäßig	Bolzen, Keil
Torsion	Senkrecht zur Stabachse und außerhalb der Achse	Linear	Welle, Drehstabfeder
Flächenpressung, Lochleibung	Senkrecht zur Oberfläche	Gleichmäßig[a] Gleichmäßig[a]	Auflager, Fundament Bolzen, Niet, Lagerschale

[a] Annahme

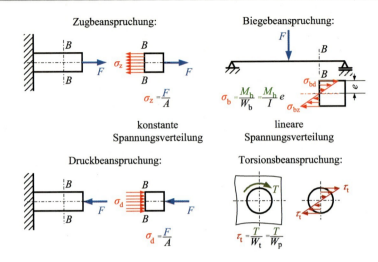

Abb. 1.7 Beanspruchungsarten und Spannungsverteilung

1.3 Spannungen und „was ist Festigkeit?"

Durch Einwirken von äußeren Kräften verformen sich Bauteile sichtbar oder zumindest messbar. Das Prinzip der Idealisierung des starren Körpers (Statik) wird, wie bereits in Abschn. 1.1 angesprochen, aufgegeben. Den **äußeren Kräften** wirken im Werkstoffgefüge **innere Kräfte** entgegen. Es herrscht im Normalfall Gleichgewicht. Damit die inneren Kräfte ermittelt werden können, muss ein „Freischneiden" des Körpers (Abb. 1.8) erfolgen. Das **Freischneiden** in der **Festigkeitslehre** erfolgt analog zum „Freimachen" in der Statik. Mit dieser Betrachtungsweise werden die inneren Kräfte F_i in einem Bauteil dargestellt (Abb. 1.8). Beim Freischneiden wird der betrachtete Querschnitt des Bauteils gedanklich durchgetrennt. Da auch im Schnitt die Gleichgewichtsbedingungen gelten, müssen an den jeweiligen Schnittufern entsprechende Reaktionskräfte (innere Kräfte F_i) vorhanden sein, die den äußeren Kräften (F) entgegenwirken. Die Wiederherstellung des Gleichgewichts erfolgt nach dem Freischneiden, indem der jeweilige fortgenommene Teil durch die **innere Kraft** F_i ersetzt wird, die als **Kohäsionskraft** die Werkstoffteilchen an dieser Stelle zusammenhält. Durch diese Vorgehensweise stehen die äußeren und inne-

Abb. 1.8 Prinzip des Frei-
schneidens

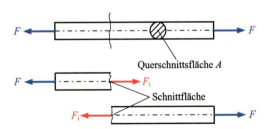

ren Kräfte wie bereits gesagt im Gleichgewicht. Es gilt weiter das **Prinzip:** Befindet sich das Gesamtbauteil im Gleichgewicht, dann ist auch jeder Teilabschnitt im Gleichgewicht (statisch). Steigt die äußere Kraft/Belastung, so tritt eine wachsende Widerstandskraft im Bauteil auf. Das Maß für die innere Beanspruchung ist eine mechanische **Spannung**. Spannungen sind wie Kräfte nicht direkt sichtbar.

▶ **Definition der Spannung:** Spannung ist der Quotient aus der Teilschnittkraft ΔF_i und der dazugehörigen Teilschnittfläche ΔA_i.

$$\sigma = \frac{\Delta F_i}{\Delta A_i} \mathrel{\hat=} \frac{dF_i}{dA_i}. \tag{1.1}$$

Spannungen sind wie Kräfte gerichtete Größen und somit **Vektoren**.

Spannungen sind i. Allg. beliebig im Raum gerichtet (Abb. 1.9), daher ist es zweckmäßig den Spannungsvektor in zwei senkrecht zueinander stehende Komponenten zu zerlegen, und zwar **normal** und **tangential** zur Schnittfläche.

Aus der Komponente normal/senkrecht zur Fläche folgt die

$$\text{Normalspannung } \sigma = \frac{\Delta F_{in}}{\Delta A} \mathrel{\hat=} \frac{dF_{in}}{dA}. \tag{1.2}$$

Aus der Komponente tangential zur Fläche folgt die

$$\text{Tangentialspannung } \tau = \frac{\Delta F_{it}}{\Delta A} \mathrel{\hat=} \frac{dF_{it}}{dA}. \tag{1.3}$$

Daraus lässt sich folgern:

- Es treten zwei Spannungstypen (Abb. 1.10) auf, diese führen auch zu zwei verschiedenen Verformungs- und Zerstörungswirkungen und
- die Spannungen sind abhängig von der (gedachten) Schnittfläche.

Abb. 1.9 Zerlegung der inneren Kraft F_i in Normal- F_{in} und Tangentialkomponente F_{it}

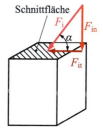

Abb. 1.10 Normal- (**a**) und
Tangentialspannungen (**b**).
(Nach [11])

Normalspannungen σ entstehen, wenn ein Stab gezogen oder
gedrückt wird.

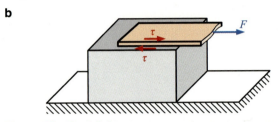

Tangential- oder Schubspannungen τ entstehen in einem Körper, wenn
man z. B. einen Klebefilmstreifen aufklebt und daran zieht.

Bei einer *konstanten* Spannungsverteilung in der Schnittfläche (in jedem Querschnitts-
punkt wirkt die gleiche Spannung) ergibt sich die

$$\text{Normalspannung } \sigma = \frac{F_n}{A} \quad \text{mit} \quad F_n \perp A \tag{1.4}$$

$$\text{Tangentialspannung } \tau = \frac{F_t}{A} \quad \text{mit} \quad F_t \parallel A. \tag{1.5}$$

Die SI-Einheit für die (mechanische) **Spannung** (DIN 1301) wird in **N/m²** oder Pascal[1]
(**Pa**) angegeben. Die Einheit Pa ist sehr „unhandlich", daher wird vorzugsweise in der
Technik die Einheit N/mm² verwandt:

$$1\,\text{N/mm}^2 \,\hat{=}\, 10^6\,\text{N/m}^2 = 1\,\text{MPa}.$$

▶ Die **Festigkeit** ist die maximale Beanspruchbarkeit eines Werkstoffes, angegeben in
Grenzspannungen (N/mm²), u. a. in Abhängigkeit von den Beanspruchungsarten und dem
zeitlichen Verlauf der Beanspruchung.

---

[1] Blaise Pascal (1623–1662), französischer Philosoph und Mathematiker.

Abb. 1.11 Normal- und Tangentialspannung

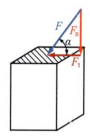

Beispiel 1.1 Wie groß sind die Normal- und die Tangentialspannung (Abb. 1.11), wenn $F = 10\,\text{kN}$, $A = 50\,\text{mm}^2$ und $\alpha = 60°$ betragen?

Lösung

$$\sigma = \frac{F_n}{A} = \frac{F \cdot \sin\alpha}{A} = \frac{10.000\,\text{N} \cdot \sin 60°}{50\,\text{mm}^2} = \underline{\underline{173\,\frac{\text{N}}{\text{mm}^2}}}$$

$$\tau = \frac{F_t}{A} = \frac{F \cdot \cos\alpha}{A} = \frac{10.000\,\text{N} \cdot \cos 60°}{50\,\text{mm}^2} = \underline{\underline{100\,\frac{\text{N}}{\text{mm}^2}}}$$

1.4 Spannungs-Dehnungs-Diagramm

Wird ein Körper auf

- Zug beansprucht, so verlängert er sich
- Druck beansprucht, so verkürzt er sich.

Bei einer Zugkraft (Abb. 1.12) verlängert sich die Ausgangslänge l_0 um den Betrag Δl auf die Länge l, daraus folgt die **Dehnung**:

$$\varepsilon = \frac{\Delta l}{l_0} = \frac{l - l_0}{l_0}. \tag{1.6}$$

Das Ergebnis des Zugversuches ist das Spannungs-Dehnungs-Diagramm (Abb. 1.13 und 1.14) mit

R_e = Streckgrenze oder Streckgrenzenfestigkeit in N/mm² (Punkt P in Abb. 1.13)
σ_P = Proportionalitätsgrenze in N/mm² und
R_m = Zugfestigkeit in N/mm².

Der Zusammenhang $\sigma = f(\varepsilon)$, also zwischen der Spannung σ und der Dehnung ε (bei konstanter Temperatur), wird wie bereits gesagt aus dem Zugversuch ermittelt. Beim Zugversuch wird eine genormte Probe mit dem Durchmesser $d_0 = 10\,\text{mm}$ und der Prüflänge

Abb. 1.12 Längenänderung
eines Stabes im Zugversuch

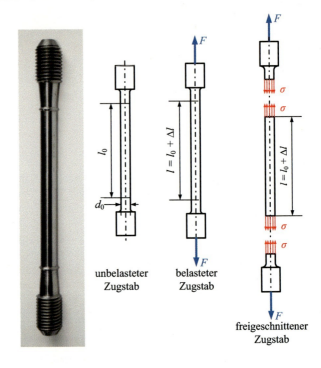

unbelasteter   belasteter   freigeschnittener
Zugstab   Zugstab   Zugstab

$l_0 = 5 \cdot d_0$ bzw. $10 \cdot d_0$ mit einer konstanten Geschwindigkeit gedehnt und die erforderliche
Kraft F gemessen.

Im Spannungs-Dehnungs-Diagramm (Abb. 1.13) wird die auf die Anfangsquerschnitts-
fläche A_0 bezogene Spannung σ über der auf die Anfangslänge l_0 bezogenen Dehnung ε
aufgetragen:

$$\sigma = \frac{F}{A_0} \text{ und } \varepsilon = \frac{\Delta l}{l_0}$$

Abb. 1.13 Spannungs-Dehnungs-Diagramm für Druck
und Zug

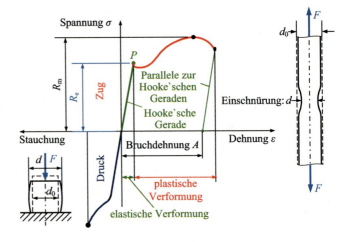

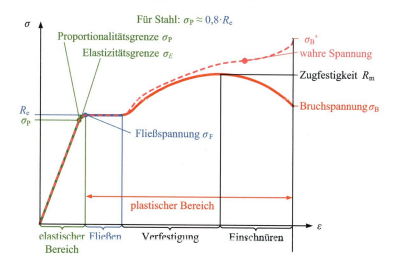

Abb. 1.14 Spannungs-Dehnungs-Diagramm mit wahrer Spannung

In Abb. 1.14 ist die Spannung über dem elastischen und dem plastischen Bereich aufgetragen. Der gestrichelt dargestellte Verlauf stellt die wahre Spannung dar. Sie wird ermittelt aus dem Quotienten der jeweiligen Kraft F zum jeweiligen Querschnitt A_{tat}. Die Spannung wird üblicherweise auf den Ausgangsquerschnitt A_0 bezogen, so dass sich der durchgezogene Kurvenverlauf ergibt.

Spannungs-Dehnungs-Diagramme gemäß Abb. 1.13 werden wie folgt unterschieden:

Duktile Metalle mit ausgeprägtem **Fließbereich**:

- **Linear elastischer Bereich**: $\sigma < \sigma_{\text{P}}$
  - Bis zur Proportionalitätsgrenze σ_{P} ist die Spannung proportional zur Dehnung: $\sigma = E \cdot \varepsilon$.
- **Nichtlinear elastischer Bereich**: $\sigma < \sigma_{\text{E}}$
  - Bis zur Elastizitätsgrenze σ_{E} geht die Dehnung bei Entlastung wieder vollständig zurück.
  - Die Elastizitätsgrenze σ_{E} und die Proportionalitätsgrenze σ_{P} liegen meist sehr dicht beieinander.
- **Fließen**: $\sigma > R_{\text{e}}$
  - Bei Überschreiten der Streckgrenze R_{e} beginnt das Material zu fließen.
  - Die Dehnung nimmt auch bei gleichbleibender oder abnehmender Spannung zu.
  - Die Streckgrenze R_{e} liegt meist in unmittelbarer Nähe zur Elastizitätsgrenze σ_{E}.
- **Verfestigung**:
  - Nach dem Fließen erfolgt durch die Kaltverfestigung ein weiterer Anstieg der Spannung bis zur Zugfestigkeit R_{m}.

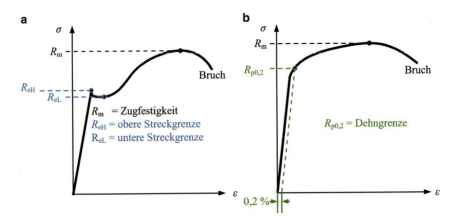

Abb. 1.15 Spannungs-Dehnungs-Diagramm duktiler Werkstoffe. **a** Diagramm mit ausgeprägter Streckgrenze, **b** Diagramm ohne ausgeprägte Streckgrenze

- Bei Erreichen der Zugfestigkeit R_m setzt ein starkes Einschnüren des Querschnitts ein. Die auf den aktuellen Querschnitt (A_{tat}) bezogene Spannung steigt weiter an (wahre Spannung σ'), während die auf den Ausgangsquerschnitt (A_0) bezogene Spannung σ sinkt (Abb. 1.14).
- **Plastischer Bereich**: $\sigma > \sigma_E$
  - Nach der Entlastung bleibt eine plastische Dehnung ε_p zurück.
  - Die Entlastungskurve verläuft parallel zur Geraden im linear elastischen Bereich (Abb. 1.13).

Je nachdem, ob es sich um duktile (verformbare, Abb. 1.15 und 1.16) oder spröde Werkstoffe (Abb. 1.17 und 1.18) handelt, gibt es unterschiedliche Verläufe im Spannungs-Dehnungs-Diagramm. Bei den duktilen Werkstoffen kann eine ausgeprägte (Abb. 1.15a) oder keine ausgeprägte Streckgrenze (Abb. 1.15b) auftreten. Im letzteren Fall wird deshalb

Abb. 1.16 Prüfkörper duktiler
Werkstoffe (Zugversuch)

Abb. 1.17 Spannungs-Dehnungs-Diagramm spröder
Werkstoffe

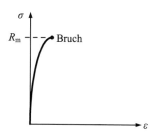

Abb. 1.18 Graugussprüfkörper

die $R_{p0,2}$-Grenze herangezogen, d. h. der Spannungswert, bei dem nach der Entlastung eine Dehnung von 0,2 % verbleibt.

Metalle ohne **ausgeprägte Streckgrenze**, dazu zählen:

- Aluminiumlegierungen
- vergütete Stähle.
  - Bei den meisten Metallen tritt kein ausgeprägtes Fließen auf.
  - Anstelle der Streckgrenze wird dann die 0,2 %-Dehngrenze $R_{p0,2}$ herangezogen.
  - Die Spannung $R_{p0,2}$ führt nach Entlasten zu einer bleibenden Dehnung ε_p von 0,2 %.

Typischer Vertreter spröder Werkstoffe ist das Gusseisen (Abb. 1.18). Hier kommt es nach einem signifikanten Anstieg der Spannung ohne Übergang zum Bruch (Abb. 1.17).

Bei Grauguss und vielen nichtmetallischen Werkstoffen gibt es keinen Bereich, in dem sich die **Spannungen** proportional zu den **Dehnungen** verhalten.

Eine Gegenüberstellung der Spannungs-Dehnungs-Diagramme verschiedener Werkstoffe enthält Abb. 1.19.

Dem Spannungs-Dehnungs-Diagramm ist zu entnehmen, dass die Spannung σ im elastischen Bereich proportional der Dehnung ε (Abb. 1.13 bis 1.15) ist. Diesen Zusammenhang hat Hooke[2] herausgefunden und man nennt ihn das Hooke'sche Gesetz:

$$\sigma = E \cdot \varepsilon = E \cdot \frac{\Delta l}{l_0}. \tag{1.7}$$

---

[2] Robert Hooke (1635–1703), englischer Naturforscher.

Abb. 1.19 Spannungs-
Dehnungs-Diagramm ver-
schiedener Werkstoffe

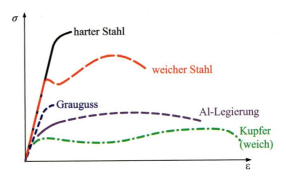

Der **Elastizitätsmodul** E in N/mm^2 ist eine Maßzahl für die Starrheit des Werkstoffs.
Elastizitätsmodule ausgewählter Werkstoffgruppen:

Stähle und Stahlguss: $E = 200.000 \ldots 210.000$ N/mm^2, wir rechnen mit
                        $\boldsymbol{E = 210.000\ \text{N/mm}^2}$
Al und Al-Legierungen: $E = 60.000 \ldots 80.000$ N/mm^2
Mg und Mg-Legierungen: $E = 40.000 \ldots 45.000$ N/mm^2

Bei Stählen, die keine ausgeprägte Streckgrenze (Abb. 1.15b) aufweisen, wird – wie
bereits beschrieben – die Spannung herangezogen, bei der eine bleibende Dehnung von
0,2 % ($R_{p0,2}$) nach der Entlastung auftritt.

Zwischen der **Längenänderung** und der **Kraft** besteht folgender Zusammenhang:

$$\sigma = E \cdot \varepsilon = E \cdot \frac{\Delta l}{l_0} \quad \text{und} \quad \sigma = \frac{F}{A} \Rightarrow E \cdot \frac{\Delta l}{l_0} = \frac{F}{A} \Rightarrow$$

$$\Delta l = \frac{F \cdot l_0}{E \cdot A}. \tag{1.8}$$

mit $E \cdot A =$ **Dehnsteifigkeit.**

Tab. 1.2 enthält Anhaltswerte für R_m, R_e bzw. $R_{p0,2}/R_{p0,1}$, E und ρ ausgewählter Werkstoffgruppen, die zur Lösung von Aufgaben herangezogen werden können.

Beispiel 1.2 Ein Blechstreifen (Abb. 1.20) der Länge $l = 100$ mm aus Stahl ($E = 2,1 \cdot 10^5$ N/mm^2) wird um $\Delta l = 0,1$ mm gestreckt. Wie groß ist die Zugspannung?

Abb. 1.20 Eingespannter und
auf Zug beanspruchter Blechstreifen

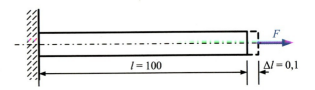

Tab. 1.2 Anhaltswerte ausgewählter Werkstoffgruppen (R_e* bzw. $R_{p0,2}/R_{p0,1}$)

Werkstoff	R_m in N/mm²	R_e^* in N/mm²	E in kN/mm²	ρ in kg/dm³
Unlegierte Stähle	290–830	185–360	210	7,85
Rostfreie Stähle	400–1100	210–660	210	7,85
Einsatzstähle	500–1200	310–850	210	8,10
Gusseisen GJL	100–450	100–285	78–143	7,10–7,30
Gusseisen GJS	350–900	250–600	169–176	7,25
Stahlguss	380–970	200–650	210	7,85
Messing	400	200	100	8,50
Kupfer	220	100	120	8,74
Aluminiumlegierung	140–540	80–470	60–80	2,75
Titanlegierung	900–1100	800–1000	110	4,43
PP	30	15	1	1,10
PVC	60	50	3	1,40
GFK	90	–	75	1,45
CFK	750	–	140	1,45
Holz	40–240	–	10	0,50
Beton	50 (nur für Druck)	–	30	2,38
Glas	80	–	80	3,00

Lösung Mit dem Hooke'schen Gesetz berechnen wir die Spannung σ:

$$\sigma = E \cdot \varepsilon = E \cdot \frac{\Delta l}{l_0} = 2,1 \cdot 10^5 \frac{N}{mm^2} \cdot \frac{0,1\,mm}{100\,mm}$$

$$= 2,1 \cdot 10^2 \frac{N}{mm^2} = \underline{\underline{210 \frac{N}{mm^2}}}.$$

Beispiel 1.3 Der skizzierte Verbundstab (Abb. 1.21) ist aus zwei Metalllamellen zusammengelötet und wird durch die Kraft F belastet.

Zu berechnen sind:

a) die auftretenden Kräfte und Spannungen in den einzelnen Lamellen,
b) die Längenänderung Δl.

Geg.: $F = 55.500\,N$; $l = 500\,mm$; $A_1 = 300\,mm^2$; $A_2 = 200\,mm^2$; $E_1 = 0,45 \cdot 10^5\,N/mm^2$; $E_2 = 2,1 \cdot 10^5\,N/mm^2$

Abb. 1.21 Auf Zug beanspruchter Verbundstab

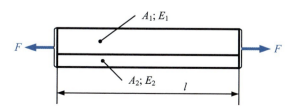

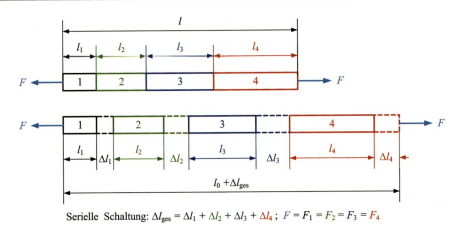

Serielle Schaltung: $\Delta l_{ges} = \Delta l_1 + \Delta l_2 + \Delta l_3 + \Delta l_4$; $F = F_1 = F_2 = F_3 = F_4$

Abb. 1.22 Serielle Anordnung

Vor der weiteren Behandlung der vorstehenden Aufgabe werden die Reihen-(seriell) (Abb. 1.22) und die Parallelschaltung (Abb. 1.23) erläutert. Der Lösungsweg für beide Schaltungsarten wird kurz dargestellt.

Anordnung: In Reihe/seriell (Abb. 1.22), es herrscht Kräftegleichgewicht. Hier sind die Kräfte in allen Elementen gleich groß.

Vorgehensweise bei gegebener Gesamtlängenänderung Die Gesamtlängenänderung teilt sich in unterschiedliche Längenänderungen aller elastischen Elemente auf. Die Summe dieser Längenänderungen wird der gesamten Längenänderung gleichgesetzt. Durch Umstellen nach der Kraft kann diese berechnet werden. Ist die Kraft gegeben, ist die Lösung über die Formeln der einzelnen Längenänderungen einfacher.

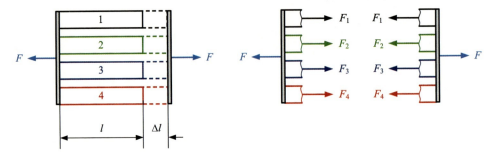

Parallele Schaltung: $\Delta l_{ges} = \Delta l_1 = \Delta l_2 = \Delta l_3 = \Delta l_4$; $F = \Sigma F_i = F_1 + F_2 + F_3 + F_4$

Abb. 1.23 Parallele Anordnung

Anordnung: Parallel (Abb. 1.23), hier sind die Längenänderungen aller elastischen Elemente gleich groß.

Vorgehensweise bei gegebener Kraft Zunächst stellt man die Gleichungen für die Längenänderungen aller parallelen Elemente auf. Je zwei Gleichungen der Längenänderungen werden nun gleichgesetzt, so dass eine Kraft jeweils durch eine andere (dann immer dieselbe) ausgedrückt werden kann. Dies wiederholt man entsprechend oft für alle Elemente. Durch Einsetzen in die Gleichung für die Aufteilung der Kraft kann nun die erste Kraft berechnet werden.

Ist die gleichgroße Längenänderung gegeben, ist die Lösung über die Formeln der einzelnen Längenänderungen einfacher.

Lösung zum Beispiel 1.3 Im vorliegenden Fall handelt es sich um eine Parallelschaltung (Abb. 1.23).

Anwendung des Hooke'schen Gesetzes

a)
$$\sigma = E \cdot \varepsilon = E \cdot \frac{\Delta l}{l}; \quad \sigma = \frac{F}{A} \Rightarrow \frac{F}{A} = E \cdot \frac{\Delta l}{l} \Rightarrow \Delta l = \frac{F \cdot l}{E \cdot A}$$

$$\Delta l = \frac{F_1 \cdot l}{E_1 \cdot A_1} = \frac{F_2 \cdot l}{E_2 \cdot A_2} \Rightarrow F_1 = F_2 \frac{E_1 \cdot A_1}{E_2 \cdot A_2}$$

Die Gesamtkraft F setzt sich aus den Einzelkräften F_1 und F_2 zusammen:

$$F = F_1 + F_2 = F_2 \frac{E_1 \cdot A_1}{E_2 \cdot A_2} + F_2 = F_2 \left(1 + \frac{E_1 \cdot A_1}{E_2 \cdot A_2} \right)$$

$$F_2 = \frac{F}{\left(1 + \frac{E_1 \cdot A_1}{E_2 \cdot A_2} \right)} = \frac{55.500\,\text{N}}{\left(1 + \frac{0,45 \cdot 10^5\,\text{N} \cdot 300\,\text{mm}^2\,\text{mm}^2}{\text{mm}^2\,2,1 \cdot 10^5\,\text{N} \cdot 200\,\text{mm}^2} \right)} = \underline{\underline{42.000\,\text{N}}}$$

$$F_1 = F - F_2 = 55.500\,\text{N} - 42.000\,\text{N} = \underline{\underline{13.500\,\text{N}}}$$

$$\sigma_1 = \frac{F_1}{A_1} = \frac{13.500\,\text{N}}{300\,\text{mm}^2} = \underline{\underline{45 \frac{\text{N}}{\text{mm}^2}}}$$

$$\sigma_2 = \frac{F_2}{A_2} = \frac{42.000\,\text{N}}{200\,\text{mm}^2} = \underline{\underline{210 \frac{\text{N}}{\text{mm}^2}}}$$

b) die Längenänderung Δl

$$\Delta l = \frac{F_1 \cdot l}{E_1 \cdot A_1} = \frac{13.500\,\text{N} \cdot 500\,\text{mm}\,\text{mm}^2}{0,45 \cdot 10^5\,\text{N} \cdot 300\,\text{mm}^2} = \underline{\underline{0,5\,\text{mm}}}$$

$$\Delta l = \frac{F_2 \cdot l}{E_2 \cdot A_2} = \frac{42.000\,\text{N} \cdot 500\,\text{mm}\,\text{mm}^2}{2,1 \cdot 10^5\,\text{N} \cdot 200\,\text{mm}^2} = \underline{\underline{0,5\,\text{mm}}} \text{ (Kontrolle)}$$

Abb. 1.24 Paralleles Gesamtsystem aus einem seriellen
System (Elemente 1 und 2)
sowie einem weiteren seriellen System aus dem Element 3
und einem seriell dazu angeordneten parallelen Teilsystem
aus den Elementen 4 und 5 vor
einer Verformung

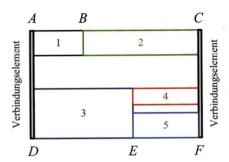

Nachdem wir die Teilsysteme seriell und parallel betrachtet haben, wollen wir uns
mit einem Gesamtsystem befassen. Im Gegensatz zu einem Teilsystem, wo äußere Kräfte
angreifen, wirken auf das Gesamtsystem keine äußeren Kräfte. Das Kräftegleichgewicht
ist innerhalb des Gesamtsystems geschlossen, daher handelt es sich immer um ein serielles
System.

In Abb. 1.24 und 1.25 ist ein Gesamtsystem dargestellt (keine äußeren Kräfte).

Die vom Gesamtsystem aufzunehmende Verformung wird hier an der Stelle C eingeleitet.

Damit in einem Element eine Zug- oder Druckkraft übertragen werden kann, muss
ein Kräftegleichgewicht vorliegen. Das in Abb. 1.24 dargestellte Gesamtsystem ist somit wegen des Kräftegleichgewichts an den jeweiligen Verbindungsstellen A bis F ein
serielles System aus zwei Teilsystemen, das geometrisch parallel angeordnet ist (parallel
zur Kraftrichtung). Die Teilsysteme bestehen aus einem oder mehreren Elementen un-
terschiedlicher Anordnung. Die Verbindungselemente (in Abb. 1.24 und 1.25 rechts und
links dargestellt) werden oft als starr angenommen. Sollten sie elastisch sein, müssen sie
mit in den seriellen Ansatz einbezogen werden.

Hier wird angenommen, dass diese Verbindungselemente bei Vorhandensein einer Längenänderung Δl_{ges} an der Verbindungsstelle C starr sind und zueinander parallel bleiben
(also nicht kippen). Eine Längenänderung in einem Gesamtsystem kann durch mechanische Verstellelemente wie Federn oder Gewindespindeln, aber auch durch Wärme, hy-
draulische, pneumatische oder elektrische Bauelemente entstehen.

Abb. 1.25 Gesamtsystem nach
einer Verformung; Längenänderung entsteht an der Stelle C

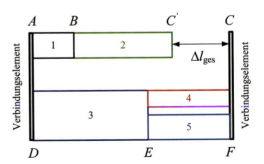

Das in Abb. 1.24 und 1.25 dargestellte Gesamtsystem besteht hier aus zwei Teilsystemen: Teilsystem 1 besteht aus den beiden seriell angeordneten Elementen 1 und 2. Teilsystem 2 hingegen besteht aus dem Element 3 sowie einem zweiten seriell angeordneten weiteren Teilsystem aus einem parallelen System der beiden Elemente 4 und 5. Bei der Mehrzahl zu lösender Aufgaben wird lediglich ein Teilsystem (Systeme seriell/parallel wie in Abb. 1.22 und 1.23) betrachtet. Das zweite Teilsystem besteht dann aus der Umwelt, die als starr angenommen wird und nicht weiter zu berücksichtigen ist. Als generelle Vorgehensweise wird zunächst überprüft, ob in dem zu berechnenden Beispiel Teilsysteme enthalten sind. Bei einem Teilsystem wie in den Abb. 1.22 oder 1.23 wurde die Vorgehensweise bereits dort beschrieben.

Gemäß Abb. 1.24 und 1.25 ist folgende Vorgehensweise zu wählen: Man verwendet den Lösungsweg wie beim seriellen System. Allerdings kann der Lösungsweg noch nicht komplett abgeschlossen werden, da die Längenänderung für das parallele Teilsystem erst noch bestimmt werden muss, entsprechend der Vorgehensweise beim parallelen System. Nach der Umstellung auf die erste zu berechnende Kraft muss dieser Ausdruck in die Gleichung für die dazu passende Längenänderung eingesetzt werden. Mit dem Einsetzen in die Aufteilung der Gesamtlängenänderung schließt man den seriellen Lösungsweg ab. Um dieses zu vertiefen, soll das dargestellte Gesamtsystem anhand des Beispiels 1.4 berechnet werden.

Beispiel 1.4 Das Gesamtsystem entspricht der Abb. 1.24.

Gegeben: $\Delta l_{\text{ges}} = 1{,}365\,\text{mm}$ und

i	Werkstoff	E_i	A_i	l_i
		N/mm^2	mm^2	mm
1	Stahl	210.000	900	300
2	GJL	95.000	700	700
3	Cu	120.000	2400	600
4	GJS	170.000	750	400
5	Al	80.000	750	400

Gesucht werden die Kraft F sowie die Spannungen und Verformungen der einzelnen Elemente.

$$\Delta l_{\text{ges}} = \Delta l_1 + \Delta l_2 + \Delta l_3 + \Delta l_{4,5}$$

$$\Delta l_1 = \frac{F \cdot l_1}{E_1 \cdot A_1}; \Delta l_2 = \frac{F \cdot l_2}{E_2 \cdot A_2}; \Delta l_3 = \frac{F \cdot l_3}{E_3 \cdot A_3}; \Delta l_4 = \frac{F_4 \cdot l_4}{E_4 \cdot A_4}; \Delta l_5 = \frac{F_5 \cdot l_5}{E_5 \cdot A_5}$$

$$\text{mit } \Delta l_4 = \Delta l_5 \text{ (Parallelschaltung)} \Rightarrow \frac{F_4 \cdot l_4}{E_4 \cdot A_4} = \frac{F_5 \cdot l_5}{E_5 \cdot A_5} \Rightarrow F_5 = F_4 \frac{l_4 \cdot E_5 \cdot A_5}{l_5 \cdot E_4 \cdot A_4}$$

$$F = F_4 + F_5 = F_4 + F_4 \frac{l_4 \cdot E_5 \cdot A_5}{l_5 \cdot E_4 \cdot A_4} = F_4 \left(1 + \frac{l_4 \cdot E_5 \cdot A_5}{l_5 \cdot E_4 \cdot A_4}\right)$$

$$F_4 = \frac{F}{\left(1 + \frac{l_4 \cdot E_5 \cdot A_5}{l_5 \cdot E_4 \cdot A_4}\right)} \Rightarrow \Delta l_4 = \frac{F \cdot l_4}{\left(1 + \frac{l_4 \cdot E_5 \cdot A_5}{l_5 \cdot E_4 \cdot A_4}\right) \cdot E_4 \cdot A_4} = \frac{F}{\frac{E_4 \cdot A_4}{l_4} + \frac{E_5 \cdot A_5}{l_5}}$$

$$\Delta l_{ges} = \frac{F \cdot l_1}{E_1 \cdot A_1} + \frac{F \cdot l_2}{E_2 \cdot A_2} + \frac{F \cdot l_3}{E_3 \cdot A_3} + \frac{F}{\frac{E_4 \cdot A_4}{l_4} + \frac{E_5 \cdot A_5}{l_5}}$$

$$F = \frac{\Delta l_{ges}}{\frac{l_1}{E_1 \cdot A_1} + \frac{l_2}{E_2 \cdot A_2} + \frac{l_3}{E_3 \cdot A_3} + \frac{1}{\frac{E_4 \cdot A_4}{l_4} + \frac{E_5 \cdot A_5}{l_5}}}$$

$$= \frac{1{,}365\,\text{mm}}{\frac{700\,\text{mm}}{2{,}1 \cdot 10^5 \frac{N}{mm^2} \cdot 900\,mm^2} + \frac{300\,\text{mm}}{0{,}95 \cdot 10^5 \frac{N}{mm^2} \cdot 700\,mm^2} + \frac{600\,\text{mm}}{1{,}2 \cdot 10^5 \frac{N}{mm^2} \cdot 2400\,mm^2}}$$

$$\cdot \frac{1}{\frac{1{,}7 \cdot 10^5\,N \cdot 750\,mm^2}{mm^2\,400\,mm} + \frac{0{,}8 \cdot 10^5\,N \cdot 750\,mm^2}{mm^2\,400\,mm}}$$

$$F = \underline{83.587\,\text{N}}$$

$$F_4 = \frac{F}{\left(1 + \frac{l_4 \cdot E_5 \cdot A_5}{l_5 \cdot E_4 \cdot A_4}\right)} = \frac{83.587\,\text{N}}{1 + \frac{400\,mm \cdot 0{,}8 \cdot 10^5 \cdot 750\,mm^2\,mm^2}{mm^2\,400\,mm \cdot 1{,}7 \cdot 10^5\,N \cdot 750\,mm^2}} = \underline{56.839{,}18\,\text{N}}$$

$$F_5 = F - F_4 = 83.587\,\text{N} - 56.839{,}18\,\text{N} = \underline{26.747{,}82\,\text{N}}$$

Die Spannungen in den einzelnen Elementen $\sigma_i = \frac{F}{A_i}$

i	F_i	σ_i	Δl_i
	N	N/mm²	mm
1	83.587	92,87	0,1327
2	83.587	119,41	0,8799
3	83.587	34,83	0,1741
4	56.839,18	75,79	0,1783
5	26.747,82	35,66	0,1783

$$\Delta l_{ges} = \Delta l_1 + \Delta l_2 + \Delta l_3 + \Delta l_{4,5}$$
$$= 0{,}1327\,\text{mm} + 0{,}8799\,\text{mm} + 0{,}1741\,\text{mm} + 0{,}1783\,\text{mm} = \underline{1{,}365\,\text{mm}}$$

Ein Stab, der gedehnt wird, verändert sich nicht nur in der Längsrichtung, sondern auch quer dazu, d. h.eine Verlängerung ist stets mit einer **Querkürzung** (Abb. 1.26) verbunden. Bei einer Querkürzung ist $d < d_0$.

Aus der Durchmesseränderung folgt für die **Querkürzung**:

$$\varepsilon_q = \frac{\Delta d}{d_0} = \frac{d_0 - d}{d_0}. \tag{1.9}$$

Abb. 1.26 Querkürzung

Tab. 1.3 Querkontraktionszahlen ausgewählter Werkstoffgruppen

Werkstoff	Querkontraktionszahl μ
Beton	≈ 0
Stähle und Stahlguss	0,30
Gusseisen mit Lamellengrafit	0,25 ... 0,27
Al und Al-Legierungen	0,33
Mg und Mg-Legierungen	0,30
Kupfer	0,34
Zink	0,29
Elastomere	$\approx 0,5$

Das Verhältnis Längsdehnung zur Querkürzung wird Poisson'sche[3] Konstante $m = \frac{\varepsilon}{\varepsilon_q}$ genannt. Für Metalle im üblichen Beanspruchungsbereich ist $m \approx 3,3$.

Es wird häufig der Kehrwert von m, die Poisson'sche Querkontraktionszahl $\mu = \frac{1}{m} = 0,3 = \frac{\varepsilon_q}{\varepsilon}$ benutzt.

Tab. 1.3 enthält Querkontraktionszahlen ausgewählter Werkstoffgruppen.

1.5 Formänderungsarbeit

Im Abschn. 1.4 haben wir die Formänderungen ε (Dehnung) und ε_q (Querkürzung) betrachtet. Es wird nun untersucht, welche Arbeit für diese Verformung (Abb. 1.27) benötigt wird. Die Arbeit ist für eine konstante Kraft wie folgt definiert:

$$\text{Arbeit} = \text{Kraft} \cdot \text{Weg} = W \stackrel{\wedge}{=} F \cdot s.$$

Abb. 1.27 Herleitung der Formänderungsarbeit

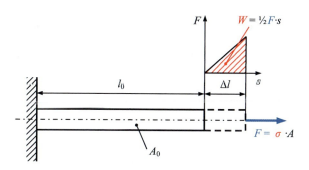

---

[3] Siméon-Denis Poisson (1781–1840), französischer Mathematiker und Physiker.

Aus dem Zugversuch ist bekannt, dass die Kraft beim Zugversuch nicht konstant ist. Die allgemeine Definition der Arbeit ist $W = \int F \cdot \mathrm{d}s$

$$W = \int F \cdot \mathrm{d}s$$

Mit $F = \sigma \cdot A$ und $\varepsilon = \dfrac{\Delta l}{l} \Rightarrow \Delta l = l \cdot \varepsilon$ und $\mathrm{d}s = l \cdot \mathrm{d}\varepsilon$

$$\Rightarrow W = \int \sigma \cdot A \cdot l \cdot \mathrm{d}\varepsilon = A \cdot l \cdot \int \sigma \cdot \mathrm{d}\varepsilon$$

$$W = V \cdot \int \sigma \cdot \mathrm{d}\varepsilon \quad \text{und} \quad V = A \cdot l$$

Dividieren wir die Formänderungsarbeit W durch das Volumen V, dann erhält man die **spezifische** oder **bezogene Formänderungsarbeit** w_f (Abb. 1.28). Sie ist die Arbeit, die benötigt wird, um z. B. das Volumen von 1 mm^3 zu verformen. Die spezifische Formänderungsarbeit spielt in der Umformtechnik eine maßgebliche Rolle.

$$\frac{W}{V} = w_\mathrm{f} = \int \sigma \cdot \mathrm{d}\varepsilon = \int E \cdot \varepsilon \cdot \mathrm{d}\varepsilon = \frac{1}{2} \cdot E \cdot \varepsilon^2 = \frac{1}{2} E \cdot \varepsilon \cdot \varepsilon = \frac{1}{2}\sigma \cdot \varepsilon \Rightarrow$$

$$w_\mathrm{f} = \frac{W}{V} = \frac{1}{2} \cdot \sigma \cdot \varepsilon \tag{1.10}$$

Die Formänderungsarbeit W_f:

$$W_\mathrm{f} = V \cdot w_\mathrm{f} = V \cdot \frac{1}{2}\sigma \cdot \varepsilon = V \cdot \frac{1}{2}\sigma \cdot \varepsilon \cdot \frac{E}{E} = V \cdot \frac{1}{2}\frac{\sigma^2}{E} = V \cdot \frac{1}{2} \cdot \frac{F^2}{A^2} \cdot \frac{1}{E} = A \cdot l \frac{1}{2} \cdot \frac{F^2}{A^2} \cdot \frac{1}{E}$$

$$W_\mathrm{f} = \frac{1}{2} \cdot \frac{F^2}{A} \cdot \frac{l}{E}. \tag{1.11}$$

Gemäß Gl. 1.11 wird die **Formänderungsarbeit**(-energie) umso größer,

- je *größer* die *Belastung* ist
- je *größer* die *Länge* ist
- je *kleiner* die *Querschnittsfläche* ist oder
- je *kleiner* der *E-Modul* ist.

Abb. 1.28 Spezifische oder bezogene Formänderungsarbeit w_f

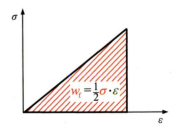

Beispiel 1.5 Welche Formänderungsarbeit nimmt ein zylindrischer Zugstab (Durchmesser $d = 20\,\text{mm}$; Länge $l = 2000\,\text{mm}$) aus Stahl ($E = 2{,}1 \cdot 10^5\,\text{N/mm}^2$) bei einer Belastung bis zur Elastizitätsgrenze ($\sigma_E = 200\,\text{N/mm}^2$) auf?

Lösung

$$\text{Mit} \quad W_f = V \cdot w_f = V \cdot \frac{1}{2} \cdot \frac{\sigma^2}{E} \quad \text{und} \quad V = \frac{\pi}{4} \cdot d^2 \cdot l$$

$$\Rightarrow W_f = \frac{\pi}{4} \cdot d^2 \cdot l \cdot \frac{1}{2} \cdot \frac{\sigma^2}{E} = \frac{\pi}{8} \cdot d^2 \cdot l \cdot \frac{\sigma^2}{E}$$

$$\text{Stahl:} \quad W_{f_{St}} = \frac{\pi}{8} \cdot 20^2 \,\text{mm}^2 \cdot 2000\,\text{mm} \cdot \frac{(200\,\text{N})^2\,\text{mm}^2}{2{,}1 \cdot 10^5\,\text{N}\,\text{mm}^4} = \underline{\underline{59.840\,\text{N}\,\text{mm} \triangleq 59{,}84\,\text{N}\,\text{m}}}$$

Welchen Wert erreicht die Formänderungsarbeit, wenn als Werkstoff Aluminium ($\sigma_E = 80\,\text{N/mm}^2$; $E = 0{,}7 \cdot 10^5\,\text{N/mm}^2$) verwendet wird?

$$W_{f_{Al}} = \frac{\pi}{8} \cdot 20^2\,\text{mm}^2 \cdot 2000\,\text{mm} \cdot \frac{(80\,\text{N})^2\,\text{mm}^2}{0{,}7 \cdot 10^5\,\text{N}\,\text{mm}^4} = \underline{\underline{28.723\,\text{N}\,\text{mm} \triangleq 28{,}723\,\text{N}\,\text{m}}}$$

Beispiel 1.6 Wie verhält sich die Formänderungsarbeit (Abb. 1.29) zwischen einer Schaftschraube und einer Dehnschraube?

Die Formänderungsarbeit ist nach Gl. 1.11: $W_f = \frac{1}{2} \cdot \frac{F^2}{A} \cdot \frac{l}{E}$, da $A_1 > A_2$ ist, kann die Dehnschraube bei gleichem F (Längskraft) mehr Formänderungsarbeit aufnehmen.

Der Einsatz von Dehnschrauben erfolgt dort, wo eine dauernde dynamische Belastung vorliegt, z. B. beim Zylinderkopf cines Motors.

Abb. 1.29 Formände-
rungsarbeit Schaft- (**a**) und
Dehnschraube (**b**)

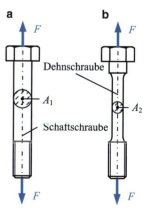

1.6   Zeitlicher Verlauf der Beanspruchung und Dauerfestigkeit

Die Haltbarkeit eines Bauteils ist vorwiegend abhängig vom zeitlichen Verlauf der Belastung bzw. Beanspruchung sowie von der Betriebsart: Dauer- oder Aussetzbetrieb. Grundsätzlich wird zwischen einer ruhenden und einer schwingenden Belastung unterschieden. Maschinenteile werden überwiegend schwingend belastet.

Bei schwingender Beanspruchung (Abb. 1.30) wird unterschieden zwischen

- Oberspannung σ_o (bzw. τ_o),
- Unterspannung σ_u (bzw. τ_u),
- Mittelspannung $\sigma_m = (\sigma_o + \sigma_u)/2$ (entsprechend τ_m) und
- Spannungsausschlag $\sigma_a = (\sigma_o - \sigma_u)/2$ (entsprechend τ_a).

Bach[4] unterscheidet drei idealisierte Lastfälle:

- **Lastfall I: ruhende (statische) Belastung** (Abb. 1.31):
  Die Spannung (σ oder τ) steigt zügig auf einen bestimmten Wert, dann sind Betrag und Richtung konstant. (z. B. Schraube nach dem Anziehen oder Spannung in einem Bauteil durch Eigengewicht).

$$\sigma_o = \sigma_u = \sigma_m; \quad \sigma_a = 0$$

Abb. 1.30 Schwingende Belastung in Form einer Sinus-Funktion

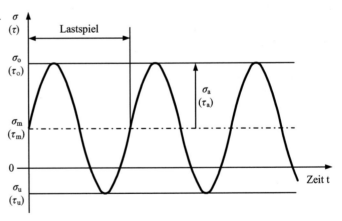

Abb. 1.31 Belastungsfall I

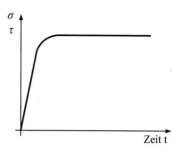

- **Lastfall II: schwellende Belastung** (Abb. 1.32):
  Die Spannung steigt von null auf einen Höchstwert und geht dann zurück auf null. Der Betrag ändert sich ständig, aber nicht das Vorzeichen (z. B. Kranseil, Bremshebel).

$$\sigma_o = \sigma_{max} = 2 \cdot \sigma$$
$$\sigma_m = \sigma_a; \quad \sigma_u = 0$$

- **Lastfall III: wechselnde Belastung** (Abb. 1.33):
  Die Spannung schwankt zwischen einem positiven und einem negativen Höchstwert; Betrag und Richtung ändern sich ständig (z. B. Getriebewellen).

$$\sigma_o = \sigma_{max} = \sigma_a$$
$$\sigma_u = -\sigma_{max}; \quad \sigma_m = 0$$

Die Lastfälle II und III zählen zur dynamischen Belastung.

Maßgeblich ist die Dauerfestigkeit σ_D eines Werkstoffs. Sie ist von der Mittelspannung σ_m und der Beanspruchungsart (schwellend oder wechselnd) abhängig.

▶ Die **Dauerfestigkeit** σ_D ist die höchste Spannung, die ein Bauteil bei dynamischer Beanspruchung gerade noch beliebig lange ohne Bruch bzw. schädigende Verformung erträgt ($N > 10^7$ Lastspiele).

Abb. 1.32 Belastungsfall II

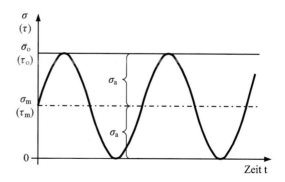

Abb. 1.33 Belastungsfall III

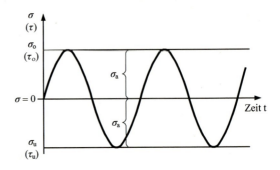

Das Verhalten der Werkstoffe bei schwingender Belastung wird wie folgt untersucht:

Polierte Probestäbe mit 10 mm Durchmesser werden bei konstanter Mittelspannung und entsprechender Schwingungsamplitude belastet. Wählt man die Amplitude groß genug, so kann es bei verhältnismäßig wenigen Lastspielen bereits zum Bruch (Abb. 1.34) kommen. Es bietet sich an, die Oberspannung σ_o über der Anzahl der Lastspiele N in einem Diagramm (Wöhler[5]-Diagramm) aufzutragen. Aufgrund der großen Lastspielzahl ist es zweckmäßig, die Auftragung für N logarithmisch vorzunehmen. Aus dem Wöhler-Diagramm (Abb. 1.34) für Stähle lässt sich Folgendes herleiten (Tab. 1.4).

Trägt man nun für einen Werkstoff und eine Beanspruchungsart (Zug, Druck, Biegung oder Torsion), die aus einer Vielzahl von Wöhler-Diagrammen ermittelten Dauerfestigkeiten in einem Diagramm auf, so erhält man das Dauerfestigkeitsschaubild nach Smith.

Im Smith-Diagramm (Abb. 1.35 und 1.36) sind die Grenzspannungen σ_o, σ_u über der Mittelspannung σ_m aufgetragen. Die beiden Kurven für σ_o und σ_u geben den Bereich in Abhängigkeit von σ_m an, in dem die wechselnde Beanspruchung schwanken kann, ohne dass eine Zerstörung trotz hoher Lastspiele gerade noch nicht eintreten kann. Die Zugfestigkeit kann jedoch bei zähen Stählen wegen der vorher auftretenden bleibenden Verformung für eine Dimensionierung nicht herangezogen werden. Das Dau-

Abb. 1.34 Wöhler-Diagramm

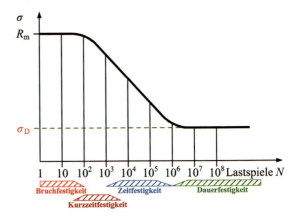

[5] August Wöhler (1819–1914), deutscher Eisenbahningenieur.

Tab. 1.4 Bezeichnung des Festigkeitsbereiches in Abhängigkeit der Lastspiele

Lastspiele N	Bezeichnung	Bemerkung
$10–10^2$	Bruchfestigkeit	Der Bruch erfolgt bei einer Oberspannung, die der Bruch-festigkeit R_m bei ruhender Beanspruchung entspricht
$10^2–10^3$ bzw. 10^4	Kurzzeitfestigkeit	Die Oberspannung verringert sich und die Proben werden teilweise plastisch verformt
Bis 10^6	Zeitfestigkeit	Weiter abnehmende Oberspannung, die zu verformungs-freien Brüchen führt
$>10^7$	Dauerfestigkeit	Oberspannung von Stahl, die nicht zum Bruch führt

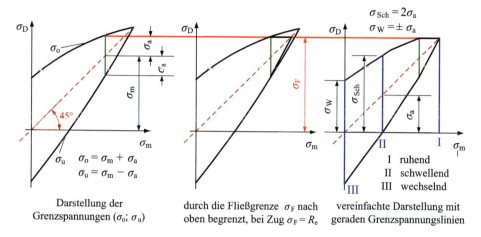

Darstellung der Grenzspannungen (σ_o; σ_u)   durch die Fließgrenze σ_F nach oben begrenzt, bei Zug $\sigma_F = R_e$ vereinfachte Darstellung mit geraden Grenzspannungslinien

Abb. 1.35 Konstruktion des Smith-Diagramms (Zugbeanspruchung)

erfestigkeitsschaubild dieser zähen Werkstoffe wird daher von der Streckgrenze (oben) und der Stauch-/Quetschgrenze (unten) begrenzt. Werkstoffe, die ein unterschiedliches Verhalten bei Zug- oder Druckbeanspruchung (z. B. Grauguss) aufweisen, ergeben ein unsymmetrisches Dauerfestigkeitsschaubild. Abb. 1.37 enthält beispielhaft das Dauerfestigkeitsschaubild eines Vergütungsstahls 41Cr4 für die Beanspruchungsarten Biegung, Torsion, Zug und Druck. Für die Schubspannungen τ erhält man grundsätzlich ein ähnliches Diagramm.

Aufgrund der unterschiedlichen Belastungen ergeben sich entsprechende Bezeichnungen, die in Tab. 1.5 zusammengefasst sind.

Die Indizes in vorstehender Tabelle sind nach DIN 1304 und 1350 genormt:

- **kleiner Index (Kennzeichnung der Beanspruchungsart):**
  z $\hat{=}$ Zug; d $\hat{=}$ Druck; b $\hat{=}$ Biegung; t $\hat{=}$ Torsion
- **und großer Index (Kennzeichnung des Werkstoffkennwertes):**
  B $\hat{=}$ Bruchfestigkeit; F $\hat{=}$ Fließgrenze (bzw. Stauch-/Quetschgrenze) **{S $\hat{=}$ Streck-grenze}; D $\hat{=}$ Dauerfestigkeit** (Dauerschwingfestigkeit); **Sch $\hat{=}$ Schwellfestigkeit** und **W $\hat{=}$ Wechselfestigkeit.**

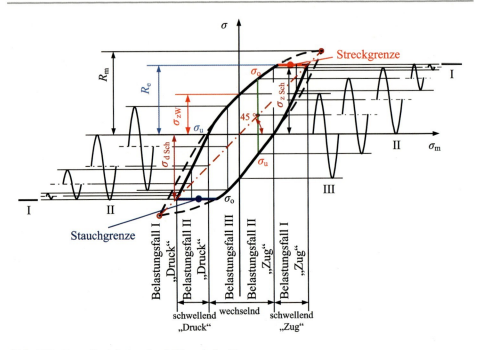

Abb. 1.36 Dauerfestigkeitsschaubild nach Smith

Abb. 1.37 Dauerfestigkeits-
schaubild für Zug/Druck,
Biegung und Torsion für den
Vergütungsstahl 41Cr4

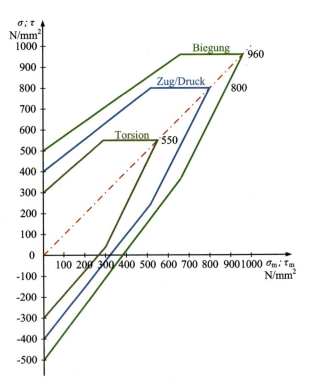

Tab. 1.5 Bezeichnung der Festigkeit in Abhängigkeit der Belastungsart

	Zug	Druck	Biegung	Torsion
Bruchfestigkeit bei ruhender Belastung	Zugfestigkeit R_m	Druckfestigkeit σ_{dB}	Biegefestigkeit σ_{bB}	Torsionsfestigkeit τ_{tB}
Fließgrenze bei ruhender Belastung	Streckgrenze $R_e/R_{p0,2}$	Stauchgrenze $\sigma_{dF}/\sigma_{d0,01}$	Biege(fließ)-grenze σ_{bF}	Torsions(fließ)-grenze τ_{tF}
Dauerschwingfestigkeit	σ_{zD}	σ_{dD}	σ_{bD}	τ_{tD}
Schwellfestigkeit	σ_{zSch}	σ_{dSch}	σ_{bSch}	τ_{tSch}
Wechselfestigkeit	σ_{zW}	σ_{dW}	σ_{bW}	τ_{tW}

1.7 Zulässige Spannungen

In Versuchen wurden Grenzspannungen (σ_m, σ_D) ermittelt, die im Betrieb nicht erreicht werden dürfen. Darüber hinaus bestehen Schwierigkeiten bei der Berechnung der auftretenden Spannungen aufgrund folgender Einflüsse: keine homogenen, isotropen Werkstoffe, Oberflächenbeschaffenheit, Einkerbungen usw. Deshalb führt man Sicherheitszahlen ein.

$$\text{Mindestsicherheit } S_{min} = \frac{\sigma_{Grenz}}{\sigma_{zulässig}} \qquad (1.12)$$

Die Grenzspannung ist abhängig von der Versagensmöglichkeit (plastische Verformung, Sprödbruch, Dauerbruch) und dem Lastfall (Tab. 1.6).

Dementsprechend ist die zulässige Spannung

$$\sigma_{zul} = \frac{\sigma_{Grenz}}{S_{min}}. \qquad (1.13)$$

Zum Beispiel σ_{zul} bei dynamischer Beanspruchung:

$$\sigma_{zul} = \frac{\sigma_D}{S_{min}}. \qquad (1.14)$$

Für die Mindestsicherheit S_{min} (Abb. 1.38) wird bei zähen Werkstoffen R_e und bei spröden Werkstoffen R_m als Grenzwert genommen. Die Grenzspannung hängt wie be-

Tab. 1.6 Mindestsicherheit in Abhängigkeit des Lastfalls

Lastfall	I		II, III
Werkstoff	Zäh mit Streckgrenze	Spröde ohne Streckgrenze	Für alle Werkstoffe
Zweckmäßige Grenzspannung	Streckgrenze R_e	Bruchfestigkeit R_m	Dauerfestigkeit σ_D
Sicherheit S_{min}	1,5 … 3	2 … 4	2 … 4

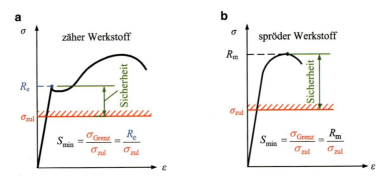

Abb. 1.38 Mindestsicherheit bei zähem (**a**) und sprödem (**b**) Werkstoff

reits gesagt von der Art der Beanspruchung und der Art des Versagens und die geforderte Sicherheit S hängt von den Folgen des Versagens ab.

Zugbeanspruchung:

- Bei Zugbeanspruchung kann ein Versagen durch Fließen oder durch Bruch erfolgen.
- Versagen durch Fließen tritt bei duktilen Werkstoffen auf.
- Versagen durch Bruch kann bei duktilen und spröden Werkstoffen auftreten.

- Versagen durch **Fließen:**
  Die Sicherheit S_F und die zulässige Spannung σ_{zul} werden mithilfe der Streckgrenze R_e oder der 0,2 %-Dehngrenze $R_{p0,2}$ bestimmt:

$$S_F = \frac{\sigma_F}{\sigma_{vorh}}; \quad \sigma_{zul} = \frac{\sigma_F}{S_F} \quad \text{mit} \quad \sigma_F = R_e \quad \text{oder} \quad R_{p0,2} \tag{1.15}$$

- Versagen durch **Bruch:**
  Die Sicherheit S_B und die zulässige Spannung σ_{zul} werden mithilfe der Zugfestigkeit R_m bestimmt:

$$S_B = \frac{\sigma_B}{\sigma_{vorh}}; \quad \sigma_{zul} = \frac{R_m}{S_B} \tag{1.16}$$

Bei spröden Werkstoffen ist eine größere Sicherheit erforderlich, da sich ein Bruch nicht durch eine vorhergehende große Verformung ankündigt.

Druckbeanspruchung:

Bei einer Druckbeanspruchung hingegen kann ein Versagen durch Fließen, Bruch oder Knicken auftreten.

- Versagen durch **Fließen**:
  Die Sicherheit S_F und die zulässige Spannung σ_{zul} werden mithilfe der Druckfließgrenze σ_{dF} oder der Stauchgrenze $\sigma_{d0,01}$ bestimmt:

$$S_F = \frac{\sigma_F}{\sigma_{vorh}}; \quad \sigma_{zul} = \frac{\sigma_F}{S_F} \quad \text{mit} \quad \sigma_F = \sigma_{dF} \text{ oder } \sigma_{d0,01} \tag{1.17}$$

- Versagen durch **Bruch**:
  Die Sicherheit S_B und die zulässige Spannung σ_{zul} werden mithilfe der Druckfestigkeit σ_{dB} bestimmt:

$$S_B = \frac{\sigma_{dB}}{\sigma_{vorh}}; \quad \sigma_{zul} = \frac{\sigma_{dB}}{S_B} \tag{1.18}$$

- Versagen durch **Knicken**:
  Die Sicherheit S_K und die zulässige Spannung σ_{zul} werden mithilfe der Knickspannung σ_K bestimmt:

$$S_K = \frac{\sigma_K}{\sigma_{vorh}}; \quad \sigma_{zul} = \frac{\sigma_K}{S_K} \tag{1.19}$$

Die Knickspannung σ_K ist kein Werkstoffkennwert, sondern ist abhängig von der Knicklänge l_K des Stabes, seinem Querschnitt A und dem Elastizitätsmodul E (siehe Abschn. 2.5).

Tab. 1.7 enthält Festigkeitswerte, die für Überschlagsrechnungen herangezogen werden können.

Tab. 1.7 Statische Festigkeitswerte für Überschlagsrechnungen [10]

Beanspruchungsart		Werkstoff					
		Duktil (zäh)			Spröde		
		Stahl, GS, Cu-Leg.	Al-Knet-Leg.	Al-Guss-Leg.	GJL	GJM	GJS
Zug		R_e ($R_{p0,2}$)			R_m		
Druck	$R_{ed} \approx$	R_e	R_e	$1{,}5 \cdot R_e$	$2{,}5 \cdot R_m$	$1{,}5 \cdot R_m$	$1{,}3 \cdot R_m$
Biegung	$\sigma_{bF} \approx$	$1{,}1 \cdot R_e$	R_e	R_e	R_m	R_m	R_m
Schub	$\tau_{sF} \approx$	$0{,}6 \cdot R_e$	$0{,}6 \cdot R_e$	$0{,}75 \cdot R_e$	$0{,}85 \cdot R_m$	$0{,}75 \cdot R_m$	$0{,}65 \cdot R_m$
Torsion	$\tau_{tF} \approx$	$0{,}65 \cdot R_e$	$0{,}6 \cdot R_e$	–	–	–	–

Beispiel 1.7 Wie groß ist die zulässige Spannung für Baustahl S235JR mit $R_e =$ 235 N/mm² und wie groß ist die vorhandene Sicherheit bei einer vorhandene Spannung von $\sigma_{vorh} = 139$ N/mm²?

Lösung Statische Beanspruchung, Lastfall I; $S_{min} = 1{,}5$ (aus Tab. 1.6 gewählt)

$$\sigma_{zul} = \frac{R_e}{S_{min}} = \frac{235\,\text{N}}{1{,}5\,\text{mm}^2} = \underline{157\,\frac{\text{N}}{\text{mm}^2}}$$

da $= \sigma_{zul} > \sigma_{vorh}$, ist die Bemessung ausreichend!

$$S_{vorh} = \frac{\sigma_{Grenz}}{\sigma_{vorh}} = \frac{235\,\text{N/mm}^2}{139\,\text{N/mm}^2} = \underline{\underline{1{,}69}}$$

Beispiel 1.8 Ein Bergsteiger mit einer Masse $m = 80$ kg will ein Sicherungsseil kaufen. Zur Wahl kommen Stahl- oder Polyamidseile. Für den Einsatz im Gebirge wird mit einer fünffachen Sicherheit gerechnet. Die Eigenmasse des Seiles kann für die Berechnung der Last vernachlässigt werden. Die Stahlseile bestehen aus sechs gedrehten Litzen mit je 19 Drähten bzw. sechs Litzen mit 36 Drähten und einer Seilfestigkeit von 1770 N/mm². Bei den Polyamidseilen handelt es sich um geflochtene Seile mit drei Litzen. Die zulässige Last errechnet sich aus der Mindestbruchlast dividiert durch die Sicherheit $S = 5$. Die Eckdaten sind den Tabellen zu entnehmen.

Stahlseil				
Seildurchmesser	Seilklasse	Mindestbruchlast	Zulässige Last	Preis
mm		kN	kN	€/m
4	6 × 19	8,8	1,74	0,90
6	6 × 19	19,5	3,9	1,20
8	6 × 37	33,4	6,7	2,40
10	6 × 37	52	10,4	2,60

Polyamidseil			
Seildurchmesser	Mindestbruchlast	Zulässige Last	Preis
mm	kN	kN	€/m
4	3,1	0,62	0,24
6	9	1,8	0,42
8	12,75	2,55	0,66
10	19,6	3,92	1,13

Lösung

$$F_G = m \cdot g = 80\,\text{kg} \cdot 9{,}81\,\text{m/s}^2 = \underline{785\,\text{N}} \approx \underline{0{,}8\,\text{kN}}$$

Aufgrund der Gewichtskraft kämen ein Stahlseil mit 4 mm Durchmesser zum Preis von 0,90 €/m oder ein Polyamidseil mit 6 mm Durchmesser zum Preis von 0,42 €/m in Frage. Das Polyamidseil hat den Vorteil, dass es leichter, flexibler und kostengünstiger ist. Als Nachteile wären zu nennen: Schlechte Kantenbeständigkeit, UV-strahlungs- und alterungsempfindlich.

Der Vorteil des Stahlseiles liegt in der guten Kantenbeständigkeit. Es ist aber steifer, teurer und schwerer.

1.8 Verständnisfragen zu Kapitel 1

1. Wodurch unterscheidet sich die Statik von der Festigkeitslehre?
2. In welcher Form kann das Versagen eines Bauteils auftreten?
3. Welche Grundbeanspruchungsarten kennen Sie?
4. Erklären Sie den Unterschied zwischen dem Freimachen und dem Freischneiden!
5. Wie ist die Spannung definiert?
6. Erklären Sie die Begriffe Normal- und Tangentialspannung und wodurch sie sich unterscheiden.
7. Wie wird die wahre Spannung ermittelt und worin besteht der Unterschied zum allgemeinen Spannungs-Dehnungs-Diagramm?
8. Für welchen Bereich gilt das Hooke'sche Gesetz und was sagt es aus?
9. Was versteht man unter der Poisson'schen Konstanten und der Querkontraktionszahl?
10. Welche Faktoren haben einen Einfluss auf die Formänderungsarbeit?
11. Wovon hängt die Haltbarkeit eines Bauteils ab?
12. Worin unterscheiden sich die drei Lastfälle nach Bach?
13. Wozu dient das Wöhler-Diagramm?
14. Wie entsteht ein Smith-Diagramm und was kann man aus ihm entnehmen?
15. Nennen Sie Gründe zur Einführung der Sicherheit S.

1.9 Aufgaben zu Kapitel 1

Aufgabe 1.1 Der homogene starre Balken der Masse m ist wie skizziert an zwei Stahldrähten der Länge l und der Querschnittsfläche A horizontal aufgehängt. Dann wird die Last F aufgebracht. Um welchen Winkel φ neigt sich der Balken und um welche Strecken Δl_1 und Δl_2 werden die Drähte infolge der Last F dabei länger? Welche Spannungen herrschen in den Drähten?

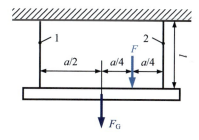

$l = 500\,\text{mm}$;
$a = 750\,\text{mm}$
$A = 0{,}25\,\text{mm}^2$;
$E = 2{,}1 \cdot 10^5\,\text{N/mm}^2$
$m = 5{,}097\,\text{kg}$;
$F = 100\,\text{N}$

Aufgabe 1.2 Ein Verbundstab aus Stahl und Holz wird mit einer Kraft $F = 25\,\text{kN}$ wie skizziert beansprucht (Stahl: $E_{\text{St}} = 2{,}1 \cdot 10^5\,\text{N/mm}^2$; Holz: $E_{\text{H}} = 1{,}5 \cdot 10^4\,\text{N/mm}^2$).

a) Welche Spannungen treten im Stahl und im Holz auf?
b) Wie groß ist die Verlängerung?

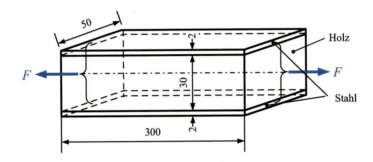

Aufgabe 1.3 Wie groß ist die von einer Hartgummifeder von 30 mm Höhe und 50 mm Durchmesser aufgenommene Formänderungsarbeit, wenn die Feder mit 1,5 kN belastet wird und der E-Modul $4\,\text{kN/mm}^2$ beträgt?

Aufgabe 1.4 Welche Formänderungsenergie wird vom linken bzw. rechten Teil des abgesetzten Stahlstabes aufgenommen, wenn der Stab mit $F = 12\,\text{kN}$ belastet wird?

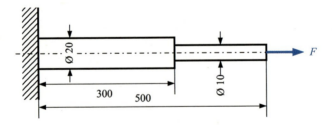

Aufgabe 1.5 Ein Wasserbehälter ist an vier Bändern aus E295 gemäß Skizze aufgehängt. Der leere Behälter hat eine Masse von $m_{\text{leer}} = 1500\,\text{kg}$, der gefüllte Behälter $m_{\text{voll}} = 4000\,\text{kg}$. Die Querschnittsfläche der Bänder beträgt $A = 30 \times 3\,\text{mm}$. Der Abstand a der Bänder vom linken und rechten Rand des Behälters beträgt 600 mm.

a) Wie groß ist die Spannung in den Bändern bei leerem und vollem Behälter?
b) Welche Sicherheiten liegen gegen Versagen bei vollem Behälter vor und sind sie ausreichend?
c) Die Länge der Bänder bei leerem Behälter beträgt $l_0 = 1400$ mm, um welchen Betrag Δl senkt sich der Behälter im gefüllten Zustand?

Gegeben: $R_e = 295$ N/mm²; $R_m = 470$ N/mm²; $E = 2{,}1 \cdot 10^5$ N/mm².

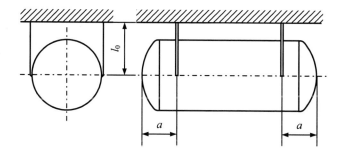

Einfache Beanspruchungen

2

In Abschn. 1.2 haben wir **fünf Grundbeanspruchungsarten** kennengelernt, die nunmehr näher betrachtet werden.

2.1 Zug- und Druckbeanspruchung

2.1.1 Grundsätzliches zur Normalspannung

Ein Stab (Abb. 2.1) wird in Längsrichtung mit einer zentrischen Kraft belastet.

Schneiden wir den Stab in B–B, dann treten senkrecht zur Längsachse *Normalspannungen* auf.

Aus der Gleichgewichtsbedingung am (linken und rechten) Teilstab folgt: $F_i - F = 0$ $\Rightarrow F_i = F$, mit $F_i =$ innere Kraft (Schnittkraft) und $F =$ äußere Kraft.

In Abb. 2.2 ist die Querschnittsfläche über der Länge konstant oder nur leicht veränderlich (keine schroffen Übergänge oder Kerben). Damit ist auch σ über dem Querschnitt konstant.

Abb. 2.1 Stab mit konstantem Querschnitt

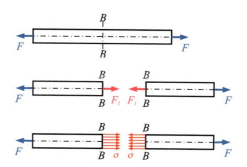

© Springer Fachmedien Wiesbaden GmbH 2017
K.-D. Arndt et al., *Festigkeitslehre für Wirtschaftsingenieure*,
https://doi.org/10.1007/978-3-658-18066-9_2

Abb. 2.2 Stab mit veränderlichem Querschnitt

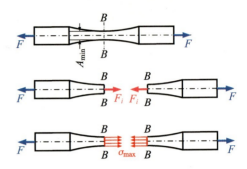

Daraus folgern wir, dass die Zugspannung in Stäben konstant ist (Abb. 2.1, 2.2 und 2.3), wenn

- sich die Querschnittsfläche A senkrecht zur Stabachse befindet,
- die Wirklinie von F auf der Schwerpunktachse (Mittellinie) liegt und
- der Querschnitt A konstant ist bzw. sanfte Übergänge hat:

$$\sigma_{(z)} = \frac{F}{A} = \text{konstant.} \qquad (2.1)$$

Bei leicht veränderlichem Querschnitt (Abb. 2.2):

$$\sigma_{\text{max}} = \frac{F}{A_{\text{min}}} \qquad (2.2)$$

Entsprechendes gilt für die Druckbeanspruchung (Abb. 2.3):

$$\sigma_{(d)} = \frac{F}{A} \quad \text{bzw.} \quad \sigma = -\frac{F}{A}, \qquad (2.3)$$

solange kein seitliches Ausweichen (Knicken) des Stabes auftritt. Das negative Vorzeichen in Gl. 2.3 drückt aus, dass eine Druckspannung vorliegt.

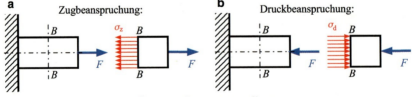

Abb. 2.3 **a** Zug- und **b** Druckbeanspruchung mit Spannungsverteilung

Abb. 2.4 Nicht konstante Spannungsverteilung

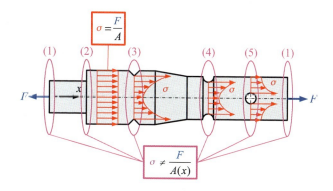

Als **Festigkeitsbedingung** mit der zulässigen Spannung gilt:

$$|\sigma| = \frac{F}{A} \leq \sigma_{\text{zul}} \tag{2.4}$$

Des Weiteren haben wir in Abschn. 1.1 zwei Vorgehensweisen kennengelernt; es gilt für die **Tragfähigkeits**-Rechnung (Lastbegrenzung):

$$F \leq F_{\text{zul}} = A \cdot \sigma_{\text{zul}} \tag{2.5}$$

und für die **Bemessungs**-Rechnung (Dimensionierung):

$$A \geq A_{\text{erf}} = F/\sigma_{\text{zul}} \tag{2.6}$$

Die Normalspannung dagegen ist über den Querschnitt nicht konstant (Abb. 2.4):

- in unmittelbarer Nähe der Krafteinleitung (1),
- bei Querschnittssprüngen (2),
- bei Kerben (3), Einstichen (4) oder Bohrungen (5).

Beispiel 2.1 Finn Niklas, 9 Jahre alt, besitzt ein eigenes Fahrzeug: Ein Dreirad mit Tretantrieb, Abb. 2.5. Auf dem hinteren Sitz kann er einen Freund mitnehmen und an die Anhängerkupplung hängt er oft seinen Bollerwagen an. Wir wollen hier die Aufgabe der Berechnungsabteilung des Herstellers übernehmen und im Laufe dieses Buches die Festigkeit von Finn Niklas' Dreirad überprüfen.

Der Rahmen des Dreirads besteht aus Vierkantrohr und muss alle im Betrieb auftretenden Kräfte aufnehmen können. Um den Rechenaufwand überschaubar zu halten, schaffen wir uns zunächst ein vereinfachtes Rechenmodell des Dreirads. Das Dreirad besitzt, wie in Abb. 2.5 zu erkennen ist, einen T-förmigen Rahmen aus Vierkantrohr, an dem vorne die lenkbare Vorderradgabel gelagert ist.

Die Anhängerkupplung von Finn Niklas' Dreirad sitzt an der Verlängerung des Längsrohres hinter der Hinterachse, Abb. 2.6. Vereinfacht muss dieses kurze Vierkantrohr nur

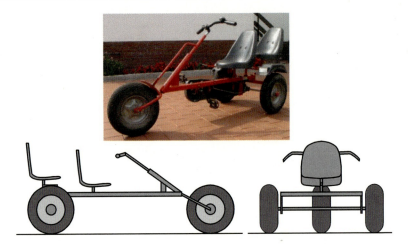

Abb. 2.5 Finn Niklas' Dreirad

Abb. 2.6 Kraft an der Anhängerkupplung

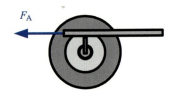

die Zugkraft für die Fortbewegung des Anhängers aufnehmen. Wir nehmen diese Kraft hier mit 200 N an. Das Längsrohr hat die Außenmaße 50×20 mm bei 2 mm Wandstärke. Die Querschnittsfläche des Rohres beträgt damit $A = 264\,\text{mm}^2$. Für die Zugspannung in diesem Bauteil erhalten wir dann

$$\sigma_z = \frac{F_A}{A} = \frac{200\,\text{N}}{264\,\text{mm}^2} \approx \underline{\underline{0,8\,\text{N/mm}^2}}$$

Diese Spannung ist sehr gering und damit vernachlässigbar.

Bei einer **beliebigen Schnittrichtung** (Abb. 2.7) erfolgt der Schnitt nicht senkrecht zur Stabachse (= Kraftlinie). Der gedachte Schnitt B–B wird so gelegt, dass der Winkel α senkrecht zum Schnitt liegt. **Bedingung** hierbei ist: Das freigemachte Teilsystem muss sich im Gleichgewicht befinden.

$$\sum F_{ix} = 0 \quad \text{und} \quad \sum F_{iy} = 0$$

Dies ist nur möglich, wenn im gedachten Schnitt sowohl **Normalspannungen** σ als auch **Tangentialspannungen** τ wirksam sind.

Zum besseren Verständnis ist es sinnvoll, ein um den Winkel α gedrehtes Koordinatensystem einzuführen.

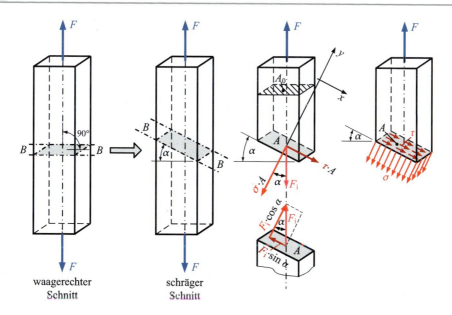

Abb. 2.7 Schräg geschnittener Stab

Aus der Gleichgewichtsbedingung $\sum F_{iy} = 0 \Rightarrow F_i \cdot \cos\alpha - \sigma \cdot A = 0, (F_i = F)$

$$\text{mit} \quad A = \frac{A_0}{\cos\alpha} \Rightarrow \sigma = \frac{F}{A_0} \cdot \cos^2\alpha \Rightarrow$$

$$\sigma = \sigma_0 \cdot \cos^2\alpha \qquad (2.7)$$

Der Quotient F/A_0 entspricht der Spannung σ_0 im Schnitt senkrecht zur Achse.
Aus der Gleichgewichtsbedingung $\sum F_{ix} = 0 \Rightarrow \tau \cdot A - F_i \cdot \sin\alpha = 0, (F_i = F)$

$$\tau = \frac{F}{A_0} \cdot \sin\alpha \cdot \cos\alpha, \quad \text{mit} \quad 2 \cdot \sin\alpha \cdot \cos\alpha = \sin 2\alpha \Rightarrow$$

$$\tau = \frac{1}{2}\sigma_0 \cdot \sin 2\alpha \qquad (2.8)$$

Mit der Probe für $\alpha = 0°$ wird untersucht, ob die Gln. 2.7 und 2.8 stimmen:

$$\cos^2\alpha = 1 \Rightarrow \sigma = \sigma_0$$

$$\sin 2\alpha = 0 \Rightarrow \tau = 0, \quad \text{damit ist der Beweis erbracht worden.}$$

Von besonderer Bedeutung ist jedoch der Schnitt unter dem Winkel $\alpha = 45°$:
$\Rightarrow \cos^2\alpha = 1/2 \Rightarrow \sigma_{45°} = 1/2\,\sigma_0$ und $\sin 2\alpha = 1 \Rightarrow$

$$\tau_{45°} = \frac{1}{2}\sigma_0 = \tau_{max} \qquad (2.9)$$

Abb. 2.8 Zerstörter Alumini-
um-Prüfkörper (Druckversuch)

Als Ergebnis kann festgestellt werden:

Beim gezogenen (bzw. gedrückten) Stab (Abb. 2.7) im Schnitt unter 45° zur Stabachse beträgt die Normalspannung $\sigma_0 / 2$ und die maximale Schubspannung $\tau_{\max} = \sigma_0 / 2$.

Im Zugversuch einer Rundprobe aus Stahl mit ausgeprägter Streckgrenze tritt eine starke Einschnürung (d. h. Querschnittsminderung) durch Fließen auf. Unter Fließen wird das Abgleiten einzelner Gefügeteile unter 45° zur Achse verstanden. Sie treten aufgrund maximaler Schubspannung auf – bis u. U. ein kritischer Anriss und dann der Restbruch erfolgen. Abb. 2.8 zeigt das Abgleiten unter 45° eines im Druckversuch zerstörten Probekörpers aus Aluminium.

Beispiel 2.2 An einem zylindrischen Versuchskörper (Abb. 2.9) mit dem Durchmesser $d = 30$ mm wird ein Druckversuch gemacht. Bei einer Druckbelastung von $F = 378$ kN bricht der Probekörper unter 45°.

a) Wie groß ist die Druckfestigkeit σ_{db} des Werkstoffs?
b) Wie groß sind die Normal- und die Schubspannung in der Bruchebene unmittelbar vor
    dem Bruch?

Abb. 2.9 Versuchskörper
unter Druckbelastung

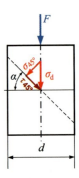

Lösung

a) $\sigma_{dB} \stackrel{\wedge}{=} \sigma_0 = \frac{F}{A}$ (Schnittfläche $\perp F$) $\Rightarrow \sigma_{dB} = \frac{F}{\frac{\pi}{4} \cdot d^2} = \frac{378.000\,N}{\frac{\pi}{4} \cdot 30^2\,mm^2} = \underline{\underline{535 \frac{N}{mm^2}}}$

b) 45°-Ebene:

$$\sigma_{45°} = \frac{1}{2}\sigma_0 \left(\text{allgemein: } \sigma = \sigma_0 \cdot \cos^2\alpha;\ \alpha = 45° \rightarrow \cos\alpha = \frac{1}{2}\sqrt{2};\ \cos^2\alpha = \frac{1}{2} \right)$$

$$\tau_{45°} = \frac{1}{2}\sigma_0 = \sigma_{45°}$$

$$\sigma_{45°} \approx \underline{\underline{268 \frac{N}{mm^2}}} \text{ und } \tau_{45°} \approx \underline{\underline{268 \frac{N}{mm^2}}}$$

2.1.2 Spannungen durch Eigengewicht

Spannungen durch Eigengewicht treten beim hängenden Stab (Abb. 2.10) oder hängenden Seil auf, wobei der Querschnitt A konstant ist. Die Betrachtung muss unter folgenden Gesichtspunkten erfolgen:

- die äußere Kraft F ist (sehr) groß im Verhältnis zum Eigengewicht F_G des Stabes (Seiles), in diesem Fall ist das Eigengewicht F_G vernachlässigbar,
- bei sehr langen frei hängenden Stäben (Seilen) ist das Eigengewicht F_G u. U. allein verantwortlich für das Versagen (ohne äußere Kraft),
- mit zunehmender Länge l nimmt das Eigengewicht F_G zu, somit auch die Zugspannung an der Einspannstelle, dem gefährdeten Querschnitt B–B.

Abb. 2.10 Hängender Stab
unter Eigengewicht

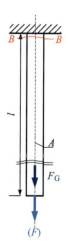

Lösung

$$F_G = m \cdot g \triangleq V \cdot \rho \cdot g = A \cdot l \cdot \rho \cdot g = A \cdot l \cdot \gamma \text{ mit}$$

$$\gamma = \rho \cdot g = \text{spezifisches Gewicht und } V = A \cdot l.$$

Die maximale Zugspannung im Querschnitt *B–B* ist $\sigma_{max} = \frac{F_G}{A} = l \cdot \gamma \leq \sigma_{zul}$.
Für $\sigma_{max} = \sigma_{zul}$ wird die Länge l zur

$$\textbf{Traglänge} \quad l_T = \frac{\sigma_{zul}}{\rho \cdot g} = \frac{\sigma_{zul}}{\gamma} \tag{2.10}$$

Setzt man für σ_{max} die Zugfestigkeit R_m, so wird daraus die

$$\textbf{Reißlänge} \quad l_R = \frac{R_m}{\rho \cdot g} = \frac{R_m}{\gamma} \tag{2.11}$$

l_T und l_R sind dabei unabhängig von der Querschnittsform und der -größe. Sie sind nur abhängig vom Festigkeitswert σ_{zul} bzw. R_m und vom spezifischen Gewicht γ des Werkstoffs/Materials.

▶ Die **Reißlänge** ist als Zugfestigkeit bezogen auf das spezifische Gewicht definiert und wird zur Beschreibung der Belastbarkeit von Leichtbauwerkstoffen benutzt.

Die **Reißlänge** ist auch ein Güte-/Qualitätsmerkmal für Werkstoffe:

- Naturseide: $l_{Rmin} \approx 45\,\text{km}$
- Kohlenstofffasern (C-Fasern): $l_R \approx 100\,\text{km}$
- Kevlar: $l_R \approx 200\,\text{km}$
- Stahl: $l_R \approx 5\,\text{km}$

Beispiel 2.3 Wie groß ist die Reißlänge von Baustahl S235JR?

Lösung Mit Gl. 2.11:

$$l_R = \frac{R_m}{\rho \cdot g}; \text{ S235JR: } R_m = 360\,\frac{N}{mm^2}; \rho = 7{,}85\,\frac{kg}{dm^3} = 7{,}85 \cdot 10^{-6}\,\frac{kg}{mm^3}$$

$$l_R = \frac{360\,N\,mm^{-2} \cdot 1 \cdot kg\,m}{mm^{-2}\,7{,}85 \cdot 10^{-6}\,kg \cdot 9{,}81\,m \cdot 1\,Ns^2} = \frac{360\,mm}{7{,}85 \cdot 10^{-6} \cdot 9{,}81} \approx \underline{4{,}67 \cdot 10^6\,mm \approx 4{,}67\,km}$$

2.1.3 Wärmespannungen

Aus der Erfahrung wissen wir, dass Körper sich bei Erwärmung ausdehnen und bei Abkühlung zusammenziehen. Ist ein Körper frei beweglich gelagert, so tritt keine Änderung des Spannungszustandes bei einer Erwärmung oder Abkühlung ein (Abb. 2.11).

Abb. 2.11 Frei gelagerter Stab
unter Wärmebelastung

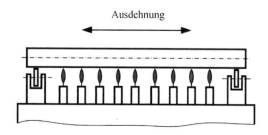

Die Längenänderung eines beweglich gelagerten stabförmigen Körpers infolge einer Temperaturänderung ist:

$$\Delta l = l_0 \cdot \alpha \cdot \Delta \vartheta \quad \text{mit } \Delta \vartheta = \vartheta_1 - \vartheta_0 \quad \text{in K (Kelvin)} \tag{2.12}$$

ϑ_0 = Temperatur vor der Änderung (Ausgangstemperatur)
ϑ_1 = Temperatur nach der Änderung (Endtemperatur)
l_0 = Körper-/Stablänge vor der Temperaturänderung
α = Längenausdehnungskoeffizient in K^{-1} ($\alpha = 1/K$)

Die Koeffizienten ausgewählter Werkstoffe sind Tab. 2.1 zu entnehmen.
Die Stablänge nach der Temperaturänderung ergibt sich zu:

$$l_1 = l_0 + \Delta l = l_0 + l_0 \cdot \alpha \cdot \Delta \vartheta = l_0(1 + \alpha \cdot \Delta \vartheta) \tag{2.13}$$

Die Wärmedehnung lässt sich wie folgt ermitteln:

$$\varepsilon_{\text{therm}} = \varepsilon_\vartheta = \frac{\Delta l}{l_0} = \frac{l_0 \cdot \alpha \cdot \Delta \vartheta}{l_0} = \varepsilon_\vartheta = \alpha \cdot \Delta \vartheta \tag{2.14}$$

Tab. 2.1 Längenausdehnungskoeffizienten ausgewählter Werkstoffe

Werkstoff	α in $10^{-6}\,K^{-1}$
Unlegierter Stahl	12
Edelstahl	16
Aluminium	24
Kupfer	17
Messing	20
PP	180
PVC	70
Glas	5
Quarzglas	0,5
Beton	10
Holz	4

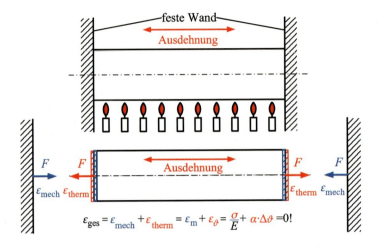

Abb. 2.12 Dehnung bei beidseitiger Einspannung

Die Dehnung wird (bei beidseitiger Einspannung, Abb. 2.12) behindert, es gilt die Bedingung:

$$\varepsilon_{\text{ges}} = \varepsilon_{\text{mech}} + \varepsilon_{\text{therm}} = \varepsilon_{\text{m}} + \varepsilon_{\vartheta} = \frac{\sigma}{E} + \alpha \cdot \Delta\vartheta = 0.$$

Daraus folgt für die Wärmespannung

$$\sigma = -\alpha \cdot \Delta\vartheta \cdot E \tag{2.15}$$

Bei Abkühlung treten **Schrumpfspannungen** auf: $\sigma = -\alpha \cdot \Delta\vartheta \cdot E$; wenn $\Delta\vartheta < 0$, dann ist $\sigma > 0$ (z. B. bei Brückenlagern).

Wärme- und Schrumpfspannungen sind **nicht** von den Bauteilabmessungen abhängig, sondern von den Werkstoffkennwerten α und E sowie von der Temperaturdifferenz $\Delta\vartheta$.

Beispiel 2.4 Die Gleise der Deutschen Bahn sind endlos verschweißt, d. h. es gibt keine Stoßlücken zwischen den Schienenenden.

Ein Schienenstrang aus Stahl, endlos verschweißt, wird bei 25 °C spannungsfrei verlegt. Wie groß sind die Wärme- bzw. Schrumpfspannungen im Strang bei den Temperaturen 50 °C und −15 °C?

Gesucht: σ_1 bei ϑ_1 und σ_2 bei ϑ_2.

Lösung Anwendung der Gl. 2.15

$$\sigma = -\alpha \cdot \Delta\vartheta \cdot E; \; \alpha_{St} = 1{,}2 \cdot 10^{-5} \, \frac{1}{K} \text{ und } E = 2{,}1 \cdot 10^5 \, \frac{N}{mm^2}$$

$$\vartheta_1 = 50\,°C \rightarrow \Delta\vartheta_1 = \vartheta_1 - \vartheta_0 = (50 - 25)\,°C \mathrel{\hat{=}} +25\,K$$

$$\sigma_1 = -\alpha_{St} \cdot \Delta\vartheta_1 \cdot E = -1{,}2 \cdot 10^{-5} \, \frac{1}{K} \cdot 25\,K \cdot 2{,}1 \cdot 10^5 \, \frac{N}{mm^2}$$

$$\underline{\underline{\sigma_1 = -63 \, \frac{N}{mm^2}}} \quad \text{(Druckspannung)}$$

$$\vartheta_2 = -15\,°C \rightarrow \Delta\vartheta_2 = \vartheta_2 - \vartheta_0 = (-15 - 25)\,°C \mathrel{\hat{=}} \underline{-40\,K}$$

$$\sigma_2 = -\alpha_{St} \cdot \Delta\vartheta_2 \cdot E = -1{,}2 \cdot 10^{-5} \, \frac{1}{K} \cdot (-40)\,K \cdot 2{,}1 \cdot 10^5 \, \frac{N}{mm^2}$$

$$\underline{\underline{\sigma_2 = +101 \, \frac{N}{mm^2}}} \quad \text{(Zugspannung)}$$

Beispiel 2.5 Der skizzierte Körper befindet sich zwischen zwei starren Wänden (Abb. 2.13). Wie groß ist die Spannung in den Querschnitten und welche Kraft F tritt dabei auf?

Das Freimachen (a) und Freischneiden (b) des eingespannten Stahlstabes ist in Abb. 2.14 dargestellt.

$$\Delta\vartheta = 60\,°C$$

$$\alpha_{St} = 1{,}2 \cdot 10^{-5}\,K^{-1}$$

$$E = 2{,}1 \cdot 10^5 \, \frac{N}{mm^2}$$

Abb. 2.13 Eingespannter Stahlstab

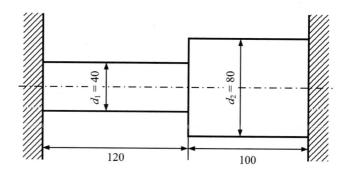

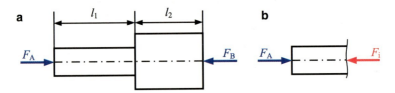

Abb. 2.14 Freigemachter Stahlstab **a** *Freimachen:* $F_A - F_B = 0 \rightarrow F_A = F_B$ **b** *Freischneiden:* $F_A - F_i = 0 \rightarrow F_A = F_i$ ($F_i =$ innere Kraft)

Lösung

$$\Delta l = \alpha \cdot \Delta\vartheta \cdot l_{ges}; \ \sigma = E \cdot \varepsilon = E \cdot \frac{\Delta l}{l}; \ F = \sigma \cdot A$$

$$\Delta l_1 = \Delta l_{1_{therm}} - \Delta l_{1_{elast}} = \alpha_1 \cdot l_1 \cdot \Delta\vartheta - \frac{F_1 \cdot l_1}{E_1 \cdot A_1}$$

$$\Delta l_2 = \Delta l_{2_{therm}} - \Delta l_{2_{elast}} = \alpha_2 \cdot l_2 \cdot \Delta\vartheta - \frac{F_2 \cdot l_2}{E_2 \cdot A_2}$$

Es gilt die geometrische Bedingung: $\Delta l_{ges} = \Delta l_1 + \Delta l_2 = 0$ und $F_1 = F_2 = F$

$$(\alpha_1 \cdot l_1 + \alpha_2 \cdot l_2)\Delta\vartheta = F\left(\frac{l_1}{E_1 \cdot A_1} + \frac{l_2}{E_2 \cdot A_2}\right) \rightarrow F = \frac{(\alpha_1 \cdot l_1 + \alpha_2 \cdot l_2)\Delta\vartheta}{\frac{l_1}{E_1 \cdot A_1} + \frac{l_2}{E_2 \cdot A_2}}$$

Hier $\alpha_1 = \alpha_2 = \alpha_{St}$; $E_1 = E_2 = E$; $A_i = \frac{\pi \cdot d_i^2}{4}$

$$F = \frac{(l_1 + l_2) \cdot \alpha_{St} \cdot \Delta\vartheta \cdot E}{\frac{4}{\pi}\left(\frac{l_1}{d_1^2} + \frac{l_2}{d_2^2}\right)} = \frac{220\,\text{mm} \cdot 1{,}2 \cdot 10^{-5} \cdot 60 \cdot 2{,}1 \cdot 10^5\,\text{N}}{\frac{4}{\pi}\left(\frac{120}{40^2} + \frac{100}{80^2}\right)\frac{\text{mm}}{\text{mm}^2}\,\text{mm}^2} = \underline{\underline{288.281\,\text{N}}}$$

$$= \underline{\underline{288{,}28\,\text{kN}}}$$

$$\sigma_1 = \frac{F}{A_1} = \frac{288{,}28\,\text{kN}}{\frac{\pi}{4} \cdot 40^2\,\text{mm}^2} = \underline{\underline{229{,}4\,\frac{\text{N}}{\text{mm}^2}}};$$

$$\sigma_2 = \frac{F}{A_2} = \frac{288{,}28\,\text{kN}}{\frac{\pi}{4} \cdot 80^2\,\text{mm}^2} = \underline{\underline{57{,}4\,\frac{\text{N}}{\text{mm}^2}}}$$

2.1.4 Flächenpressung ebener und gekrümmter Flächen

Neben Spannungen in Bauteilen treten bei Druckbeanspruchungen auch Berührungsspannungen zwischen Körpern auf, die als *Flächenpressung p* oder *Lochleibung p_l* bezeichnet werden. In Abb. 2.15 sind die Möglichkeiten der Spannungen zwischen zwei Körpern dargestellt.

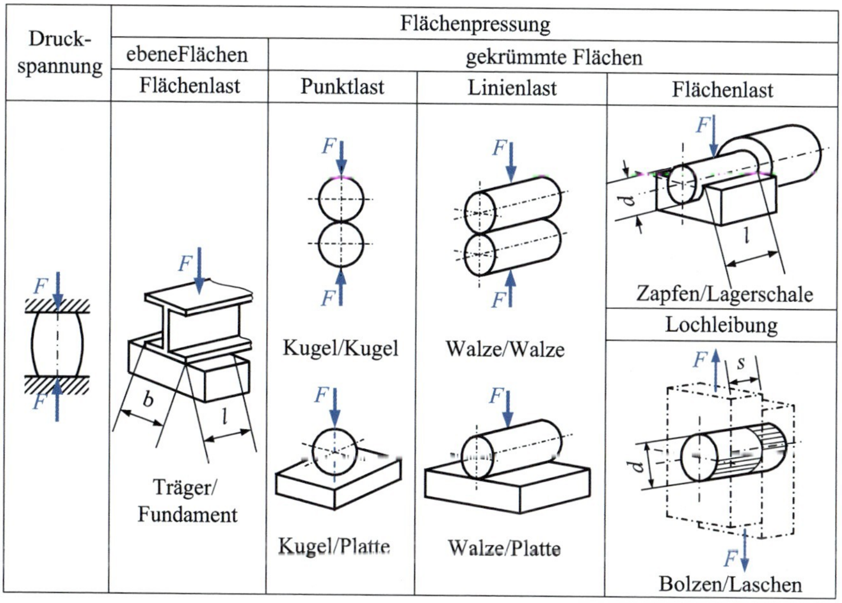

Druck-spannung	Flächenpressung			
	ebeneFlächen	gekrümmte Flächen		
	Flächenlast	Punktlast	Linienlast	Flächenlast

Abb. 2.15 Spannungen zwischen zwei Körpern

Eine Kraft kann von einem zum anderen Bauteil nur über eine bestimmte Querschnitts-fläche übertragen werden (Abb. 2.16).

Es sind folgende Fragen zu klären:

- Wie groß ist die Belastung an den Auflageflächen?
- Welche Belastung ist zulässig, damit keine unerwünschten Verformungen oder ein Bruch auftreten?

Es wird von der allgemein üblichen Annahme für ebene Berührungsflächen (Abb. 2.16 und 2.18) ausgegangen, dass eine gleichmäßige Verteilung der Druckkraft auf die Flächen erfolgt.

Für die Druckbelastung pro Flächeneinheit gilt:

$$\text{Flächenpressung} \quad p = \frac{F}{A} \quad \text{mit} \quad F \perp A \tag{2.16}$$

Die Einheit der Flächenpressung ist gleich der Einheit für die Spannung in N/mm^2.

Die Flächenpressung p ist aber ein Maß für eine von außen – an der Oberfläche des Bauteils – wirkende Belastung.

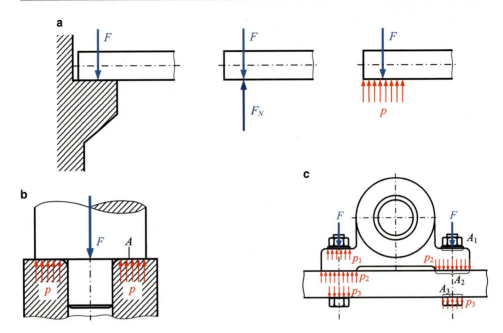

Abb. 2.16 Flächenpressung an Bauteilen: **a** Lagerung eines Querträgers, **b** Axialführung einer senkrechten Welle, **c** Befestigung einer Maschine (eines Motors oder Getriebes bzw. einer Pumpe) am Fundament

Greift die Kraft F nicht senkrecht zur Auflage-/Berührungsfläche (Abb. 2.17) an, mit der Auflagefläche $A = b \cdot l$, dann gilt:

$$p = \frac{F}{A_{\text{proj}}} \quad \text{mit} \quad A_{\text{proj}} = b \cdot l' \quad \text{und} \quad l' = l \cdot \cos\alpha \Rightarrow p = \frac{F}{b \cdot l \cdot \cos\alpha} \quad \text{oder}$$

$$p = \frac{F_{\text{N}}}{A} = \frac{F}{A \cdot \cos\alpha} = \frac{F}{b \cdot l \cdot \cos\alpha} \tag{2.17}$$

mit der Bedingung: Die vorhandene Flächenpressung p muss $\leq$ der zulässigen Flächenpressung p_{zul} sein.

Zu beachten ist hierbei, dass der Werkstoff mit der geringeren Festigkeit maßgebend ist. So ist z. B. bei einem Gelenklager aus Grauguss mit einem Bolzen aus Stahl das Grauguss-Lagergehäuse gefährdet, nicht der Stahlbolzen.

Anhaltswerte für die zulässige Flächenpressung p_{zul} sind der Tab. 2.2 zu entnehmen.

Pressung bei gekrümmten Flächen

Bei Gleitlagerzapfen, Stiften oder Gelenkbolzen ist die Flächenpressung in Umfangsrichtung nicht konstant. Es handelt sich hier um eine komplizierte Verteilung der Pressung (Abb. 2.18b), die rechnerisch schwer erfassbar ist.

Abb. 2.17 Flächenpressung an schräger Fläche

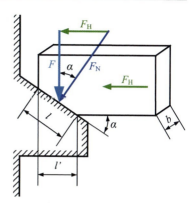

Tab. 2.2 Anhaltswerte für die zulässige Flächenpressung p_{zul} (σ_{dF} = Quetschgrenze; σ_{dB} = Druck-festigkeit)

Werkstoff	Zulässige Flächenpressung p_{zul}	Belastung
Zähe Werkstoffe	$p_{zul} \approx \frac{\sigma_{dF}}{1,2}$	Bei ruhender Belastung
	$p_{zul} \approx \frac{\sigma_{dF}}{2}$	Bei schwellender Belastung
Spröde Werkstoffe	$p_{zul} \approx \frac{\sigma_{dB}}{2}$	Bei ruhender Belastung
	$p_{zul} \approx \frac{\sigma_{dB}}{3}$	Bei schwellender Belastung

Abb. 2.18 Flächenpressung an ebenen (**a**) und gekrümmten Flächen (**b**)

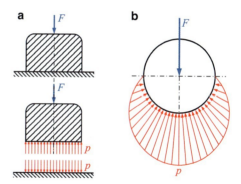

Die maximale Flächenpressung tritt in Richtung der angreifenden Kraft auf. Man geht in diesem Fall wie folgt vor, indem die auf die projizierte Fläche A_{proj} des Bauteils (Bolzen/Zapfen) bezogene Kraft F (Abb. 2.19b) herangezogen und damit die mittlere Flächenpressung p_m oder $\bar{p}$ berechnet wird:

$$p_m = \bar{p} = \frac{F}{A_{proj}} = \frac{F}{d \cdot b} \leq \bar{p}_{zul} \qquad (2.18)$$

Durch entsprechend niedrigere Werte für $\bar{p}_{zul}$ wird berücksichtigt, dass die örtliche Flächenpressung viel höher ist. $\bar{p}$ und $\bar{p}_{zul}$ sind wichtige Größen z. B. bei der Gleitlagerberechnung. Bei Passschrauben, Stiften, Bolzen und Nieten, die durch eine Kraft F beansprucht werden, spricht man vom Lochleibungsdruck oder von der Lochleibung p_l

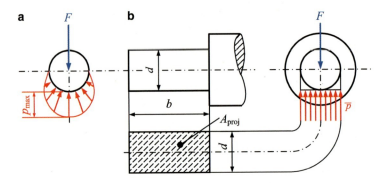

Abb. 2.19 Flächenpressung an gewölbten Berührungsflächen (Gleitlagerzapfen). **a** Verteilung der Pressung am Umfang, **b** auf die Projektionsfläche bezogene mittlere Flächenpressung

(Abb. 2.20).

$$\text{Lochleibungsdruck oder Lochleibung } p_l = \frac{F}{d \cdot s} \qquad (2.19)$$

mit d = Bohrungsdurchmesser und s = Blechdicke.

$$p_l = \frac{F}{d \cdot l} \quad \text{mit} \quad A_{\text{proj}} = d \cdot l \text{ oder } d \cdot s \qquad (2.20)$$

Die genaue analytische Formel zur Flächenpressung kann mit der Hertz'schen[1] Theorie ermittelt werden.

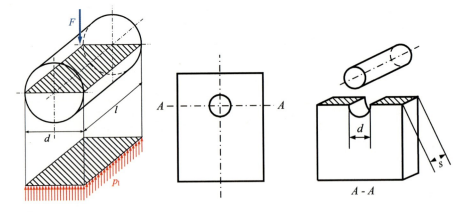

Abb. 2.20 Lochleibungsdruck oder Lochleibung

---

[1] Heinrich Hertz (1857–1894), deutscher Physiker.

Abb. 2.21 Doppellaschennie-
tung

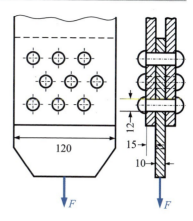

Beispiel 2.6 Wie groß ist der Lochleibungsdruck bei einer Nietverbindung mit 9 Nieten (Abb. 2.21)? $F = 40\,\text{kN}$

Lösung

$$A_{\text{proj}} = d \cdot s = 12\,\text{mm} \cdot 10\,\text{mm} = \underline{\underline{120\,\text{mm}^2}}$$

$$p_1 = \frac{F}{n \cdot A_{\text{proj}}} = \frac{40.000\,\text{N}}{9 \cdot 120\,\text{mm}^2} = 37\underline{\underline{\frac{\text{N}}{\text{mm}^2}}}$$

Der Lochleibungsdruck in den Löchern des mittleren Bleches bzw. an den mittleren Abschnitten der Niete ist am höchsten. Gefährdet ist der schwächere Partner der Verbindung: Man muss p_1 für Niet und Blech prüfen.

2.1.5   Spannungen in zylindrischen Hohlkörpern

Spannungen unter Innen- und Außendruck
Es wird von der Annahme ausgegangen, ein Ring bzw. Zylinder/Behälter sei dünnwandig. Die Dicke s ist dann klein gegenüber dem Radius r. Das bedeutet, ein Ring/Behälter/Zylinder ist dünnwandig, wenn das Verhältnis $s/r \leq 0{,}1$ ist.

Wir betrachten einen Zylinder, der unter einem Innendruck p steht und fragen, welche Spannungen auftreten. Dazu wird der Zylinder längs und quer geschnitten und das Kräftegleichgewicht gebildet (Abb. 2.22 und 2.23).

Aus dem Kräftegleichgewicht $\sum F_z = 0$ (Abb. 2.23) $\Rightarrow$

$$2 \cdot \sigma_t \cdot A_W = 2 \cdot \sigma_t \cdot l \cdot s = p \cdot d \cdot l \Rightarrow$$

$$\sigma_t = \frac{p \cdot d}{2 \cdot s} = \frac{p \cdot r}{s} \tag{2.21}$$

Wie Abb. 2.22b und 2.24 zu entnehmen ist, sind auch in senkrechten Schnitten zur Achse Spannungen vorhanden.

Abb. 2.22 Längs (**a**) und
quer (**b**) geschnittener Zylinder
unter Innendruck p

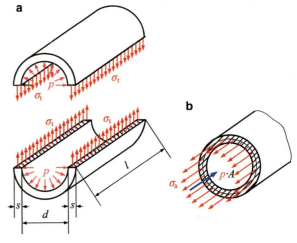

Abb. 2.23 Längs geschnittener Zylinder unter Innendruck

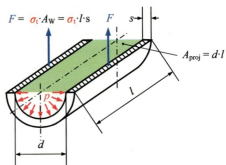

Abb. 2.24 Axialspannungen

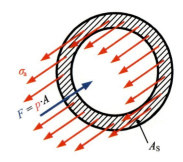

Kräftegleichgewicht:

$$\sigma_a \cdot A_S = p \cdot A = \sigma_a \cdot d \cdot \pi \cdot s = p \cdot \frac{\pi \cdot d^2}{4} \Rightarrow$$

$$\sigma_a = \frac{p \cdot d}{4 \cdot s} = \frac{p \cdot r}{2 \cdot s} \tag{2.22}$$

Abb. 2.25 Längs aufgeplatztes Würstchen. (Foto: Heinrich Turk)

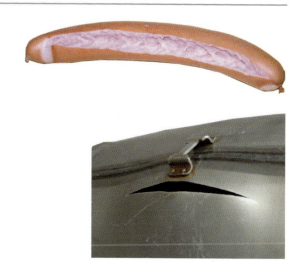

Abb. 2.26 Geborstener Feuerlöscher. (Foto: Lutz Barfels)

Bei Betrachtung der Gln. 2.21 und 2.22 ist erkennbar, dass die Tangentialspannung doppelt so groß ist wie die Axialspannung. Daher platzen Systeme, die unter Innendruck stehen (Behälter, Rohrleitungen, Würstchen), bei Überlastung der Länge nach auf (Abb. 2.25 und 2.26).

Die Gln. 2.21 und 2.22 werden auch als Kesselformel bezeichnet. Bei unter Innendruck stehenden kugelförmigen Behältern ist die Spannung im Blech (Abb. 2.27) überall gleich: Es gilt Gl. 2.22; d. h. gegenüber einem zylindrischen Behälter kann die Wandstärke bei gleichem Innendruck halbiert werden. Man verwendet die Gl. 2.21 auch zur Berechnung von Schrumpfspannungen, z. B. bei Presssitzen von Welle und Nabe.

Abb. 2.27 Spannungen in kugelförmigen Behältern

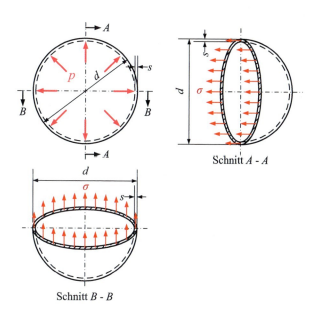

Abb. 2.28 Aufgezogener
Radreifen

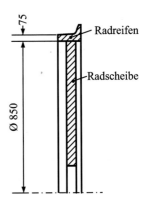

Beispiel 2.7 Auf einen Radkörper vom Durchmesser 850 mm soll ein Radreifen von 75 mm Dicke warm aufgezogen werden (Abb. 2.28). Der Radreifen aus Stahl mit $E = 2{,}1 \cdot 10^5\,\text{N/mm}^2$ wird bei der Fertigung auf 849,2 mm Innendurchmesser ausgedreht.

Wie groß ist die Spannung im Radreifen durch das Warmaufziehen und welche Pressung stellt sich ein?

Annahme: Die Radscheibe ist starr, d. h. der Durchmesser der Radscheibe bleibt beim Aufziehen des Radreifens unverändert.

Lösung

$$\sigma = E \cdot \varepsilon = E \cdot \frac{\Delta l}{l}; \quad \text{hier: } l = \pi \cdot d_\text{i} \Rightarrow \Delta l = \pi\,(d - d_\text{i})$$

$$\sigma = E \cdot \frac{\pi\,(d - d_\text{i})}{\pi \cdot d_\text{i}} = E \cdot \frac{(d - d_\text{i})}{d_\text{i}} = E \cdot \frac{\Delta d}{d_\text{i}}$$

$$\sigma = 2{,}1 \cdot 10^5 \cdot \frac{\text{N}}{\text{mm}^2} \cdot \frac{(850 - 849{,}2)\ \text{mm}}{849{,}2\ \text{mm}} = 2{,}1 \cdot 10^5\,\frac{\text{N}}{\text{mm}^2} \cdot \frac{0{,}8}{849{,}2} = \underline{197{,}8\ \frac{\text{N}}{\text{mm}^2}}$$

$$\sigma = \frac{p_\text{i} \cdot d}{2 \cdot s} \Rightarrow p_\text{i} = \frac{2 \cdot \sigma \cdot s}{d} = \frac{2 \cdot 197{,}8\,\text{N} \cdot 75\,\text{mm}}{\text{mm}^2\,850\,\text{mm}} \approx \underline{35\ \frac{\text{N}}{\text{mm}^2}}$$

Beispiel 2.8 Ein zylindrischer Druckbehälter (Abb. 2.29) wird für die Druckluftversorgung eines Betriebes eingesetzt. Die Behälterböden sind kugelförmig ausgeführt. Der Betriebsdruck schwankt zwischen 6 und 8 bar.

Gegeben: $d = 3000\,\text{mm}; \ l = 5000\,\text{mm}; \ s = s_2; \ E = 2{,}1 \cdot 10^5\,\text{N/mm}^2; \ \sigma_\text{zul} = 120\,\text{N/mm}^2.$

Abb. 2.29 Zylindrischer Druckbehälter

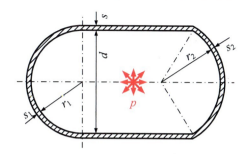

Zu ermitteln sind:

a) die Wanddicken s und s_1 und der Radius r_2 bei einer 1,5fachen Sicherheit,
b) die Spannungen in den einzelnen Druckbehälterteilen.

Lösung Umrechnung: $1\,\text{bar} = 10^5\,\text{N/m}^2 = 0{,}1\,\text{N/mm}^2$

$$\sigma_t = \frac{p \cdot d}{2 \cdot s} = \frac{p \cdot r}{s} \quad \text{(Zylinder)}$$

$$\sigma_{a_1} = \frac{p \cdot d_1}{4 \cdot s_1} = \frac{p \cdot r_1}{2 \cdot s_1} = \frac{p \cdot r}{2 \cdot s_1} \quad \text{(linker Boden mit } r = r_1\text{)}$$

$$\sigma_{a_2} = \frac{p \cdot d_2}{4 \cdot s_2} = \frac{p \cdot r_2}{2 \cdot s_2} = \frac{p \cdot r_2}{2 \cdot s} \quad \text{(rechter Boden mit } s = s_2\text{)}$$

a) $s \geq \dfrac{p \cdot r}{\sigma_{zul}} \cdot S = \dfrac{0{,}8\,\text{N} \cdot 1500\,\text{mm}\,\text{mm}^2}{\text{mm}^2\,120\,\text{N}} \cdot 1{,}5 = \underline{\underline{15\,\text{mm}}}$

$$s_1 \geq \frac{p \cdot r}{2 \cdot \sigma_{zul}} \cdot S = \frac{0{,}8\,\text{N} \cdot 1500\,\text{mm}\,\text{mm}^2}{2\,\text{mm}^2 \cdot 120\,\text{N}} \cdot 1{,}5 = \underline{\underline{7{,}5\,\text{mm}}}$$

$$r_2 \geq \frac{\sigma_{zul} \cdot 2 \cdot s}{p \cdot S} = \frac{120\,\text{N} \cdot 2 \cdot 15\,\text{mm}\,\text{mm}^2}{\text{mm}^2\,0{,}8\,\text{N} \cdot 1{,}5} = \underline{\underline{3000\,\text{mm}}}$$

b) $\sigma_t = \dfrac{p \cdot r}{s} = \dfrac{0{,}8\,\text{N} \cdot 1500\,\text{mm}}{\text{mm}^2\,15\,\text{mm}} = \underline{\underline{80\,\dfrac{\text{N}}{\text{mm}^2}}}$

$$\sigma_a = \frac{p \cdot r}{2 \cdot s} = \frac{0{,}8\,\text{N} \cdot 1500\,\text{mm}}{2\,\text{mm}^2 \cdot 15\,\text{mm}} = 40\,\frac{\text{N}}{\text{mm}^2}$$

$$\sigma_{a_1} = \frac{p \cdot r}{2 \cdot s_1} = \frac{0{,}8\,\text{N} \cdot 1500\,\text{mm}}{2\,\text{mm}^2 \cdot 7{,}5\,\text{mm}} = 80\,\frac{\text{N}}{\text{mm}^2}$$

$$\sigma_{a_2} = \frac{p \cdot r_2}{2 \cdot s} = \frac{0{,}8\,\text{N} \cdot 3000\,\text{mm}}{2\,\text{mm}^2 \cdot 15\,\text{mm}} = 80\,\frac{\text{N}}{\text{mm}^2}$$

Beispiel 2.9 Ein Gasversorger plant einen Vorratsbehälter für Erdgas, der bei 10 bar Betriebsdruck ein Volumen $V = 30.000 \, \text{m}^3$ fassen kann.

Wie hoch sind die Materialkosten bei der Auslegung als Kugelbehälter mit $d_{\text{Kugel}} = 38,55 \, \text{m}$ oder alternativ als zylindrischer Behälter mit $d_{\text{Zyl}} = 25 \, \text{m}$, einer Länge des zylindrischen Teils von $l = 44,5 \, \text{m}$ und halbkugelförmigen Böden?

Gegeben: $\sigma_{\text{zul}} = 250 \, \text{N/mm}^2$; $K_{\text{Stahl}} = 1450 \, \text{€/t}$.

Lösung Eine Kugel hat ein Volumen von

$$V_{\text{Kugel}} = \frac{\pi \cdot d^3}{6} = \frac{4}{3} \pi \cdot r^3$$

und eine Oberfläche

$$A_{\text{Kugel}} = 4 \cdot \pi \cdot r^2 = \pi \cdot d^2.$$

Für den zylindrischen Behälter mit halbkugelförmigen Böden gilt:

$$V_{\text{Zyl}} = \pi \cdot r^2 \cdot l + \frac{4}{3} \pi \cdot r^3 = \pi \cdot r^2 \left(l + \frac{4}{3} r \right)$$

$$A_{\text{Zyl}} = 2 \cdot \pi \cdot r \cdot l + 4 \cdot \pi \cdot r^2 = 2 \cdot \pi \cdot r \, (l + 2r)$$

Beim zylindrischen Behälter bestimmt die höhere Spannung in Längsrichtung die Wanddicke nach Gl. 2.21:

$$\sigma_t = \frac{p \cdot d}{2 \cdot s} = \frac{p \cdot r}{s} \Rightarrow s = \frac{p \cdot r}{\sigma_{\text{zul}}}$$

Mit $p = 10 \, \text{bar} = 1 \, \text{N/mm}^2$:

$$s_{\text{erf}} = \frac{1 \, \text{N} \cdot 12.500 \, \text{mm} \, \text{mm}^2}{\text{mm}^2 \cdot 250 \, \text{N}} = \underline{\underline{50 \, \text{mm}}}$$

Für den Kugelbehälter gilt die günstigere Spannung in den Quernähten nach Gl. 2.22:

$$\sigma_a = \frac{p \cdot d}{4 \cdot s} = \frac{p \cdot r}{2 \cdot s} \Rightarrow s = \frac{p \cdot r}{2 \cdot \sigma_{\text{zul}}}$$

$$s_{\text{Kugel}} = \frac{1 \, \text{N} \cdot 19.275 \, \text{mm} \, \text{mm}^2}{2 \, \text{mm}^2 \cdot 250 \, \text{N}} = \underline{\underline{38,55 \, \text{mm}}}$$

$$s_{\text{Kugel}} = \underline{\underline{40 \, \text{mm gewählt}}}$$

Wir prüfen das Volumen der beiden Behälterformen nach:

$$V_{\text{Zyl}} = \pi \cdot r^2 \left(l + \frac{4}{3}r\right) = \pi \cdot 12{,}5^2 \, \text{m}^2 \left(44{,}5 \, \text{m} + \frac{4}{3} \cdot 12{,}5 \, \text{m}\right)$$

$$V_{\text{Zyl}} \approx \underline{\underline{30.025 \, \text{m}^3}}$$

$$V_{\text{Kugel}} = \frac{4}{3}\pi \cdot r^3 = \frac{4}{3}\pi \cdot 19{,}275^3 \, \text{m}^3$$

$$V_{\text{Kugel}} \approx \underline{\underline{29.997 \, \text{m}^3}}$$

Die Behälter besitzen nahezu das gleiche, geforderte Volumen.

Zur Ermittlung der Halbzeugkosten berechnen wir das Volumen der Behälterwände:

$$V_{\text{W,Zyl}} = A_{\text{Zyl}} \cdot s = 2\pi \left(r \cdot l + 2r^2\right) \cdot s$$

$$= 2\pi \left(12{,}5 \, \text{m} \cdot 44{,}5 \, \text{m} + 2 \cdot 12{,}5^2 \, \text{m}^2\right) \cdot 0{,}05 \, \text{m}$$

$$V_{\text{W,Zyl}} \approx \underline{\underline{272{,}93 \, \text{m}^3}}$$

$$V_{\text{W,Kugel}} = A_{\text{Kugel}} \cdot s = \pi \cdot d^2 \cdot s = \pi \cdot 38{,}55^2 \, \text{m}^2 \cdot 0{,}04 \, \text{m}$$

$$V_{\text{W,Kugel}} \approx \underline{\underline{186{,}75 \, \text{m}^3}}$$

Die Stahlmasse der beiden Behälter ergibt sich mit $\rho = 7{,}85 \, \text{t/m}^3$ zu:

$$m_{\text{Zyl}} = \underline{\underline{2142{,}5 \, \text{t}}}$$

$$m_{\text{Kugel}} = \underline{\underline{1466 \, \text{t}}}$$

Bei den genannten Kosten von $K_{\text{Stahl}} = 1450 \, \text{€/t}$ betragen die Halbzeugkosten:

$$K_{\text{Zyl}} \approx \underline{\underline{3.106.625 \, \text{€}}}$$

$$K_{\text{Kugel}} \approx \underline{\underline{2.125.700 \, \text{€}}}$$

Selbst wenn man beim Kugelbehälter einen Verschnitt beim Zuschneiden der Mantelbleche von 20 % ansetzt, liegen die Kosten mit

$$K_{\text{Kugel}} \approx \underline{\underline{2.550.840 \, \text{€}}}$$

noch deutlich unter denen des zylindrischen Behälters.

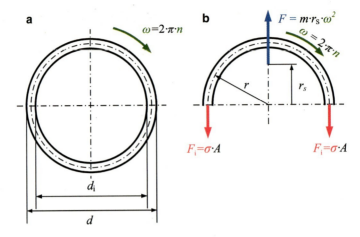

Abb. 2.30 **a** Rotierender Ring; **b** frei geschnittene Ringhälfte

Spannungen durch Fliehkräfte

Rotiert ein Ring oder Zylindersegment, so treten infolge der Fliehkräfte Spannungen auf (Abb. 2.30). Technisch ist dies interessant beim Schwungrad eines Verbrennungsmotors oder beim Schwungradspeicher zur Energiespeicherung.

Die Zentrifugalkraft oder Radialkraft F_r lässt sich mit Hilfe der Winkelgeschwindigkeit ω ermitteln:

$$F_r = m \cdot r_s \cdot \omega^2 \text{ mit } r_s = \frac{2}{\pi} \cdot r = \text{Radius des Schwerpunktes eines halben Kreisrings;}$$

$$m = \rho \cdot \pi \cdot r \cdot A$$

Aus der Gleichgewichtsbedingung:

$$\sum F_i = 0 \Rightarrow \cancel{2} \cdot \sigma \cdot \cancel{A} = m \cdot r_s \cdot \omega^2 = \cancel{2} \cdot \sigma \cdot \cancel{A} = \rho \cdot \cancel{\pi} \cdot r \cdot \cancel{A} \cdot \frac{\cancel{2}}{\cancel{\pi}} \cdot r \cdot \omega^2$$

$$\sigma = \rho \cdot r^2 \cdot \omega^2 \tag{2.23}$$

Mit der Umfangsgeschwindigkeit $v = r \cdot \omega$ wird aus der vorstehenden Beziehung:

$$\sigma = \rho \cdot v^2 \tag{2.24}$$

In einem frei rotierenden Ring darf die maximale Spannung $\sigma_{zul} = \frac{R_m}{S_B}$ nicht überschritten werden. Setzt man diese Beziehung in Gl. 2.24 ein, so kann die Grenzgeschwindigkeit v_{Grenz} ermittelt werden:

$$v_{Grenz} = \sqrt{\frac{\sigma_{zul}}{\rho}} = \sqrt{\frac{R_m}{\rho \cdot S_B}} \qquad (2.25)$$

und damit die Grenzdrehzahl: $v = r \cdot \omega = r \cdot 2 \cdot \pi \cdot n \Rightarrow$

$$n_{Grenz} = \frac{v_{Grenz}}{2 \cdot \pi \cdot r} = \frac{\sqrt{\frac{R_m}{\rho \cdot S_B}}}{2 \cdot \pi \cdot r} \qquad (2.26)$$

Für den Fall des Reißens gilt $S_B = 1$, dann wird Gl. 2.26:

$$n_R = \frac{\sqrt{\frac{R_m}{\rho}}}{2 \cdot \pi \cdot r} \qquad (2.27)$$

Beispiel 2.10 Ein dünnwandiger Stahlring mit dem Radius $r = 250\,\text{mm}$ und einer Zugfestigkeit $R_m = 570\,\text{N/mm}^2$ rotiert frei. Bei welcher Drehzahl reißt der Ring ($\rho = 7{,}85\,\text{kg/dm}^3$)?

Lösung

Zerreißen: $\quad S_B = 1 \rightarrow$

$$n_R = \frac{\sqrt{\frac{R_m}{\rho \cdot S_B}}}{2 \cdot \pi \cdot r} = \frac{\sqrt{\frac{R_m}{\rho}}}{2 \cdot \pi \cdot r} = \frac{\sqrt{\frac{570\,\cancel{N}\,\cancel{dm^3}\,kg\,m\,10^6\,mm^2\,10^3\,mm}{mm^2\,7{,}85\,\cancel{kg}\,s^2\,\cancel{N}\,dm^3\,m}}}{2 \cdot \pi \cdot 250\,\text{mm}}$$

$$= \underline{\underline{171{,}55\,\text{s}^{-1} \cong 10.293\,\text{min}^{-1}}}$$

2.2 Biegebeanspruchung

2.2.1 Herleitung der Gleichung zur Biegespannungsermittlung

Allgemeines zur Biegung

Ein Balken wird auf Biegung beansprucht, wenn Momente senkrecht zur Balkenlängsachse angreifen.

Biegebeanspru-chung	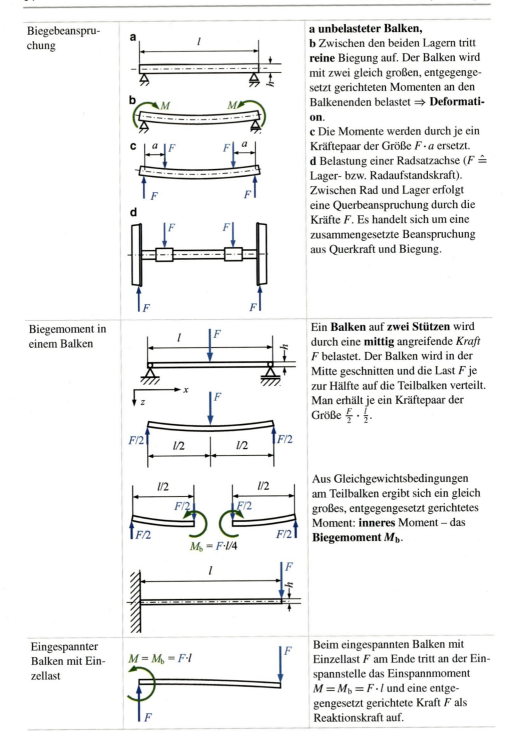	**a unbelasteter Balken,** **b** Zwischen den beiden Lagern tritt **reine** Biegung auf. Der Balken wird mit zwei gleich großen, entgegenge-setzt gerichteten Momenten an den Balkenenden belastet ⇒ **Deformati-on.** **c** Die Momente werden durch je ein Kräftepaar der Größe $F \cdot a$ ersetzt. **d** Belastung einer Radsatzachse ($F \, \hat{=}$ Lager- bzw. Radaufstandskraft). Zwischen Rad und Lager erfolgt eine Querbeanspruchung durch die Kräfte F. Es handelt sich um eine zusammengesetzte Beanspruchung aus Querkraft und Biegung.
Biegemoment in einem Balken		Ein **Balken** auf **zwei Stützen** wird durch eine **mittig** angreifende *Kraft* F belastet. Der Balken wird in der Mitte geschnitten und die Last F je zur Hälfte auf die Teilbalken verteilt. Man erhält je ein Kräftepaar der Größe $\frac{F}{2} \cdot \frac{l}{2}$. Aus Gleichgewichtsbedingungen am Teilbalken ergibt sich ein gleich großes, entgegengesetzt gerichtetes Moment: **inneres** Moment – das **Biegemoment M_b.**
Eingespannter Balken mit Ein-zellast		Beim eingespannten Balken mit Einzellast F am Ende tritt an der Ein-spannstelle das Einspannmoment $M = M_b = F \cdot l$ und eine entge-gengesetzt gerichtete Kraft F als Reaktionskraft auf.

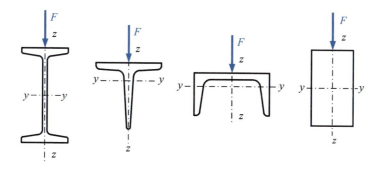

Abb. 2.31 Gerade Biegung (Belastung in der Symmetrieebene)

Annahmen bei der Herleitung der Beziehung für Biegespannung und -verformung
Die weiteren Betrachtungen für die Biegung von Balken/Trägern erfolgen unter folgenden
Annahmen:

1. Der Balken ist unbelastet gerade und besitzt einen konstanten Querschnitt $A = b \cdot h$.
2. Die Querschnittsabmessungen (Breite b und insbesondere Höhe h) sind klein gegenüber der Balkenlänge ($h \ll l$).
3. Die äußere Belastung erfolgt in der Symmetrieebene der Querschnitte, d. h. „Gerade
   Biegung" (Abb. 2.31). Eine gerade Biegung liegt vor, wenn die Belastung symmetrisch
   zur Querschnittsebene erfolgt (Abb. 2.31).
4. Es treten nur kleine Deformationen auf; der Angriff der Belastungen erfolgt am unverformten Balken.
5. Die Deformation des Balkens wird durch die Biegelinie der Balkenachse beschrieben
   (Biegelinie oder elastische Linie = Krümmungsradius der deformierbaren Balkenachse, s. Abschn. 4.1).
6. Die Querschnittsebenen sind vor und nach der Deformation eben, d. h. keine Querschnittsverwölbung (Abb. 2.32).
7. Für den Balkenwerkstoff gilt das Hooke'sche Gesetz; die E-Module für Zug und Druck
   sind gleich.
8. Die auftretenden Spannungen liegen unterhalb der Proportionalitätsgrenze.
9. Der untersuchte Querschnitt liegt nicht in der Nähe eines Lastangriffspunktes oder
   eines Auflagers, damit es zu keiner Spannungskonzentration kommt.

Im Gegensatz zur vorstehenden Annahme 6 wölbt sich als Folge der plastischen
Verformung der Querschnitt beim Biegeumformen wie in Abb. 2.32 dargestellt, da der
Hooke'sche Bereich nicht mehr gültig ist (Plastizitätstheorie).

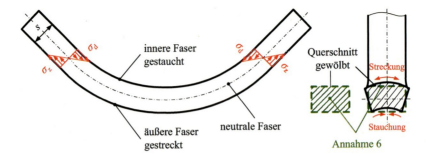

Abb. 2.32 Tatsächliche Verformung des Querschnittes beim Biegeumformen

Ermittlung des Biegemomentes

Bislang wurde die reine Biegung betrachtet. Nun soll die Biegung, die durch eine **Quer-kraft** F_q verursacht wird, untersucht werden. Dazu nehmen wir einen Balken, der auf zwei Stützen gelagert und durch eine außermittig angreifende Kraft F belastet ist (Abb. 2.33).

Gleichgewicht:

$$\sum F_z = 0 = -F_A - F_B + F$$

$$\sum M_A = 0 = -F \cdot a + F_B \cdot l \Rightarrow$$

$$F_B = F \cdot \frac{a}{l}$$

$$F_A = F \cdot \frac{b}{l}$$

Für die weitere Betrachtung soll folgende **Vorzeichendefinition** gelten:

▶ Die **z-Achse** in **Richtung** der **Durchbiegung** ist **positiv**. Ein **Moment**, das auf der **positiven** Seite der **z-Achse** eine **Zugspannung** hervorruft, ist **positiv** (Abb. 2.34).

Abb. 2.33 Balken mit Einzel-last

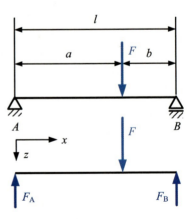

Abb. 2.34 Vorzeichenregel

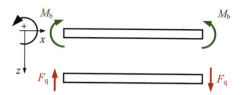

Zur Berechnung des Biegemomenten- und des Querkraftverlaufs schneiden wir den Balken in der Entfernung x vom Auflager und betrachten die beiden Schnittufer (Abb. 2.35) mit den Gleichgewichtsbedingungen für die Momente und Kräfte:

Linkes Schnittufer:
$$\sum M_\mathrm{I} = 0 = -F_\mathrm{A} \cdot x + M_\mathrm{b}$$
$$M_\mathrm{b} = F_\mathrm{A} \cdot x = F\tfrac{b}{l} \cdot x$$
$$\sum F_\mathrm{I} = 0 = -F_\mathrm{A} + F_\mathrm{q}$$
$$F_\mathrm{q} = F_\mathrm{A}$$

Rechtes Schnittufer:
$$\sum M_\mathrm{II} = 0 = -F_\mathrm{B} \cdot x + M_\mathrm{b}$$
$$M_\mathrm{b} = F_\mathrm{B} \cdot x = F\tfrac{a}{l} \cdot x$$
$$\sum F_\mathrm{II} = 0 = -F_\mathrm{q} - F_\mathrm{B}$$
$$F_\mathrm{q} = -F_\mathrm{B}$$

Stelle des Kraftangriffes von F:

Linkes Schnittufer: $x = a$
$$M_\mathrm{b} = F \cdot \tfrac{b}{l} \cdot a$$

Rechtes Schnittufer: $x = b$
$$M_\mathrm{b} = F \cdot \tfrac{a}{l} \cdot b$$

$$\Rightarrow M_\mathrm{b} = F \cdot \frac{a \cdot b}{l} \tag{2.28}$$

Der Momenten- und Querkraftverlauf ist in Abb. 2.36 dargestellt.

Der **Fall** der **konstanten Streckenlast** q wird in analoger Weise untersucht.

Abb. 2.35 Schnittufer des geschnittenen Balkens

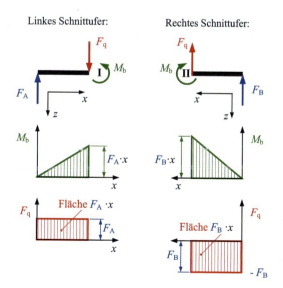

Abb. 2.36 Momenten- und
Querkraftverlauf für den Fall
Einzellast F

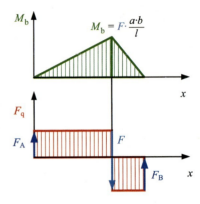

Abb. 2.37 zeigt einen Träger auf zwei Stützen mit Streckenlast q.
Auflagerkräfte (Abb. 2.38):

$$F_A = \frac{q \cdot l}{2}; \ F_B = \frac{q \cdot l}{2}$$

Abb. 2.37 Träger auf zwei
Stützen mit Streckenlast q.
Der gezeigte Brückenträger
(„Fischbauchträger") ist ein
Träger gleicher Festigkeit, d. h.
der Querschnitt ist dem Biege-
momentenverlauf angepasst

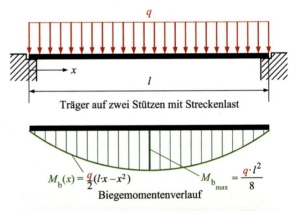

Träger auf zwei Stützen mit Streckenlast

Biegemomentenverlauf

Brückenträger aus der ehem. Okerbrücke
Fallersleber Tor, Braunschweig

Abb. 2.38 Balken mit Streckenlast

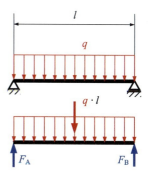

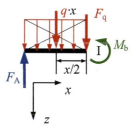

Gleichgewicht siehe Abb. 2.38:

$$\sum M_{\mathrm{I}} = 0 = M_{\mathrm{b}} - F_{\mathrm{A}} \cdot x + q \cdot x \cdot \frac{x}{2}$$

$$M_{\mathrm{b}} = F_{\mathrm{A}} \cdot x - q \frac{x^2}{2}$$

$$M_{\mathrm{b}} = \frac{q}{2} \left(l \cdot x - x^2 \right)$$

$$\sum F_{\mathrm{I}} = 0 = -F_{\mathrm{A}} + p \cdot x + F_{\mathrm{q}}$$

$$F_{\mathrm{q}} = F_{\mathrm{A}} - q \cdot x$$

$$F_{\mathrm{q}} = \frac{q}{2} \left(l - 2x \right)$$

Das maximale Biegemoment tritt bei $l\,/\,2$ auf:

$$M_{\mathrm{b}} \left(x = \frac{l}{2} \right) = M_{\mathrm{b_{max}}} = \frac{q}{2} \left(l \cdot \frac{l}{2} - \frac{l^2}{4} \right) = \frac{q \cdot l^2}{8}$$

$$F_{\mathrm{q}} \left(x = \frac{l}{2} \right) = \frac{q}{2} \left(l - 2\frac{l}{2} \right) = 0$$

Der Momenten- und Querkraftverlauf ist Abb. 2.39 zu entnehmen.

Abb. 2.39 Momenten- und
Querkraftverlauf für den Fall
konstanter Streckenlast q

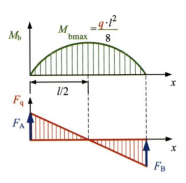

Für den Fall der Einzellast F und der Streckenlast q gilt:

Einzellast F: Streckenlast q:

$$M_b = \frac{b}{l} \cdot x \cdot F \qquad M_b = \frac{p}{2}\left(l \cdot x - x^2\right)$$

$$F_q = \frac{b}{l} \cdot F \qquad F_q = \frac{q}{2}\left(l - 2x\right)$$

$$F_q = \lim_{x \to 0} \frac{M_b}{x} \Rightarrow M_b' = \frac{d\,M_b}{dx} \Rightarrow \text{die Querkraft } F_q \text{ ist die Ableitung des Biegemomentes.}$$

Allgemeine Lösung für den Biegemomentenverlauf

Es fehlt noch der Beweis über die Allgemeingültigkeit der unter Abschnitt „Ermittlung des Biegemomentes" hergeleiteten mathematischen Beziehungen. Zu diesem Zweck setzen wir eine Streckenlast mit beliebigem Verlauf an. Dazu wird ein Teilelement dx des Trägers (Abb. 2.40) betrachtet und es werden die Gleichgewichtsbedingungen aufgestellt.

Gleichgewicht am Teilelement:

$$\sum M_{\mathrm{I}} = 0 = (M_b + d\,M_b) - M_b - \left(F_q + d\,F_q\right) \cdot dx - q \cdot dx\,\frac{dx}{2} = 0$$

$$d\,M_b - F_q \cdot dx - d\,F_q \cdot dx - \frac{q}{2}(dx)^2 = 0$$

Abb. 2.40 Allgemeine
Lösung des Biegemomen-
tenverlaufs

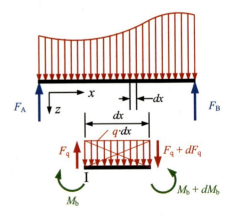

Größen mit zwei Differenzialen (hier: $dF_q \cdot dx$ und $dx \cdot dx = dx^2$) können vernachlässigt werden. Es wird:

$$d M_b - F_q \cdot dx = 0$$

$$F_q = \frac{d M_b}{dx}$$

Durch Umstellen dieser Gleichung nach $dM_b = F_q \cdot dx$ erhält man M_b durch Integration:

$$M_b = \int F_q \cdot dx$$

$$\sum F_z = 0 = -F_q + q \cdot dx + \left(F_q + d F_q\right) = 0$$

$$q \cdot dx + d F_q = 0$$

$$q = -\frac{d F_q}{dx} = -\frac{d^2 M_b}{d x^2}$$

$$F_q = -\int q \cdot dx$$

Als Ergebnis kann festgehalten werden:

- die Integration der Streckenlastfunktion ergibt den Querkraftverlauf,
- die Integration des Querkraftverlaufes ergibt das Biegemoment.

Beispiel 2.11 Wir kommen zurück auf Finn Niklas' Dreirad aus Beispiel 2.1. Abb. 2.41 stellt die Seitenansicht von rechts des freigemachten Rahmens von der rechten Seite dar; unten ist der Rahmen ohne Gabel dargestellt, wobei das Versatzmoment M_{bv} am vorderen Rahmenende eingetragen ist.

Im Maschinenbau ist es üblich, das Eigengewicht der Bauteile zu vernachlässigen, da die aus Eigengewicht resultierenden Kräfte meist gegenüber den äußeren Kräften gering sind. Mit den aus der Statik bekannten Methoden ermitteln wir nun die Auflagerkräfte, die hier den Radaufstandskräften entsprechen. Wir setzen zunächst im Befestigungspunkt des Sitzes Finn Niklas' Gewichtskraft mit $F_F = 550\,\text{N}$ an und berechnen die Auflagerkräfte, d. h. hier die Radaufstandskräfte. F_h ist zunächst die Achslast der Hinterachse.

$$\sum F_z = 0 = F_h + F_v - F_F \rightarrow F_v = F_F - F_h$$

$$\sum M(V) = 0 = F_h \left(l_1 + l_2\right) - F_F \cdot l_2 \rightarrow F_h = \frac{F_F \cdot l_2}{l_1 + l_2}$$

Mit den Abmessungen des Dreirads $l_1 = 450\,\text{mm}$, $l_2 = 1150\,\text{mm}$ und $l_3 = 300\,\text{mm}$ erhalten wir für die Hinterachslast $F_h = 395{,}3\,\text{N}$ und für die Vorderradlast $F_v = 154{,}7\,\text{N}$. Für die Berechnung der Beanspruchungsgrößen des Rahmens ist es sinnvoll, das vordere Rahmenende ohne die Gabel zu betrachten. Am vorderen Rahmenende wirkt dann die Vorderradlast $F_v = 154{,}7\,\text{N}$ und ein Versatzmoment $M_{bv} = F_v \cdot l_3 = 46.410\,\text{Nmm}$, siehe

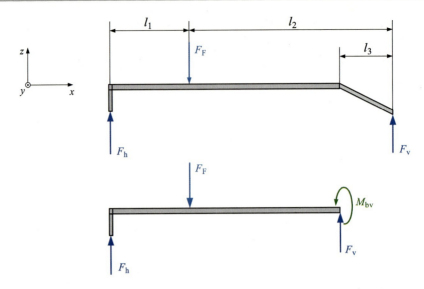

Abb. 2.41 Frei gemachter Dreiradrahmen von der Seite

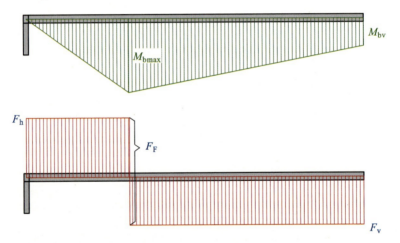

Abb. 2.42 Momenten- und Querkraftverlauf über dem Längsrohr des Dreiradrahmens

Abb. 2.42 unten. Abb. 2.43 zeigt den Querkraft- und den Momentenverlauf über dem Rahmenrohr von der rechten Seite aus gesehen. Für das maximale Biegemoment erhält man $M_{bmax} = F_h \cdot l_1 = 177.885$ Nmm. Die größte Querkraft tritt am Sitzbefestigungspunkt mit $F_{qmax} = F_F = 550$ N auf.

Als Nächstes betrachten wir jetzt das Dreirad von hinten, um die Radaufstandskräfte an der Hinterachse sowie den Biegemomenten- und den Querkraftverlauf über dem Querrohr des Rahmens zu ermitteln, Abb. 2.43.

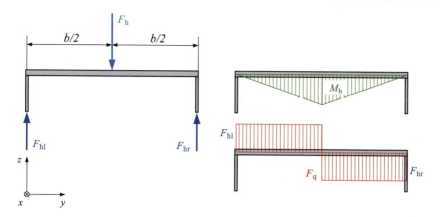

Abb. 2.43 Dreiradrahmen von hinten: angreifende Kräfte, Momenten- und Querkraftverlauf

Aus Symmetriegründen ist $F_{hl} = F_{hr} = F_h/2 = 197{,}7$ N. Das größte Biegemoment tritt in Rahmenmitte auf. Mit $b/2 = 350$ mm ergibt es sich zu $M_{bmax} = 69.195$ Nmm. Die größte Querkraft an derselben Stelle beträgt $F_{qmax} = F_h = 395{,}3$ N. Mit diesen Belastungen des Dreiradrahmens werden wir nun in den folgenden Kapiteln die Festigkeit und in Kap. 4 auch die Steifigkeit bzw. die Verformungen des Rahmens ermitteln.

Verteilung der Biegespannungen im Balken

Gesucht sind die Kräfte und Momente in den einzelnen Querschnitten eines auf Biegung beanspruchten Balkens und die daraus resultierenden Spannungen, Abb. 2.44.

Abb. 2.44 Teilbalken, freigemacht

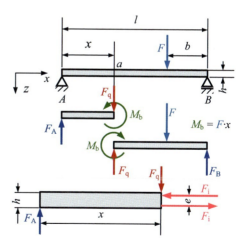

Abb. 2.45 Reine Biegung des
Balkens

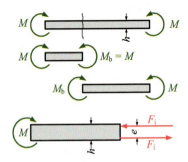

Ansatz: Wenn sich der gesamte Balken im Gleichgewicht befindet, dann befinden sich auch seine Teilabschnitte im Gleichgewicht (s. Abschn. 1.3)!

Gesucht werden die Kräfte und Momente im Schnitt an der Stelle „a" im Abstand x vom Lager A.

Bedingung für den linken Teilabschnitt: $\Sigma\, F_{iz} = 0$:

Damit Gleichgewicht herrscht, muss eine Kraft vorhanden sein, die der Auflagerkraft F_A entgegengerichtet ist; es ist die Querkraft $F_q = F_A \cdot F_q$ bewirkt ein Verschieben der einzelnen Querschnitte gegeneinander. Die Querkraft F_q und die Auflagerkraft F_A bilden ein **Kräftepaar**. Aus dem Momentengleichgewicht ($\Sigma M_i = 0$) folgt die Forderung nach einem gleich großen Biegemoment der Größe $M_b = F_A \cdot x$.

M_b wird durch ein **inneres Kräftepaar** ersetzt, d. h. $M_b = F_i \cdot e = F_A \cdot x$.

Erkenntnis

- Infolge des Kräftepaares F_i tritt im oberen Bereich eine Druckkraft (führt zu einer Druckspannung σ_d) und im unteren Bereich eine Zugkraft auf (ergibt eine Zugspannung σ_z, Abb. 2.44 unten).
- Wenn $l \gg h$ (und „a" nicht zu nah am Lager), ist der Abstand e viel kleiner als x und damit $F_i \gg F_A = F_q$, d. h. die innen wirkende Kraft F_i ist viel größer als die Querkraft und die Biegebeanspruchung ist viel größer als die Schubbeanspruchung.

Am rechten Schnittufer wirken die gleiche Querkraft und das gleiche Biegemoment wie am linken Schnittufer nur mit anderem Vorzeichen, es ist die Bedingung „**actio = reactio**" erfüllt.

Im Fall der **reinen Biegung** (Abb. 2.45) wird der Balken nur durch Momente auf Biegung beansprucht ($F_q = 0$).

In jedem beliebigen Schnitt treten nur zwei gleich große Kräfte auf, die Zug- und Druckbeanspruchung verursachen, und damit positive oder negative Normalspannungen.

Von Interesse sind die Größe und die Verteilung dieser Normalspannungen.

Für die weitere Betrachtung gehen wir von folgender Modellvorstellung aus: Der Teilabschnitt des Balkens wird mit einem Raster versehen.

Abb. 2.46 Balken mit Raster

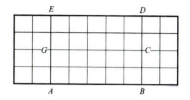

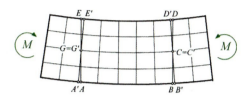

Reine Biegung durch angreifende **Momente** (Abb. 2.46):

- Die vorher horizontal liegenden Geraden gehen in flache Kreisbögen über.
- Die senkrechten Linien (AE, BD) neigen sich nach oben hin, ohne sich dabei zu verformen: die obere Faser wird verkürzt, die untere Faser verlängert. Die Länge der mittleren Faser ($GC = G'C'$) bleibt unverändert; man nennt sie auch **neutrale Faser**.
- Von $G = G'$ bzw. $C = C'$ nehmen die Verlängerung bzw. Verkürzung bis zum Rand linear zu.

Bei Werkstoffen, die dem Hooke'schen Gesetz folgen ($\sigma \sim \varepsilon$), nimmt die Spannung von der neutraler Faser ausgehend linear nach außen zu, d. h. die maximale Zug- bzw. Druckspannung tritt in der jeweiligen Außenfaser auf (Abb. 2.47).

Gesucht sind bei gegebenem M_b die maximalen Spannungen $\sigma_{z\,max} = ?$ und $\sigma_{d\,max} = ?$

Wir betrachten einen Balken mit Rechteckquerschnitt der Höhe h und Breite b. Mit der Annahme, dass Symmetrie herrscht und dass die neutrale Faser durch den Flächenschwerpunkt S geht, gilt: $\sigma_{z\,max} = \sigma_{d\,max} \,\hat{=}\, \sigma_{max}$ (Abb. 2.47).

Abb. 2.47 Spannungsverteilung im Querschnitt eines Biegebalkens

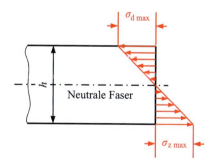

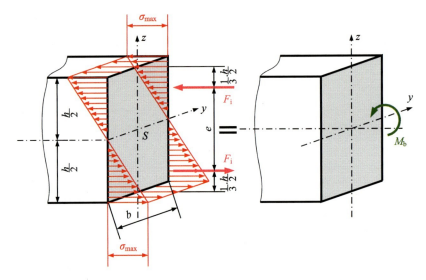

Abb. 2.48 Spannungsverteilung und innere Kräfte bei Biegung eines Balkens mit rechteckigem Querschnitt

Abb. 2.49 Lage der Kraft F_i

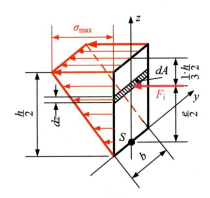

Die Kraft F_i entspricht der resultierenden Kraft der durch die Spannung verursachten Flächenbelastung je Querschnittshälfte. Es gilt:

$$F = \sigma \cdot A = \int \sigma \cdot dA = \int \sigma \cdot b \cdot dh = b \int_0^{h/2} \sigma \cdot dh = \sigma \cdot b \cdot \frac{h}{2} \quad \text{und somit}$$

$$F_i = \frac{1}{2}\sigma_{max} \cdot \frac{h}{2} \cdot b \qquad (2.29)$$

Die Lage von F_i (d. h. die Wirklinie) geht durch den Flächenschwerpunkt der dreieckförmigen Streckenlast im Abstand $\frac{1}{3} \cdot \frac{h}{2}$ von der Außenfaser (Abb. 2.48 und 2.49).

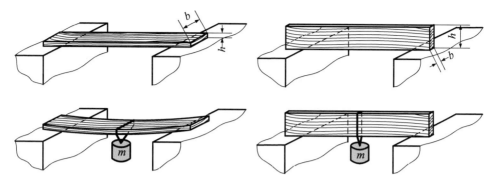

Abb. 2.50 Einfluss der Balkenhöhe auf die Steifigkeit eines Balkens

Dreiecksfläche:

$$F_1 = \int \sigma \cdot dA - \int\limits_0^{h/2} \frac{\sigma_{max}}{h/2} \cdot b \cdot z \ dz = \frac{\sigma_{max}}{h/2} \cdot b \int\limits_0^{h/2} z \cdot dz =$$

$$F_i = \frac{1}{2} \cdot \sigma_{max} \cdot \frac{h}{2} \cdot b \quad \text{mit } z = \frac{h/2}{\sigma_{max}} \cdot \sigma \Rightarrow \sigma = \frac{\sigma_{max}}{h/2} \cdot z$$

$$\frac{e}{2} = \frac{h}{2} - \frac{1}{3}\frac{h}{2} = \frac{h}{3}$$

Der Der Abstand e der beiden inneren Kräfte F_i beträgt:

$$e = h - 2\frac{1}{3}\frac{h}{2} = \frac{2}{3}h \tag{2.30}$$

Das innere Moment ist mit dem äußeren Moment im Gleichgewicht:

$$M_b = M_i = F_i \cdot e \triangleq \frac{1}{2}\sigma_{max} \cdot \frac{h}{2} \cdot b \cdot \frac{2}{3}h \Rightarrow M_b = \sigma_{max} \cdot \frac{b \cdot h^2}{6} \tag{2.31}$$

Der Term $b \cdot h^2/6$ ist ein Maß für den Widerstand, den ein Balken mit rechteckigem Querschnitt einer Biegebeanspruchung entgegensetzt, man nennt ihn auch das **Widerstandsmoment** W des Rechteckquerschnittes. Die Einheit des Widerstandsmomentes
wird in cm³ angegeben. Das Widerstandsmoment W ist proportional zur Breite b, aber
proportional zum Quadrat der Höhe h^2 des Querschnitts. Am Beispiel eines Holzbret-
tes (Abb. 2.50) soll der Begriff des Widerstandsmomentes verdeutlicht werden. Liegt das
Brett flach auf, dann biegt es sich bei Belastung durch (biegeweich), steht das Brett hochkant, dann tritt keine sichtbare Durchbiegung auf (biegesteif).

Biegespannungsverteilung für beliebige Querschnitte

Bei beliebigen Querschnitten wird eine Aufteilung der Querschnittsfläche in schmale
Streifen der Größe dA senkrecht zur Belastungsebene vorgenommen (Abb. 2.51b). Je

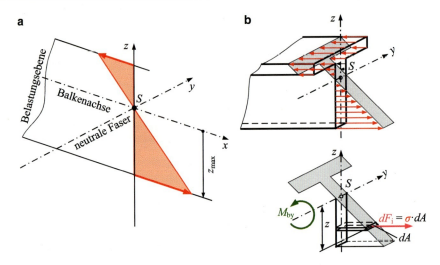

Abb. 2.51 a, b Festlegung der Koordinaten im Balkenquerschnitt

Streifen wird die innere Teilkraft $dF_i = \sigma \cdot dA$ betrachtet. Aus $\Sigma\ dF_i = 0 \Rightarrow \int d\ F_i =$ $\int \sigma\, dA = 0$.

Da $\sigma \sim z$ ist (Abb. 2.51a), gilt gemäß ähnlicher Dreiecke: $\frac{\sigma}{\sigma_{\max}} = \frac{z}{z_{\max}}$ und somit $\sigma = \sigma_{\max} \cdot \frac{z}{z_{\max}}$. Aus $\int \sigma\, dA = 0 \Rightarrow \int \sigma_{\max} \cdot \frac{z}{z_{\max}} dA = 0$.

Da $\sigma_{\max}$ und $z_{\max}$ konstant sind $\Rightarrow \frac{\sigma_{\max}}{z_{\max}} \int z\, dA = 0$ und damit

$$\int z\, dA = 0 \tag{2.32}$$

$\int z\, dA = 0$ bedeutet, dass die Koordinatenachse durch den Flächenschwerpunkt geht. Damit ist der Beweis erbracht, dass die neutrale Faser im Schwerpunkt der Querschnittsfläche liegt (Abb. 2.51a).

Bezüglich der neutralen Faser gilt:

$$dM_y = z \cdot dF_i \triangleq z \cdot \sigma \cdot dA$$

$$M_{by} = \int dM_y = \int z \cdot \sigma \cdot dA \Rightarrow M_b = \int \frac{z^2}{z_{\max}} \sigma_{\max} dA$$

Der allgemeine Zusammenhang zwischen äußerem Biegemoment M_b und der maximalen Biegespannung lautet:

$$M_b = \sigma_{\max} \left[\frac{\int z^2 dA}{z_{\max}} \right] \tag{2.33}$$

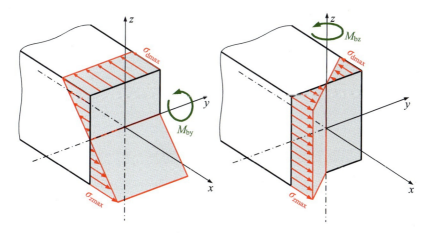

Abb. 2.52 Biegemoment und Spannungsverteilung in Abhängigkeit der Drehachsen der Biegemomente

Der Wert in eckigen Klammern ist das **Widerstandsmoment W** eines beliebigen Querschnittes bei einer Belastung um die y-Achse (Biegemoment um die y-Achse):

$$W_y = \frac{\int z^2 dA}{z_{max}} \qquad (2.34)$$

Bei Belastung um die z-Achse durch ein Moment M_{bz}:

$$W_z = \frac{\int y^2 dA}{y_{max}} \qquad (2.35)$$

mit $I_y = \int z^2 dA$ und $I_z = \int y^2 dA$, den **Flächenträgheitsmomenten** oder (axialen) **Flächenmomenten 2. Grades** (s. Abschn. 2.2.2), ergibt sich:

$$W_y = \frac{I_y}{z_{max}} \quad \text{und} \quad W_z = \frac{I_z}{y_{max}} \qquad (2.36)$$

mit den Schwerpunktachsen y und z. Der Zusammenhang zwischen den auftretenden Biegemomenten (M_{by}, M_{bz}) und den damit verbundenen Spannungen ist Abb. 2.52 zu entnehmen.

Da eine lineare Spannungsverteilung vorliegt, gilt:

$$\sigma = \sigma_z = \frac{M_b}{I_y} z \qquad (2.37)$$

(Geradengleichung mit der maximalen Spannung an der Stelle $z = z_{max}$):

$$\sigma_{max} = \frac{M_b}{I_y} z_{max} \,\hat{=}\, \frac{M_b}{W_y} \qquad (2.38)$$

Nachfolgend wird die maximale Spannung in der Außenfaser mit σ_{bmax} bezeichnet (mit b für Biegung) und Index „max" für die Biegespannung im höchst beanspruchten Querschnitt des Balkens (bei M_{bmax}).

Allgemein lautet die **Grundgleichung/Hauptgleichung** der **Biegung**:

$$\sigma_{\mathrm{b}} = \frac{M_{\mathrm{b}}}{W_{\mathrm{b}}} \tag{2.39}$$

mit $W_{\mathrm{b}} = \frac{I}{e_{\max}}$ und M_{b}: Biegemoment im untersuchten Querschnitt und $e_{\max} = z_{\max}$.

▶ Das (axiale) Flächenmoment 2. Grades kann auch als ein Maß für die Steifigkeit eines Querschnitts gegen Biegung aufgefasst werden.

Beispiel 2.12 Ein Doppel-T-Träger aus Stahl (Abb. 2.53), der außen gelagert ist, wird mit einer Masse von 1000 kg mittig belastet. Es kann ein Träger aus S235JR oder ein Träger höherer Festigkeit aus S355JR eingesetzt werden. Welcher Träger ist günstiger, wenn die auftretende Biegespannung die zulässige Spannung nicht überschreiten soll?

Gegeben: $l = 3\,\mathrm{m}$; $S_{\min} = 1{,}5$
    S235JR: $R_{\mathrm{e}} = 235\,\mathrm{N/mm^2}$
    S355JR: $R_{\mathrm{e}} = 355\,\mathrm{N/mm^2}$

Lösung

$$M_{\mathrm{b}} = \frac{F}{2} \cdot \frac{l}{2} = \frac{m \cdot g \cdot l}{4} = \frac{1000\,\mathrm{kg} \cdot 9{,}81\,\mathrm{m\,N\,s^2} \cdot 3\,\mathrm{m}}{4\,\mathrm{s^2\,kg\,m}} = \underline{7357\,\mathrm{Nm}}$$

$$\sigma_{\mathrm{zul}} = \frac{R_{\mathrm{e}}}{S_{\min}}; \quad W_{\mathrm{berf}} = \frac{M_{\mathrm{b}}}{\sigma_{\mathrm{zul}}}$$

Nach der Berechnung des erforderlichen Widerstandsmomentes W_{berf} können die notwendigen Träger aus Tabellen ausgewählt werden (z. B. [10]. TB 1-11).

Abb. 2.53 Träger aus Beispiel 2.12

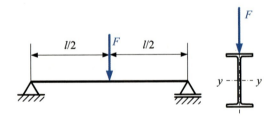

Material	R_e N/mm^2	S_{min}	σ_{zul} N/mm^2	W_{berf} cm^3	I nach DIN 1025	W_y cm^3	Bezog. Masse kg/m	Kosten €/t	Kosten €
S235JR	235	1,5	157	46,9	IPE 120	53,0	10,4	1800	56,16
S355JR	355	1,5	237	31	IPE 100	34,2	8,1	1950	47,39

Es zeigt sich, dass der Träger aus S355JR aufgrund seiner höheren Streckgrenze einen kleineren Querschnitt erfordert, der dazu führt, dass er trotz höherer Kosten €/t die günstigere Variante darstellt.

2.2.2 Flächenmoment 2. Grades

Der Begriff des Momentes als Produkt $F \cdot a$ ist aus der Statik bekannt. Analog zu diesem Moment wird das Flächenmoment als Produkt Fläche mal Abstand von einem Bezugspunkt oder einer Bezugsachse gebildet. Man geht dabei folgendermaßen vor: Teilt man eine **Fläche A** in kleine **Flächenelemente dA** auf und **multipliziert** jedes **Flächenelement dA** mit dem **Abstand y** bzw. z (bzw. dem **Quadrat des Abstandes**) von der **Koordinatenachse** der **Fläche A** und **addiert** sämtliche Produkte über die **gesamte Fläche A**, dann erhält man die **Flächenmomente** (Abb. 2.54). Diese Größen treten in Form von Integralen auf.

Die **Flächenmomente 1. Grades** oder statischen (linearen) Flächenmomente lassen sich wie folgt berechnen:

$$H_y = \int_A z\,dA \quad \text{und} \quad H_z = \int_A y\,dA. \tag{2.40}$$

Abb. 2.54 Flächenmomente

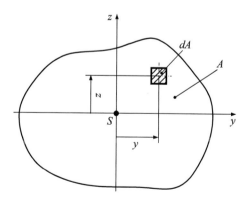

Abb. 2.55 Schwerpunktkoordinaten

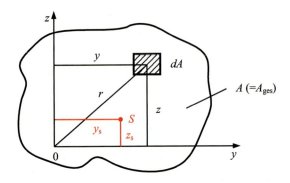

Liegt der **Schwerpunkt** S der **Fläche** A auf der **y-Achse**, so ist

$$z_S = 0 \Rightarrow H_y = \int_A z\,dA = 0 \quad \text{oder auf der \textbf{z-Achse}, dann wird}$$

$$y_S = 0 \Rightarrow H_z = \int_A y\,dA = 0$$

d. h. **Flächenmomente erster Ordnung** bezogen auf die **Achsen** durch den **Schwerpunkt** S (Schwerpunktachsen) einer **Fläche** A sind stets **Null**.

Flächenmomente erster Ordnung werden bei der Berechnung von Schubspannungen infolge von Querkräften (Abschn. 2.3.3 und 2.3.4) benötigt.

Für die Koordinaten des Schwerpunkts gilt (Abb. 2.55):

$$y_S = \frac{1}{A} \int y\,dA \quad \text{und} \quad z_S = \frac{1}{A} \int z\,dA \tag{2.41}$$

Für einfache, aus Teilflächen zusammengesetzte Flächen gilt:

$$y_S = \frac{1}{A_{ges}} \sum_{i=1}^{n} (y_i \cdot A_i) \quad \text{und} \quad z_S = \frac{1}{A_{ges}} \sum_{i=1}^{n} (z_i \cdot A_i) \tag{2.42}$$

Liegt der Schwerpunkt im Koordinatenursprung ($y_S = z_S = 0$), dann sind, wie bereits gesagt $\int y\,dA = 0$ und $\int z\,dA = 0$. Somit können je nach Lage des Koordinatensystems bezogen auf den Schwerpunkt die Flächenmomente 1. Grades positiv, negativ oder null sein.

Die axialen Flächenmomente 2. Grades (auch Flächenträgheitsmomente genannt)

$$I_y = \int z^2 dA \quad \text{bezogen auf die y-Achse} \tag{2.43}$$

$$I_z = \int y^2 dA \quad \text{bezogen auf die z-Achse} \tag{2.44}$$

sind stets positiv. Ihre Größe hängt von den betrachteten Achsen ab. Sie sind ein **Maß** für die **Steifigkeit** eines **Querschnitts** und kommen als Rechengröße bei der Ermittlung von Spannungen infolge von Biegung (Abschn. 2.2), Torsion (Abschn. 2.4) und bei der Untersuchung der Stabilität bezüglich Knicken (Abschn. 2.5), Kippen, Beulen usw. vor. Die Flächenmomente 2. Grades werden in Anlehnung an die Massenträgheitsmomente auch als Flächenträgheitsmomente bezeichnet, obwohl Flächen in diesem Sinn keine Trägheit besitzen.

Eine Integration ist möglich, wenn die Fläche A von einfach erfassbaren mathematischen Funktionen begrenzt ist. Ansonsten erfolgt eine Näherungslösung durch Summation, ausgehend von Flächenstreifen parallel zur betrachteten Achse. Statt der Integration wird eine Summenbildung vorgenommen:

$$I_y = \sum_{i=1}^{n} z_i^2 \cdot A_i \quad \text{und} \quad I_z = \sum_{i=1}^{n} y_i^2 \cdot A_i \tag{2.45}$$

2.2.3 Flächenmomente einfacher geometrischer Flächen

Am Beispiel des Rechtecks, Dreiecks und des Vollkreises bzw. der Kreisringfläche werden die Flächenmomente 2. Grades hergeleitet.

a) **Rechteckquerschnitt** (Flächenmoment bezogen auf die y-Achse, Abb. 2.56), es gilt Gl. 2.43:

$$I_y = \int z^2 dA \quad \text{mit} \quad dA = b \cdot dz$$

$$I_y = \int\limits_{-h/2}^{h/2} z^2 \cdot b \cdot dz = b \int\limits_{-h/2}^{h/2} z^2 dz = b \frac{z^3}{3} \Big|_{-h/2}^{h/2}$$

$I_y = \frac{b \cdot h^3}{12} = $ Flächenmoment 2. Grades.

Abb. 2.56 Rechteckquerschnitt

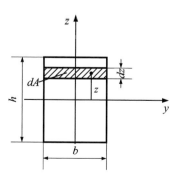

Für das Widerstandsmoment gilt:

$$W_y = \frac{I_y}{h/2} = \frac{b \cdot h^2}{6}$$

Entsprechend gilt für die z-Achse:

$$I_z = \frac{b^3 \cdot h}{12} \quad \text{und} \quad W_z = \frac{I_z}{b/2} = \frac{b^2 \cdot h}{6}$$

Für die Flächenmomente des Rechteckquerschnitts bezogen auf die Achsen gilt:

$$I_y = \frac{b \cdot h^3}{12} \quad \text{und} \quad I_z = \frac{b^3 \cdot h}{12} \tag{2.46}$$

und für die Widerstandsmomente:

$$W_y = \frac{I_y}{h/2} = \frac{b \cdot h^2}{6} \quad \text{und} \quad W_z = \frac{I_z}{b/2} = \frac{b^2 \cdot h}{6} \tag{2.47}$$

Das Ergebnis entspricht der Gl. 2.31.

b) **Dreiecksquerschnitt** (Flächenmoment bezogen auf die y-Achse), gemäß Abb. 2.57:

$$dA = y \cdot dz$$

$$I_y = \int z^2 dA = \int z^2 \cdot y \cdot dz$$

Abb. 2.57 Dreiecksquerschnitt

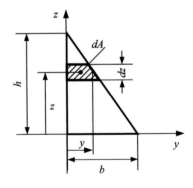

Die Breite y des Flächenelementes in Abhängigkeit von z können wir aus der Gleichung der Hypotenuse des Dreiecks im y-z-Koordinatensystem (Geradengleichung) berechnen:

$$z = -\frac{h}{b}y + h \quad \text{und} \quad y = b\left(1 - \frac{z}{h}\right)$$

$$I_y = b \int_0^h z^2 \left(1 - \frac{z}{h}\right) dz = b\left[\frac{z^3}{3} - \frac{z^4}{4h}\right]\Big|_0^h$$

$$I_y = \frac{b \cdot h^3}{12} \tag{2.48}$$

Zu beachten ist, dass diese Gleichung bezogen auf die Grundseite des Dreiecks (y-Achse) gilt. Dies entspricht dem I_{AB} in Tab. 2.3, Zeile 1.

c) **Vollkreis und Kreisringfläche:**

Für den Kreis gilt: $y^2 + z^2 = r^2$. Gemäß Abb. 2.58 ist $dA = r \cdot dr \cdot d\varphi$.
Für die axialen Flächenmomente gilt allgemein: $I_y = \int z^2 dA$ und $I_z = \int y^2 dA$.
Addieren wir die beiden axialen Flächenmomente I_y und I_z, dann erhält man

$$I_y + I_z = \int \left(z^2 + y^2\right) dA \text{ mit } y^2 + z^2 = r^2 \Rightarrow \int r^2 dA.$$

Abb. 2.58 Kreisfläche

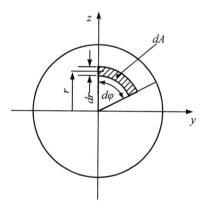

Tab. 2.3 Flächenmomente 2. Grades und Widerstandsmomente geometrischer Flächen

	Fläche	Randfaser-abstand	Flächenmoment	Widerstands-moment
1		$e_1 = \frac{2}{3}h$ $e_2 = \frac{1}{3}h$	$I_y = \frac{b \cdot h^3}{36}$ $I_{AB} = \frac{b \cdot h^3}{12}$	$W_1 = \frac{b \cdot h^2}{24}$ $W_2 = \frac{b \cdot h^2}{12}$
2		$e = \frac{h}{2}$	$I_y = \frac{b \cdot h^3}{12}$ $I_z = \frac{h \cdot b^3}{12}$	$W_y = \frac{b \cdot h^2}{6}$ $W_z = \frac{h \cdot b^2}{6}$
3		$e_1 = \frac{a}{2}$ $e_2 = \frac{a}{\sqrt{2}}$	$I_y = I_z = I_D = \frac{a^4}{12}$	$W_y = \frac{a^3}{6}$ $W_D = \frac{a^3}{12}\sqrt{2}$
4		$e_1 = \frac{H}{2}$	$I_y = b\frac{H^3 - h^3}{12}$	$W_y = b\frac{H^3 - h^3}{6 \cdot H}$
5		$e = \frac{d}{2}$	$I_y = I_z = I_d = \frac{\pi}{64}d^4$	$W_y = \frac{\pi}{32}d^3$ $= 0,1 \cdot d^3$
6		$e = \frac{D}{2}$	$I_y = I_z$ $= \frac{\pi}{64}\left(D^4 - d^4\right)$	$W_y = W_z$ $= \frac{\pi}{32}\frac{D^4 - d^4}{D}$
			$D - d = 2 \cdot s$, d. h. kleine Wandstärke	
			$I_y = \frac{\pi}{8}D_m^3 \cdot s$	$W_y = \frac{\pi}{4}D_m^2 \cdot s$

Tab. 2.3 (Fortsetzung)

	Fläche	Randfaser-abstand	Flächenmoment	Widerstands-moment
7		$e_1 = r - e_2$ $= 0{,}288 \cdot d$ $e_2 = \frac{4}{3} \cdot \frac{r}{\pi}$ $= 0{,}212 \cdot d$	$I_y = 0{,}00686 \cdot d^4$ $I_{AB} = I_z = \frac{\pi}{128} d^4$	$W_y = \frac{I_y}{e_1}$
8		$e = \frac{H}{2} = a$	$I_y = \frac{\pi}{64} B \cdot H^3$ $I_z = \frac{\pi}{64} H \cdot B^3$	$W_y = \frac{\pi}{32} B \cdot H^2$ $\approx 0{,}1 \cdot B \cdot H^2$ $W_z = \frac{\pi}{32} H \cdot B^2$ $\approx 0{,}1 \cdot H \cdot B^2$
9		$c = \frac{H}{2}$	$I_y = \frac{\pi}{32} s \cdot$ $H^2 (3B + H)$ $I_z = \frac{\pi}{32} s \cdot$ $B^2 (3H + B)$	$W_y = \frac{\pi}{16} s \cdot$ $H (3B + H)$ $W_z = \frac{\pi}{16} s \cdot$ $B (3H + B)$
10		$e = \frac{1}{2} R \cdot \sqrt{3}$ $= 0{,}866 \cdot R$	$I_y = \frac{5 \cdot \sqrt{3}}{16} \cdot R^4$ $= 0{,}5413 \cdot R^4$	$W_y = \frac{5}{8} \cdot R^3$
11		$e_1 = R$	$I_y = \frac{5 \cdot \sqrt{3}}{16} \cdot R^4$ $= 0{,}5413 \cdot R^4$	$W_y = \frac{5 \cdot \sqrt{3}}{16} \cdot R^3$ $= 0{,}5413 \cdot R^3$

Tab. 2.3 (Fortsetzung)

	Fläche	Randfaser-abstand	Flächenmoment	Widerstands-moment
12		$e_1 = \frac{h(a+2b)}{3(a+b)}$ $e_2 = \frac{h(2a+b)}{3(a+b)}$	$I_y = $ $\frac{h^3}{36}\left(a + b + \frac{2ab}{a+b}\right)$ $I_{AB} = \frac{h^3}{12}(3a + b)$ $I_{CD} = \frac{h^3}{12}(a + 3b)$	$W_1 = \frac{I_y}{e_1}$ $W_2 = \frac{I_y}{e_2}$

Da Symmetrie vorliegt, ist $I_y = I_z = I_a$ (axiales Flächenmoment) und somit: $I_y + I_z = 2 \cdot I_a$

$$2 \cdot I_a = \int r^2 dA = \iint r^2 \cdot r \cdot dr \cdot d\varphi; \quad dA = r \cdot dr \cdot d\varphi$$

$$2 \cdot I_a = \int_0^r \int_0^\varphi r^3 \cdot dr \cdot d\varphi = \frac{1}{4}r^4 \int_0^{2\pi} d\varphi = \frac{1}{4}r^4 \cdot \varphi\big|_0^{2\pi}$$

$$2 \cdot I_a = \frac{\pi}{2}r^4 \quad \Rightarrow \quad I_a = I_y = I_z = \frac{\pi}{4}r^4$$

$$2 \cdot I_a = I_p = \frac{\pi}{2}r^4$$

mit I_p = **polares Flächenmoment 2. Grades**

$$r = \frac{d}{2} \Rightarrow I_p = \frac{\pi}{32}d^4$$

$$I_y = I_z = \frac{\pi}{64}d^4 \tag{2.49}$$

Da alle axialen Flächenmomente gleich groß sind, liegt Symmetrie vor:

$$I_y = I_z = I_a \Rightarrow I_y + I_z = 2 \cdot I_a = \int (z^2 + y^2)\,dA = I_p \quad \text{bzw.} \quad I_a = \frac{1}{2}I_p$$

Die axialen Flächenmomente für den Vollkreis- und den Kreisringquerschnitt (ohne Herleitung) lauten:

$$\text{Vollkreis:} \quad I_a = \frac{\pi}{64}d^4 \tag{2.50}$$

$$\text{Kreisring:} \quad I_a = \frac{\pi}{64}\left(D^4 - d^4\right) \tag{2.51}$$

2.2.4 Abhängigkeit der Flächenmomente von der Lage des Koordinatensystems (Steiner'scher[2] Satz)

Gegeben sei eine Fläche A mit dem ursprünglichen Koordinatensystem und den Schwerpunktkoordinaten y_S und z_S. Eingeführt wird ein zweites Koordinatensystem mit den Achsen $\bar{y}$ und $\bar{z}$, die parallel zu y und z liegen. Der Ursprung dieses neuen Koordinatensystems wird in den Schwerpunkt S der Fläche A gelegt. Gesucht wird der Zusammenhang zwischen den Flächenmomenten (Abb. 2.59) $I_{\bar{y}}$, $I_{\bar{z}}$ sowie I_y und I_z.

Ausgehend von den Flächenmomenten $I_y = \int z^2 dA$ und $I_z = \int y^2 dA$ sowie den Koordinaten

$$y = y_S + \bar{y} \quad \text{und} \quad z = z_S + \bar{z}, \quad \text{erhalten wir durch Einsetzen:}$$

$$I_y = \int (z_S + \bar{z})^2 \, dA = z_S^2 \int dA + 2 \cdot z_S \int \bar{z} dA + \int \bar{z}^2 dA \quad \text{und}$$

$$I_z = \int (y_S + \bar{y})^2 dA = y_S^2 \int dA + 2 \cdot y_S \int \bar{y} dA + \int \bar{y}^2 dA.$$

Wir betrachten die einzelnen Komponenten:

- $\int dA = A$ (gegebene Fläche)
- die Terme $\int \bar{z} \, dA$ und $\int \bar{y} \, dA$ sind Null, da es sich um die statischen Flächenmomente bezogen auf die Schwerpunktachsen handelt
- gemäß Definition sind $\int \bar{z}^2 dA = I_{\bar{y}}$ und $\int \bar{y}^2 dA = I_{\bar{z}}$ die Flächenmomente 2. Grades um die Schwerpunktachse.

Als Ergebnis kann festgestellt werden:

$$I_y = I_{\bar{y}} + z_S^2 \cdot A \quad \text{und} \quad I_z = I_{\bar{z}} + y_S^2 \cdot A \tag{2.52}$$

Abb. 2.59 Zur Herleitung des Steiner'schen Satzes

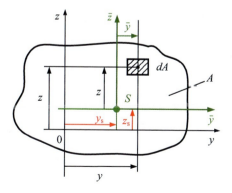

---

[2] Jakob Steiner (1796–1863), Schweizer Geometer.

Die vorstehenden Beziehungen nennt man auch den Steiner'schen Satz:

$$I = I_S + s^2 \cdot A \qquad (2.53)$$

s^2 und A sind stets positiv. Daher ist auch immer I größer als I_S. Die Flächenmomente 2. Grades um die Schwerpunktachsen sind somit immer die minimalen Flächenmomente.

▶ **Grundsätzlich dürfen bei zusammengesetzten Querschnitten nur die Flächenmomente 2. Grades addiert oder subtrahiert werden, jedoch nie die Widerstandsmomente.** Widerstandmomente ergeben sich bei zusammengesetzten Querschnitten aus dem Gesamt-Flächenmoment 2. Grades durch Division durch den größten Randabstand.

Beispiel 2.13 Gesucht ist das Flächenmoment 2. Grades $I_{\bar{y}}$ bezogen auf die Schwerpunktachse des Dreieckquerschnitts.

Gegeben:

$$I_y = \frac{b \cdot h^3}{12}; \; z_S = \frac{h}{3} \quad \text{und} \quad A = \frac{b \cdot h}{2}$$

Lösung Anwendung des Steiner'schen Satzes:

$$I_y = I_{\bar{y}} + z_S^2 \cdot A \Rightarrow I_{\bar{y}} = I_y - z_S^2 \cdot A$$

$$I_{\bar{y}} = \frac{b \cdot h^3}{12} - \left(\frac{h}{3}\right)^2 \cdot \frac{b \cdot h}{2} = \frac{b \cdot h^3}{12} - \frac{b \cdot h^3}{18} = \underline{\underline{\frac{b \cdot h^3}{36}}} \quad \text{mit } \bar{y} \text{ als Schwerpunktachse.}$$

Eine Umrechnung des Flächenmomentes von einer beliebigen Achse 1 in Abb. 2.60 auf eine zweite Achse, die nicht Schwerpunktachse ist, ist mit dem Steiner'schen Satz direkt nicht möglich, sondern kann nur über die Schwerpunktachse vorgenommen werden.

Abb. 2.60 Umrechnung von einer Achse auf eine andere Achse mit Hilfe des Steiner'schen Satzes

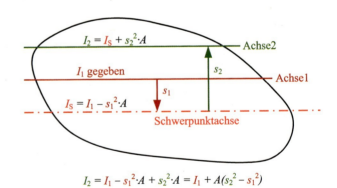

$$I_2 = I_1 - s_1^2 \cdot A + s_2^2 \cdot A = I_1 + A(s_2^2 - s_1^2)$$

2.2.5 Flächenmomente zusammengesetzter Querschnitte

Die Querschnittsfläche setzt sich aus mehreren Grundfiguren bzw. Einzelquerschnitten zusammen. In diesen Fällen geht man wie folgt vor:

Die einzelnen Flächenmomente werden addiert und zum Gesamtflächenmoment 2. Grades zusammengesetzt. Für alle Flächenmomente gilt die gleiche Bezugsachse.

$$I_{y\,ges} = \sum_{i=1}^{n} I_{y_i} \quad \text{und} \quad I_{z\,ges} = \sum_{i=1}^{n} I_{z_i} \tag{2.54}$$

Zu beachten ist, dass die einzelnen I_{y_i} und I_{z_i} auch negativ sein können.

Allgemeine Vorgehensweise bei der Ermittlung der Flächenmomente 2. Grades von zusammengesetzten Querschnitten

1. Wahl eines Bezugskoordinatensystems (Möglichkeiten s. Abb. 2.61; hier: in den Schwerpunkt S_1 der Fläche A_1)
2. Aufteilen der Gesamtfläche (Profil; hier $i = 1 \ldots 3$) in Teilflächen
3. Bestimmung des Gesamtschwerpunktes S_{ges}:

$$y_S = \frac{1}{A_{ges}} \sum_{i=1}^{n} (y_i \cdot A_i) \quad \text{und} \quad z_S = \frac{1}{A_{ges}} \sum_{i=1}^{n} (z_i \cdot A_i)$$

4. Ermittlung des Gesamtflächenmoments I_{ges} bezogen auf die jeweilige Achse (y oder z) mithilfe des Steiner'schen Satzes:

$$I_{ges} = \sum_{i=1}^{n} \left(I_{S_i} + s_i^2 \cdot A_i \right)$$

Abb. 2.61 Wahl des Bezugskoordinatensystems bei zusammengesetzten Querschnitten

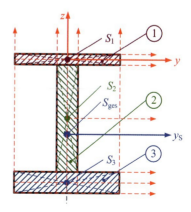

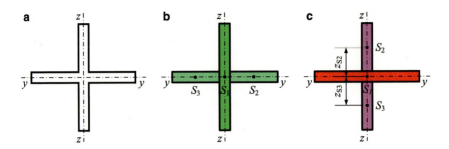

Abb. 2.62 Flächenmomente 2. Grades zusammengesetzter Querschnitte. **a** Gesamtquerschnitt, **b** günstige und **c** ungünstige Wahl der Teilquerschnitte zur Berechnung des Gesamt-Flächenmoments

Hinweis: Bei der Berechnung der Flächenmomente 2. Grades zusammengesetzter Querschnitte kann man durch geschickte Aufteilung der Gesamtfläche in Teilflächen mit bekannten Flächenmomenten die Rechenarbeit verringern: Das Flächenmoment des kreuzförmigen Querschnittes (Abb. 2.62a) um die y-Achse kann über die drei Rechteckflächen in Abb. 2.62b oder in Abb. 2.62c berechnet werden. In Abb. 2.62c müssen die Steineranteile berücksichtigt werden; in Abb. 2.62b jedoch nicht, da alle Schwerpunkte der Teilflächen auf der Bezugsachse liegen. Darüber hinaus kann die Berechnung des Flächenmomentes 2. Grades bzw. des Widerstandsmomentes z. B. für ein gedrehtes Winkelprofil durch Scherung der Schenkel erfolgen (Abb. 2.63).

Handelt es sich um Querschnitte (Abb. 2.64), in denen sich Bohrungen zur Aufnahme von Bolzen, Stiften, Schrauben usw. befinden, dann darf für den montierten Zustand (Zusammenbau) der Querschnitt nicht als vollflächig angesehen werden, d. h. die Bohrung muss berücksichtigt werden. Die Ermittlung des Flächen-momentes 2. Grades bzw. Widerstandsmomentes ist hierfür, wie in Abb. 2.64 dargestellt, vorzunehmen. Dabei sind die Bohrungs- und die Biegeachsen zu beachten.

Abb. 2.63 Berechnung des Flächenmomentes 2. Grades bzw. des Widerstandsmomentes für ein gedrehtes Winkelprofil durch Scherung der Schenkel

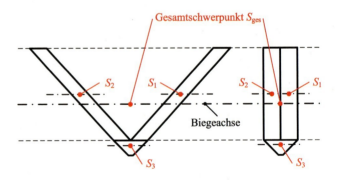

Abb. 2.64 Biegung eines
Rechteckträgers mit Bohrung

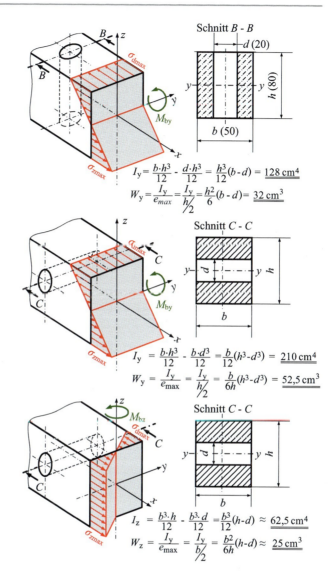

$$I_y = \frac{b \cdot h^3}{12} - \frac{d \cdot h^3}{12} = \frac{h^3}{12}(b-d) = \underline{128 \text{ cm}^4}$$

$$W_y = \frac{I_y}{e_{max}} = \frac{I_y}{h/2} = \frac{h^2}{6}(b-d) = \underline{32 \text{ cm}^3}$$

$$I_y = \frac{b \cdot h^3}{12} - \frac{b \cdot d^3}{12} = \frac{b}{12}(h^3 - d^3) = \underline{210 \text{ cm}^4}$$

$$W_y = \frac{I_y}{e_{max}} = \frac{I_y}{h/2} = \frac{b}{6h}(h^3 - d^3) = \underline{52,5 \text{ cm}^3}$$

$$I_z = \frac{b^3 \cdot h}{12} - \frac{b^3 \cdot d}{12} = \frac{b^3}{12}(h-d) \approx \underline{62,5 \text{ cm}^4}$$

$$W_z = \frac{I_y}{e_{max}} = \frac{I_y}{b/2} = \frac{b^2}{6h}(h-d) \approx \underline{25 \text{ cm}^3}$$

Der Ablauf zur Ermittlung der Flächenmomente 2. Grades zusammengesetzter Querschnitte ist in Abb. 2.65 dargestellt.

Abb. 2.65 Ablauf zur Ermittlung von Flächenmomenten 2. Grades zusammengesetzter Querschnitte

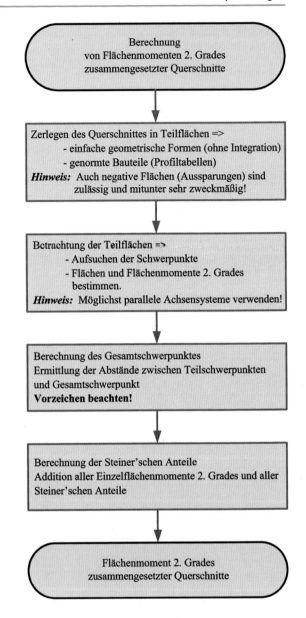

Abb. 2.66 Ausgesparter
Rechteckquerschnitt

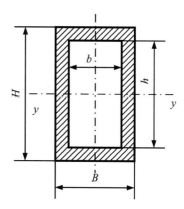

Beispiel 2.14 Zu ermitteln sind das Gesamtflächen- und das Widerstandmoment für ein ausgespartes Rechteck (Abb. 2.66).

$$I_{y1} = \frac{B \cdot H^3}{12}; \quad I_{y2} = \frac{b \cdot h^3}{12}$$

$$I_y = I_{y_{ges}} = I_{y1} - I_{y2}$$

$$I_y = \frac{B \cdot H^3 - b \cdot h^3}{12}$$

$$W_y = \frac{I_y}{\frac{H}{2}} = \frac{B \cdot H^3 - b \cdot h^3}{6 \cdot H}$$

Beispiel 2.15 Es werden nun das Flächen- und das Widerstandsmoment des Rahmens aus Vierkantrohr $50 \times 20 \times 2$ (Abb. 2.67) von Finn Niklas' Dreirad berechnet.

$$I_y = I_{außen} - I_{innen} =$$

$$= \frac{B \cdot H^3 - b \cdot h^3}{12} = \frac{20 \cdot 50^3 - 16 \cdot 46^3}{12} \, mm^4$$

$$I_y = \underline{\underline{78.552 \, mm^4}}$$

$$I_z = \frac{B^3 \cdot H - b^3 \cdot h}{12} = \frac{20^3 \cdot 50 - 16^3 \cdot 46}{12} \, mm^4$$

$$= \underline{\underline{17.632 \, mm^4}}$$

$$W_y = \frac{I_y}{e_{max}} = \frac{78.552 \, mm^4}{25 \, mm} = \underline{\underline{3142 \, mm^3}}$$

$$W_z = \frac{I_z}{e_{max}} = \frac{17.632 \, mm^4}{10 \, mm} = \underline{\underline{1763 \, mm^3}}$$

Abb. 2.67 Vierkantrohr

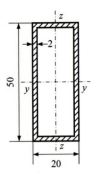

Gemäß der Definition des Flächenmomentes 2. Grades ist nur der senkrechte Abstand der einzelnen Teilflächen von der Bezugsachse (unabhängig vom Vorzeichen) von Bedeutung, d. h.:

- Teilflächen dürfen um die Achse geklappt werden,
- Teilflächen dürfen in Achsrichtung verschoben werden.

Beim Umklappen und Verschieben bzw. Umgruppierungen von Teilflächen ist die vorgegebene Fläche aus möglichst wenigen Grundfiguren aufzubauen (Abb. 2.68 und 2.69).

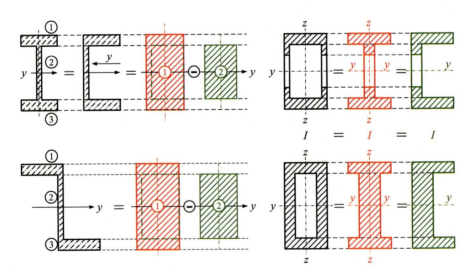

Abb. 2.68 Ermittlung von Flächenmomenten 2. Grades durch Umgruppieren von Teilflächen

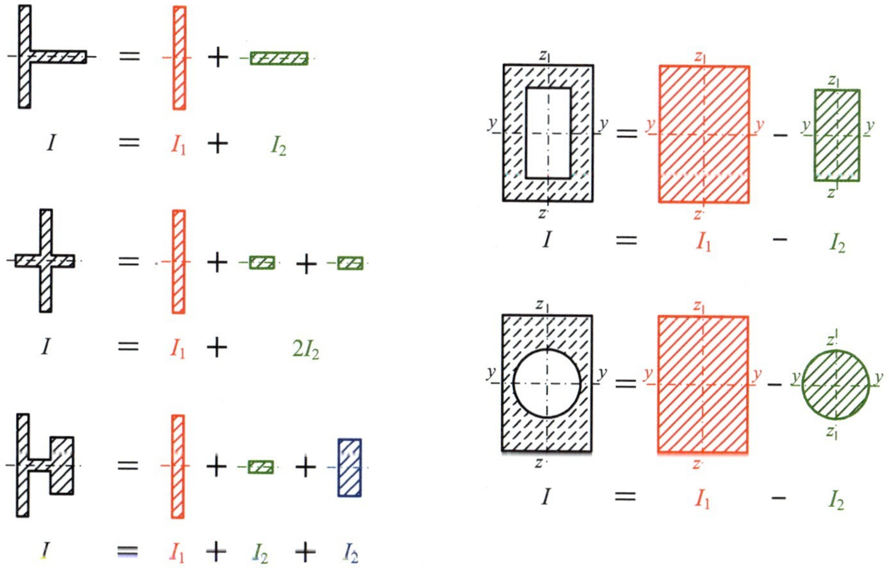

I = I_1 + I_2
I = I_1 + $2I_2$
I = I_1 + I_2 + I_2
I = I_1 − I_2
I = I_1 − I_2

Abb. 2.69 Ermittlung von Flächenmomenten 2. Grades aus Teilflächen

Beispiel 2.16 Ein quadratischer Plattenquerschnitt (Abb. 2.70) weist zwei Aussparungen auf. Zu bestimmen sind die Flächenmomente bezüglich der Schwerpunktachsen y und z. Radius der Bohrung: $r = a/\sqrt{\pi}$

Lösung Der Schwerpunkt liegt in der Mitte der Fläche 1, da $A_2 = A_3$ ist und die beiden Flächen symmetrisch zur y- bzw. z-Achse liegen.

Abb. 2.70 Quadratischer Plattenquerschnitt

z
4a
1
3
a
4a
z3
a
y
y
a
z2
a
a
2
a
z
a

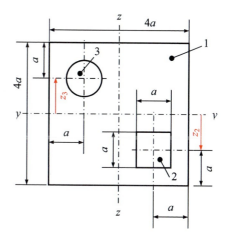

Fläche 1: $A_1 = 4a \cdot 4a = 16a^2$

Fläche 2: $A_2 = a \cdot a = a^2$

Fläche 3: $A_3 = \pi \cdot r^2 = \pi \cdot \left(\frac{a}{\sqrt{\pi}}\right)^2 = a^2$

Schwerpunktabstand: $z_2 = z_3 = a$

$$I_y = I_z = I_1 - \left(I_2 + z_2^2 \cdot A_2\right) - \left(I_3 + z_3^2 \cdot A_3\right)$$

$$I_1 = \frac{b \cdot h^3}{12} = \frac{4a \cdot (4a)^3}{12} = \underline{\frac{256 \cdot a^4}{12}}; \quad I_2 = \frac{b \cdot h^3}{12} = \frac{a \cdot a^3}{12} = \underline{\underline{\frac{a^4}{12}}};$$

$$I_3 = \frac{\pi \cdot r^4}{4} = \frac{\pi \cdot a^4}{4 \cdot \pi^2} = \underline{\frac{a^4}{4\pi}}$$

$$I_y = \frac{256 \cdot a^4}{12} - \frac{a^4}{12} - a^2 \cdot a^2 - \frac{a^4}{4\pi} - a^2 \cdot a^2$$

$$I_y = a^4 \left(\frac{256}{12} - \frac{1}{12} - \frac{12}{12} - \frac{12}{12} - \frac{1}{4\pi}\right) = a^4 \left(\frac{231}{12} - \frac{1}{4\pi}\right) = I_z$$

Zahlenwert: $a = 10\,\mathrm{mm}$

$$I_y = \underline{\underline{191.704\,\mathrm{mm}^4}}$$

Beispiel 2.17 Aus einem Baumstamm vom Durchmesser d (Abb. 2.71) soll ein Balken mit rechteckigem Querschnitt und maximalen Flächenmoment 2. Grades gesägt werden. Wie groß ist h zu wählen?

$$d^2 = h^2 + b^2$$

$$h = \sqrt{d^2 - b^2} = \left(d^2 - b^2\right)^{1/2}$$

$$I_y = \frac{b \cdot h^3}{12} = \frac{b \cdot \left(d^2 - b^2\right)^{3/2}}{12}$$

$$I = \text{Maximum} \Rightarrow \frac{dI}{db} = 0$$

Abb. 2.71 Beispiel idealisierter Baumstamm

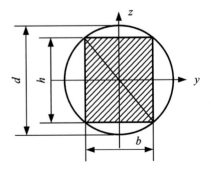

Anwendung der Produktregel:

$$(u \cdot v)' = u' \cdot v + u \cdot v'$$

$$u = b; \quad v = \left(d^2 - b^2\right)^{3/2}$$

$$u' = 1; \quad v' = \frac{3}{2}\left(d^2 - b^2\right)^{1/2} \cdot (-2b)$$

$$\frac{dI}{db} = 0 = \left(d^2 - b^2\right)^{3/2} + \frac{3}{2}\left(d^2 - b^2\right)^{1/2} \cdot (-2b) \cdot b$$

$$0 = \left(d^2 - b^2\right)^{3/2} + \frac{3}{2}\left(d^2 - b^2\right)^{1/2} \cdot \left(-2b^2\right)$$

$$\Rightarrow \left(d^2 - b^2\right)^{3/2} = 3b^2\left(d^2 - b^2\right)^{1/2} \quad : \left(d^2 - b^2\right)^{1/2} \Rightarrow \left(d^2 - b^2\right)^{1} = 3b^2$$

$$d^2 = 3h^2 + h^2 = 4h^2 \Rightarrow \underline{\underline{h = \frac{1}{2}d}}$$

$$h = \sqrt{d^2 - h^2} = \sqrt{d^2 - \left(\frac{d}{2}\right)^2} = \sqrt{\frac{3}{4}d^2} = \underline{\underline{\frac{d}{2}\sqrt{3}}}$$

Beispiel 2.18 Für den dargestellten Biegeträger (Abb. 2.72) soll die größte auftretende Spannung ermittelt werden.

Gesucht ist die maximale Spannung.
Für die Biegespannung gilt: $\sigma_b = \frac{M_b}{W_b} = \frac{M_b}{I_y} \cdot e$
Das Biegemoment errechnet sich zu:

$$M_b = \frac{F}{2} \cdot \frac{l}{2} = \frac{F \cdot l}{4}$$

Zunächst erfolgt die Berechnung des Flächenmomentes I_y, dazu muss der Schwerpunkt S_{ges} der Gesamtfläche bestimmt werden (Abb. 2.73). Zu diesem Zweck legen wir das Koordinatensystem mit dem Ursprung in den Schwerpunkt S_1 der Teilfläche 1 und berechnen die Abstände von den Schwerpunktachsen y_i und z_i wie folgt:

Abb. 2.72 T-förmiger Biegeträger

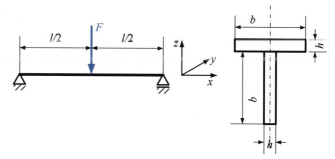

Abb. 2.73 In Einzelflächen
zerlegter Biegeträger

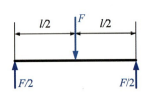
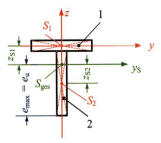

i	A_i	z_i	$z_i \cdot A_i$	y_i	$y_i \cdot A_i$
1	$b \cdot h$	0	0	0	0
2	$h \cdot b$	$-1/2(h+b)$	$-1/2(h+b)\, h \cdot b$	0	0
Σ	$2 \cdot b \cdot h$	$-$	$-1/2(h+b)\, h \cdot b$	$-$	0

Für den Schwerpunkt gilt:

$$z_S = \frac{1}{A_{ges}} \sum_{i=1}^{2}(z_i \cdot A_i) = \frac{-1/2\,(h+b)\,h \cdot b}{2 \cdot h \cdot b} = -\frac{1}{4}\,(h+b)$$

$$y_S = \frac{1}{A_{ges}} \sum_{i=1}^{2}(y_i \cdot A_i) = 0 \quad \text{(da S auf der Symmetrieachse liegt)}$$

Mit dem Steiner'schen Satz ermitteln wir I_{yges}:

$$I_{yges} = I_1 + z_{S_1}^2 \cdot A_1 + I_2 + z_{S_2}^2 \cdot A_2$$

$$z_{S_2} = \frac{1}{2}\,(b+h) - \frac{1}{4}\,(b+h) = \frac{1}{4}\,(b+h) = z_{S_1}$$

$$I_{yges} = \frac{b \cdot h^3}{12} + b \cdot h\left[\frac{1}{4}\,(b+h)\right]^2 + \frac{h \cdot b^3}{12} + b \cdot h\left[\frac{1}{4}\,(b+h)\right]^2$$

$$I_{yges} = \frac{b \cdot h^3}{12} + \frac{h \cdot b^3}{12} + 2 \cdot b \cdot h\left[\frac{1}{4}\,(b+h)\right]^2$$

$$= \frac{b \cdot h^3}{12} + \frac{h \cdot b^3}{12} + \frac{1}{8}\cdot b \cdot h\left(b^2 + 2bh + h^2\right)$$

$$= \frac{1}{24}\left(2bh^3 + 2hb^3 + 3b^3h + 6b^2h^2 + 3bh^3\right)$$

$$I_{yges} = \frac{1}{24}\left(5bh^3 + 5hb^3 + 6b^2h^2\right)$$

$$\sigma_b = \frac{M_b}{W_b} = \frac{M_b}{I_y} \cdot e$$

$$e_{max} = e_u = b + h - \frac{h}{2} - \frac{1}{4}(b + h) = \frac{1}{4}(3b + h)$$

$$\sigma_b = \frac{F \cdot l \cdot 24}{4\,(5bh^3 + 5hb^3 + 6b^2h^2)} \cdot \frac{1}{4}(3b + h) = \frac{3 \cdot F \cdot l \cdot (3b + h)}{2\,(5bh^3 + 5hb^3 + 6b^2h^2)}$$

Beispiel 2.19 Eine Konsole trägt bei der Last F das Radiallager einer Welle. Für den skizzierten Querschnitt (Abb. 2.74) sind zu ermitteln:

a) Die maximale senkrechte Lagerlast F so, dass im Querschnitt A–A eine größte Zug-spannung von $10\,N/mm^2$ infolge Biegebeanspruchung auftritt.
b) Die im Querschnitt A–A auftretende größte Druckspannung.

Wir bestimmen zuerst die Koordinaten des Gesamtschwerpunktes S_{ges} und das Flä-chenmoment 2. Grades um die y-Achse. Das Ausgangskoordinatensystem legen wir in den Schwerpunkt S_2 der Teilfläche 2.

$$y_S = 0$$

i	A_i mm^2		z_i mm	$A_i \cdot z_i$ mm^3	$z_{Si} = z_i - z_S$ mm
1	$b_1 \cdot h_1$	$400 \cdot 24 = 9600$	150	1.440.000	61,24
2	$b_2 \cdot h_2$	$24 \cdot 276 = 6624$	0	0	−88,76
Σ	$b_1 \cdot h_1 + b_2 \cdot h_2$	16.224	–	–	–

$$z_S = \frac{\sum\limits_{i=1}^{2}(A_i \cdot z_i)}{A_{ges}} = \frac{1.440.000\,mm^3}{16.224\,mm^2} = 88,76\,mm$$

Abb. 2.74 Konsole

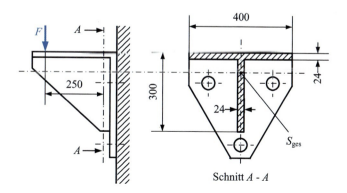

Schnitt A - A

Mit Hilfe des Steiner'schen Satzes bestimmen wir dann das Gesamtflächenmoment

$$I_{y_{\text{ges}}} = I_{y_1} + A_1 \cdot z_{S_1}{}^2 + I_{y_2} + A_2 \cdot z_{S_2}{}^2 = \frac{b_1 \cdot h_1^3}{12} + A_1 \cdot z_{S_1}{}^2 + \frac{b_2 \cdot h_2^3}{12} + A_2 \cdot z_{S_2}{}^2$$

$$I_{y_{\text{ges}}} = \frac{400 \, \text{mm} \cdot 24^3 \, \text{mm}^3}{12} + 9600 \, \text{mm}^2 \cdot 61{,}24^2 \, \text{mm}^2 + \frac{24 \, \text{mm} \cdot 276^3 \, \text{mm}^3}{12}$$

$$\qquad\qquad + 6624 \, \text{mm}^2 \cdot 88{,}76^2 \, \text{mm}^2$$

$$I_{y_{\text{ges}}} = \underline{\underline{1{,}307 \cdot 10^8 \, \text{mm}^4}}$$

a) $\sigma_{\text{bz}} = \frac{M_\text{b}}{I_y} \cdot e = \frac{F \cdot a}{I_y} \cdot e_\text{o}$

$e_\text{o} =$ Abstand Gesamtschwerpunkt bis zum oberen Rand:

$e_\text{o} = 61{,}24 \, \text{mm} + 12 \, \text{mm} = \underline{\underline{73{,}24 \, \text{mm}}}$

$$F = \frac{\sigma_\text{b} \cdot I_y}{a \cdot e_\text{o}} = \frac{10 \, \text{N} \cdot 1{,}307 \cdot 10^8 \, \text{mm}^4}{\text{mm}^2 \, 250 \, \text{mm} \cdot 73{,}24 \, \text{mm}} = \underline{\underline{71.381{,}8 \, \text{N} = 71{,}38 \, \text{kN}}}$$

b) $\sigma_{\text{bd}} = \frac{M_\text{b}}{I_y} \cdot e_\text{u}$

$e_\text{u} =$ Abstand Gesamtschwerpunkt bis zum unteren Rand:

$e_\text{u} = 138 \, \text{mm} + 88{,}76 \, \text{mm} = \underline{\underline{226{,}76 \, \text{mm}}}$

$$\sigma_{\text{bd}} = \frac{M_\text{b}}{I_y} \cdot e_\text{u} = \frac{F \cdot a}{I_y} \cdot e_\text{u} = \frac{71{,}38 \, \text{kN} \cdot 10^3 \, \text{N} \cdot 250 \, \text{mm}}{\text{kN} \, 1{,}307 \cdot 10^8 \, \text{mm}^4} \cdot 226{,}76 \, \text{mm}$$

$$\sigma_{\text{bd}} = \underline{\underline{30{,}96 \, \frac{\text{N}}{\text{mm}^2} \approx 31 \, \frac{\text{N}}{\text{mm}^2}}}$$

Die Spannungsverteilung ist Abb. 2.75 zu entnehmen.

Abb. 2.75 Spannungsverteilung in der Konsole

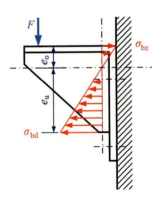

2.3 Schub- oder Scherbeanspruchung

Bisher haben wir nur Normalspannungen betrachtet. Jetzt wenden wir uns den Tangentialspannungen aus Schub- und Scherkräften sowie aus Torsionsmomenten zu. Schub- und Scherspannungen treten in Niet-, Bolzen-, Kleb- und Schweißverbindungen (Abb. 2.76) oder durch Querkräfte bei der Biegung von Balken (Abb. 2.80) auf.

2.3.1 Schub- und Scherspannung

Im Abschn. 1.3 wurde gezeigt, dass eine Tangentialkraft F eine Tangentialspannung τ hervorruft. In diesem Fall spricht man auch von der **Schub-** oder **Scherspannung** τ. In Abschn. 1.4 wurde gezeigt, dass eine Zug- oder Druckkraft auf einen elastischen Körper zur Dehnung (oder Stauchung) ε führt. Entsprechend resultiert aus einer Schub-/Tangentialkraft eine **Gleitung** (Schiebung) γ, siehe Abb. 2.77.

Die Deckfläche des in Abb. 2.77 in Seitenansicht dargestellten Körpers verschiebt sich aufgrund der Tangentialkraft F gegenüber der Grundfläche um Δs. An der linken Fläche entsteht so ein Gleitwinkel γ, auch Schubwinkel genannt. Für kleine Winkel γ gilt:

$$\tan \gamma \approx \gamma = \Delta s / L \tag{2.55}$$

Bei Werkstoffen, die dem Hooke'schen Gesetz $\sigma \sim \varepsilon$ folgen (Spannung ist proportional zur Dehnung), gilt auch $\gamma \sim \tau$: Der Gleitwinkel ist proportional zur Schubspannung in

Abb. 2.76 Beispiele für das Auftreten von Schub- und Scherkräften

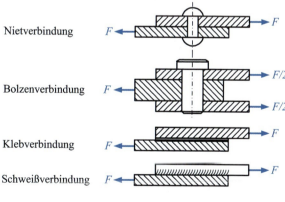

Nietverbindung

Bolzenverbindung

Klebverbindung

Schweißverbindung

Abb. 2.77 Gleitung durch Tangentialkraft

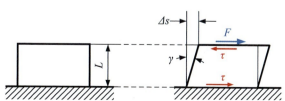

Abb. 2.78 Scherbeanspru-
chung

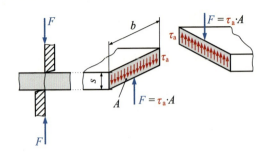

den Horizontalebenen, siehe Abb. 2.77. Der Proportionalitätsfaktor wird **Schubmodul** G
genannt:

$$\tau = G \cdot \gamma \quad \text{bzw.} \quad G = \tau/\gamma, \quad [G] = \text{N/mm}^2 \tag{2.56}$$

Aus der Elastizitätstheorie ergibt sich folgende Beziehung zwischen E- und G-Modul
(hier ohne Herleitung):

$$G = \frac{m}{2(m+1)} \cdot E \tag{2.57}$$

Die Größe m ist dabei die Poisson'sche Konstante (siehe auch Abschn. 1.4) und gibt
das Verhältnis von Längs- zu Querdehnung an ($m = \varepsilon / \varepsilon_q$). Für Metalle ist $m = 3{,}3$, so
dass man nach Gl. 2.57 für den Schubmodul G erhält:

$$G = 0{,}384 \cdot E \tag{2.58}$$

Mit der Schubkraft $F = \tau \cdot A$ und der Verschiebung $\Delta s = \tau \cdot L / G$ ergibt sich für die
Formänderungsarbeit analog zu Abschn. 1.5

$$W = \frac{F \cdot \Delta s}{2} = \frac{\tau^2 \cdot V}{2 \cdot G} \tag{2.59}$$

mit dem Volumen $V = A \cdot L$.

Die Wirkung von Scherkräften auf ein Bauteil ist in Abb. 2.78 dargestellt: Zwei gleich
große, entgegengesetzt wirkende Kräfte greifen senkrecht zur Bauteilachse an. Sie haben
das Bestreben, die beiden Querschnitte des Bauteils gegeneinander zu verschieben, was
Schubspannungen in den Querschnitten hervorruft. Aus der Gleichgewichtsbedingung für
jeden Bauteilabschnitt lässt sich bei der (vereinfachenden) Annahme einer konstanten
Spannungsverteilung die **Scherspannung** τ_a (Index a von „Abscheren") ermitteln:

$$\tau_a = F/A \tag{2.60}$$

In Wirklichkeit ergibt sich in den unter Scherkräften stehenden Querschnitten ein kom-
plizierter Spannungszustand, Abb. 2.79. Neben den Schubspannungen sind auch Zug-,
Druck- und Biegespannungen vorhanden. Außerdem ist die Scherspannung über dem
Querschnitt nicht konstant (siehe Abschn. 2.3.3).

Abb. 2.79 Verhalten zäher (**a**) und spröder (**b**) Werkstoffe beim Abscheren

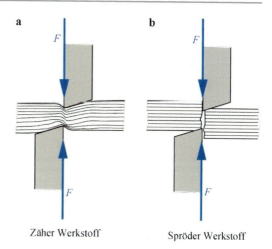

Zäher Werkstoff   Spröder Werkstoff

Anhaltswerte für zulässige Scherspannungen im Maschinenbau können nach folgenden Beziehungen ermittelt werden:

$\tau_{a\,zul} \approx R_e / 1{,}5$ bei ruhender Beanspruchung

$\tau_{a\,zul} \approx R_e / 2{,}2$ bei schwellender Beanspruchung

$\tau_{a\,zul} \approx R_e / 3$ bei wechselnder Beanspruchung

mit R_e als Streckgrenze (bzw. $R_{p0,2}$ als 0,2 %-Dehngrenze).

2.3.2 Schubspannungen durch Querkräfte bei Biegung

Erfährt ein Balken eine Biegebeanspruchung durch eine Querkraft, so treten neben den Biegespannungen auch Schubspannungen im Balken auf. Abb. 2.80 zeigt unten einen Teilabschnitt eines frei geschnittenen Balkens, bei dem nur die Schubspannungen eingetragen sind.

Aus diesem Teilabschnitt wird ein weiteres Teilstück mit den Abmessungen Δh, b und Δl herausgeschnitten (siehe Abb. 2.80 oben rechts). In diesem Teilabschnitt wirken vertikale Schubspannungen τ und horizontale Schubspannungen $\bar{\tau}$. Mit der Gleichgewichtsbedingung

$$\sum_i M_i = 0 \quad \Rightarrow \quad \bar{\tau} \cdot \Delta l \cdot b \cdot \Delta h - \tau \cdot \Delta h \cdot b \cdot \Delta l = 0 \tag{2.61}$$

folgt: $\bar{\tau} = \tau$. Das bedeutet, dass zum Gleichgewicht am betrachteten Teilkörper zu jeder Schubspannung in einer Ebene eine gleich große Schubspannung in einer dazu senkrechten Ebene vorhanden sein muss. Beide sind in Richtung Körperkante oder umgekehrt gerichtet, Abb. 2.81. Man nennt dies den **Satz von den zugeordneten Schubspannungen**; d. h. Schubspannungen treten nur paarweise auf.

Abb. 2.80 Durch Querkräfte verursachte Schubspannungen im Biegeträger

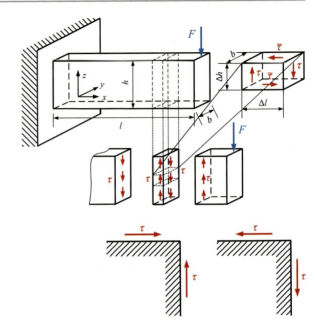

Abb. 2.81 Zum Begriff der zugeordneten Schubspannungen

2.3.3 Allgemeine Beziehungen für die Schubspannungsverteilung

Um in einem Balken unter Biegebelastung die Schubspannungen in Längsrichtung genauer ermitteln zu können, betrachten wir zunächst einen „Balken" aus lose aufeinander liegenden Brettern, Abb. 2.82a. Bei Biegebelastung durch eine Querkraft verschieben sich die einzelnen Bretter relativ zueinander. Verspannt man die einzelnen Bretterlagen gegeneinander, Abb. 2.82b, dann verhindert der Reibschluss zwischen den Brettern die relative Verschiebung; der Bretterstapel wirkt wie ein einziger Balken. Dabei treten in Schnitten parallel zur Balkenachse Schubspannungen auf (Abb. 2.82c). Bei Holzbalken können diese in Längsrichtung wirkenden Schubspannungen zum Aufspalten des Holzes führen, da es in Faserrichtung eine relativ geringe Schubfestigkeit besitzt.

Als nächstes interessieren die Lage und die Größe der maximalen Schubspannung. Abb. 2.83 zeigt einen Balken auf zwei Stützen mit einer Querkraft in Balkenmitte. Zwischen der Angriffsstelle dieser äußeren Kraft und der Auflagerkraft rechts wird ein schmales Stück der Breite Δx aus dem Balken herausgeschnitten. Aufgrund des dreieckförmigen Biegemomentenverlaufs ist das Schnittmoment M_1 am linken Rand des Teilstücks nicht gleich dem Schnittmoment M_2 am rechten Rand. An der oberen Scheibe aus diesem Balkenstück treten zum einen die Normalspannungen σ_1 und σ_2 aus den erwähnten Biegemomenten M_1 und M_2 und zum anderen die Schubspannung τ an der Unterseite der Scheibe auf. Weil die beiden Normalspannungen nicht gleich sind, ist Gleichgewicht an dieser oberen Scheibe des Teilabschnitts nur möglich, wenn eine Schubspannung vorhan-

Abb. 2.82 Schubspannungen in Längsrichtung eines Biegeträgers (nach [2]). **a** Balken aus lose aufeinander liegenden Brettern, **b** schubfest verbundene Bretter und **c** Biegeträger

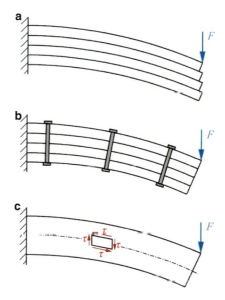

den ist:

$$\sum F_{ix} = 0 \Rightarrow \sigma_1 \cdot \Delta A - \tau \cdot \Delta x \cdot b - \sigma_2 \cdot \Delta A = 0$$

$$\tau = \frac{\sigma_2 - \sigma_1}{\Delta x \cdot b} \cdot \Delta A \tag{2.62}$$

Mit $\sigma_1 = \frac{M_1}{I} \cdot \bar{z}$ und $\sigma_2 = \frac{M_2}{I} \cdot \bar{z}$ folgt:

$$\tau = \frac{M_2 - M_1}{\Delta x} \cdot \frac{\bar{z} \cdot \Delta A}{I \cdot b} = \frac{\Delta M}{\Delta x} \cdot \frac{\bar{z} \cdot \Delta A}{I \cdot b} \tag{2.63}$$

Für die Querkraft gilt die Beziehung aus Abschn. 2.2:

$$F_q = \frac{d M_b}{dx}$$

Die Gl. 2.40 für das statische Flächenmoment $H = \int z \cdot dA$ kann hier für das Flächenelement ΔA eingesetzt werden als $H = \bar{z} \cdot \Delta A$. Damit lässt sich Gl. 2.63 schreiben als **allgemeine Beziehung für die Schubspannungsverteilung**:

$$\tau(x, z) = \frac{F_q(x) \cdot H(z)}{I \cdot b} \tag{2.64}$$

mit der Breite b der Querschnittsfläche an der Stelle x und I, dem Flächenmoment 2. Grades der Querschnittsfläche bezogen auf die Schwerpunktsachse.

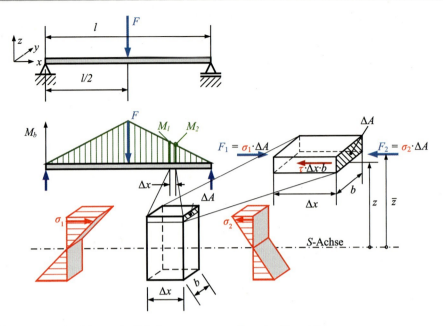

Abb. 2.83 Zur Herleitung der Schubspannungsverteilung im Biegeträger

Ist der Biegemomentverlauf konstant, d. h. $M_1 = M_2$, dann ist mit $\sigma_1 = \sigma_2$ nach Gl. 2.62 die Schubspannung $\tau = 0$, d. h. bei reiner Biegung mit $F_q = 0$ ist im Balken keine Schubspannung vorhanden.

2.3.4 Anwendung auf verschiedene Querschnittsformen

Mit Hilfe von Gl. 2.64 werden jetzt die Schubspannungsverläufe in verschiedenen Querschnitten ermittelt.

a) **Rechteckquerschnitt** (Abb. 2.84)

Da sich beim Rechteckquerschnitt die Breite des Flächenelementes mit der Koordinate z nicht verändert, können wir vereinfacht schreiben:

$$H(z) = \bar{z} \cdot \Delta A$$

$\bar{z}$ ist die Koordinate des Schwerpunkts der Fläche ΔA:

$$\bar{z} = \frac{\frac{h}{2} - z}{2} + z = \frac{z + \frac{h}{2}}{2} = \frac{z}{2} + \frac{h}{4}$$

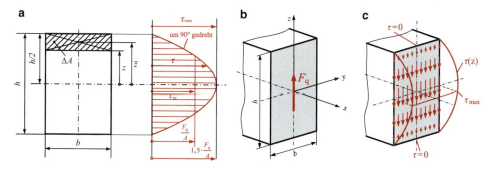

Abb. 2.84 a–c Schubspannungsverteilung im Rechteckquerschnitt

Die Größe des Flächenelementes ΔA ergibt sich zu

$$\Delta A = b \cdot \left(\frac{h}{2} - z\right).$$

Damit erhalten wir für das Flächenmoment 1. Grades:

$$H(z) = \left(\frac{z}{2} + \frac{h}{4}\right) \cdot b \cdot \left(\frac{h}{2} - z\right) = \frac{b}{2} \cdot \left(\frac{h}{2} + z\right) \cdot \left(\frac{h}{2} - z\right) = \frac{b}{2} \cdot \left(\frac{h^2}{4} - z^2\right) \quad (2.65)$$

Das Flächenmoment 2. Grades für den Rechteckquerschnitt ist bekannt (Tab. 2.3):

$$I = \frac{b \cdot h^3}{12} \quad (2.66)$$

Mit der Gl. 2.64 für die allgemeine Schubspannungsverteilung und mit den Gln. 2.65 und 2.66 erhalten wir schließlich:

$$\tau(x, z) = \frac{F_q \cdot 6}{b \cdot h^3} \cdot \left(\frac{h^2}{4} - z^2\right) \quad (2.67)$$

Dies ist die Gleichung einer quadratischen Parabel, d. h. die Schubspannung ist über dem Rechteckquerschnitt parabelförmig verteilt (siehe Abb. 2.84c). Für $z = 0$ **ist die Schubspannung maximal**:

$$\tau_{max} = \frac{3}{2} \cdot \frac{F_q}{b \cdot h} \quad (2.68)$$

Bei der Querkraftbiegung von Balken bzw. Trägern ist also die Schubspannung in der neutralen Faser am größten, während sie am Rand den Wert null hat (siehe Gl. 2.67 für $z = h/2$ bzw. $z = -h/2$). Die Biegespannung wird aber am Rand maximal, ist jedoch in der neutralen Faser null. Daher rechnet man üblicherweise vereinfacht mit der **mittleren Schubspannung**:

$$\tau_m = \frac{F_q}{A} = \frac{F_q}{b \cdot h} \quad (2.69)$$

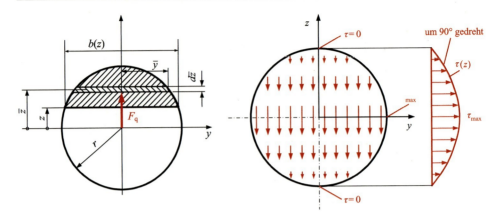

Abb. 2.85 Zur Berechnung der Schubspannungsverteilung beim Kreisquerschnitt

und somit

$$\tau_{\max} = 1{,}5 \cdot \tau_{\mathrm{m}}$$

Die maximale Schubspannung ist beim Rechteckquerschnitt anderthalbmal so groß wie die mittlere Schubspannung. Soweit es sich um lange, durch Querkräfte belastete Balken handelt, reicht die Ermittlung der mittleren Schubspannung nach Gl. 2.69 völlig aus. Meist kann man sogar die gegenüber der Biegespannung geringe Schubspannung insgesamt vernachlässigen. Bei kurzen, durch Querkräfte auf Biegung und Schub belasteten Trägern und bei Konsolen muss die Schubspannung genauer ermittelt und mit der Biegespannung als Vergleichsspannung (siehe Kap. 3) zusammengefasst werden.

b) Kreisquerschnitt

Die Querkraft F_q und der Radius r des Querschnitts seien gegeben, siehe Abb. 2.85. Gesucht sind der Verlauf der Schubspannung $\tau\,(z)$ und die größte Schubspannung $\tau_{\max}$.

$\bar{z}$ gibt die Lage des Schwerpunktes der schraffierten Kreisabschnittsfläche an; $b(z)$ ist deren Breite in Abhängigkeit von z.

Für die Berechnung der Schubspannung brauchen wir wieder das Flächenmoment 1. Grades:

$$H(z) = \int z \cdot dA \quad \text{mit} \quad dA = 2 \cdot \bar{y} \cdot d\bar{z} \quad \text{und} \quad \bar{y} = \sqrt{r^2 - \bar{z}^2} \quad \text{(siehe Abb. 2.85)}.$$

$$H = \int_{z}^{r} \bar{z} \cdot 2 \cdot \bar{y} \cdot d\bar{z} = \int_{z}^{r} 2 \cdot \bar{z} \cdot (r^2 - \bar{z}^2)^{1/2} \cdot d\bar{z}$$

$$H = \left[-\frac{2}{3}(r^2 - \bar{z}^2)^{3/2} \right]_{z}^{r} = \frac{2}{3}(r^2 - z^2)^{3/2} \tag{2.70}$$

Für die Breite $b(z)$ des Kreisabschnitts in Abb. 2.85 ergibt sich:

$$b(z) = 2\sqrt{r^2 - z^2}$$

Das Flächenmoment 2. Grades eines Kreisquerschnitts haben wir in Abschn. 2.2.2 berechnet:

$$I = \frac{\pi}{4} r^4$$

Damit kann man nach Gl. 2.64 die Schubspannungsverteilung ermitteln:

$$\tau(z) = \frac{F_q \cdot H(z)}{I \cdot b} = \frac{F_q \cdot \frac{2}{3}(r^2 - z^2)^{3/2}}{\frac{\pi}{4} r^4 \cdot 2(r^2 - z^2)^{1/2}}$$

$$\tau(z) = \frac{4 \cdot F_q}{3 \cdot \pi\, r^4}(r^2 - z^2) \tag{2.71}$$

Für $z = 0$ erhalten wir die **größte Schubspannung**:

$$\tau_{max} = \frac{4}{3} \cdot \frac{F_q}{\pi\, r^2} \tag{2.72}$$

Im Vergleich zur **mittleren Schubspannung**

$$\tau_m = \frac{F_q}{A} = \frac{F_q}{\pi\, r^2} \tag{2.73}$$

gilt für den Balken mit Kreisquerschnitt:

$$\tau_{max} = \frac{4}{3}\tau_m \tag{2.74}$$

Die größte Schubspannung ist also beim Vollkreisquerschnitt, der im Maschinenbau häufig bei Wellen und Achsen Anwendung findet, ein Drittel größer als die mittlere Schubspannung. Da diese größte Schubspannung wieder in der neutralen Faser auftritt (hier ist die Biegespannung gleich null), reicht meist die Berechnung der mittleren Schubspannung aus.

c) **Dünnwandiges Kreisrohr**

Dünnwandige Kreisrohre werden oft im Fahrzeug- und Maschinenbau als Gelenkwellen zur Gewichtsersparnis verwendet, aber auch in Leichtbaukonstruktionen bei Fachwerken für Hallen. Ohne Herleitung wird hier nur das Ergebnis für die maximale Schubspannung angegeben:

$$\tau_{max} = 2 \cdot \tau_m \tag{2.75}$$

d) Vierkantrohr (Finn Niklas' Dreirad)

Der Verlauf der Schubspannung in einem auf Querkraftbiegung beanspruchten Querschnitt, für den die Funktionen $H(z)$ für das Flächenmoment 1. Grades und $b(z)$ für die Breite unstetige Funktionen sind, kann nur stückweise berechnet werden. Dies wird hier anhand des Vierkantrohres $50 \times 20 \times 2$ ($A = 264\,\text{mm}^2$) aus dem Längsträger des Dreirads gezeigt, Abb. 2.86. Wir ermitteln den Schubspannungsverlauf des Längsträgers für eine Querkraft $F_q = 550\,\text{N}$ (entspricht der Gewichtskraft des Fahrers).

Das Vierkantrohr besitzt ein Flächenmoment 2. Grades um die y-Achse von $I_y = 7{,}8552$ cm^4 (siehe Beispiel 2.15). Die Höhe des um die y-Achse symmetrischen Rohres beträgt 2,5 cm. Die Rechnung ist in Tab. 2.4 schrittweise dargestellt. Wir beginnen am oberen Rand des Vierkantrohres mit Schritt 0 entsprechend Abb. 2.86.

Wie in Abb. 2.86 dargestellt, müssen für jede Höhe z (ausgehend von der Biegeachse) die jeweilige Teilfläche ΔA oberhalb z bis zum oberen Profilrand sowie die Breite b ermittelt werden. Die Lage des Schwerpunktes S der Fläche ΔA wird durch die Koordinate $\bar{z}$ beschrieben. Für die Stelle 1 betrachten wir einmal die Fläche ΔA zusammen mit der Brei-

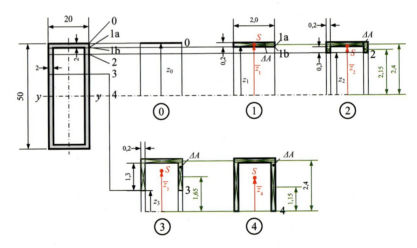

Abb. 2.86 Ermittlung des Schubspannungsverlaufs am Vierkantrohr

Tab. 2.4 Berechnung des Schubspannungsverlaufs für das Vierkantrohr

Stelle	z cm	$\bar{z}$ cm	ΔA cm^2	b cm	$\bar{z} \cdot \Delta A$ cm^3	$\frac{\bar{z} \cdot \Delta A}{I_y \cdot b}$ cm^{-2}	$\tau_q = F_q \frac{\bar{z} \cdot \Delta A}{I_y \cdot b}$ N/cm^2	τ_q N/mm^2
0	2,5	–	0	–	0	0	0	0
1a	2,3	2,4000	0,40	2,0	0,960	0,0611	33,60	0,34
1b	2,3	2,4000	0,40	0,4	0,960	0,3055	168,0	1,68
2	2,0	2,3423	0,52	0,4	1,218	0,3876	213,18	2,13
3	1,0	1,9761	0,92	0,4	1,818	0,5786	318,23	3,18
4	0	1,5288	1,32	0,4	2,018	0,6422	353,24	3,53

Abb. 2.87 Berechnete Schubspannungen am Vierkantrohr

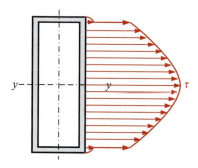

te $b(z) = 2$ cm (1a) und zweitens mit der Breite $b(z) = 0,4$ cm (1b), also direkt unterhalb der Deckfläche des Vierkantrohres. Die Breite $b = 0,4$ cm ergibt sich hier aus der Summe der Wandstärke links und rechts mit je 0,2 cm. An dieser Stelle erhält man durch die Unstetigkeit des Breitenverlaufs auch eine Unstetigkeit der Schubspannungsfunktion $\tau_q(z)$. Die Lage des Schwerpunktes S der Restfläche ΔA oberhalb z muss für jede betrachtete Stelle ermittelt werden (siehe Tab. 2.4). Das Ergebnis der Schubspannungsberechnung am Vierkantrohr zeigt Abb. 2.87.

Für die mittlere Schubspannung über dem Vierkantrohr erhält man nach Gl. 2.69:

$$\tau_{\mathrm{m}} = \frac{F_{\mathrm{q}}}{A} = \frac{550 \,\mathrm{N}}{264 \,\mathrm{mm}^2} = 2{,}08 \,\frac{\mathrm{N}}{\mathrm{mm}^2}$$

Das Verhältnis der in Tab. 2.4 berechneten maximalen Schubspannung und der mittleren Schubspannung beträgt hier:

$$\frac{\tau_{\max}}{\tau_{\mathrm{m}}} \approx 1{,}7$$

Da die Schubspannungen aber bei langen Biegeträgern wie im vorliegenden Beispiel gegenüber den Biegespannungen gering sind, reicht die Berechnung der mittleren Schubspannung in der Regel aus.

Bei Biegeträgern mit Schubbelastung werden oftmals im Bereich der Krafteinleitungsstellen Schubbleche zur Verstärkung eingebaut (Abb. 2.88), um ein Ausknicken des Profilsteges als Folge der auftretenden Schubspannungen zu verhindern.

2.3.5 Schubmittelpunkt

Bei Profilen mit nur einer Symmetrieachse (z. B. U-, L-Profile) ergibt sich bei Querkraftbelastung eine Verdrehung (Torsion), wenn die Belastungsrichtung senkrecht zur Symmetrieachse liegt (Abb. 2.89). Verhindern lässt sich diese Verdrehung nur, wenn die Querkraft im so genannten Schubmittelpunkt M eingeleitet wird, Abb. 2.90a, b sowie 2.91. Greift die Querkraft F im Schwerpunkt S des U-Profils an, resultiert aus den Schubspannungen im Querschnitt ein Torsionsmoment T in der Ebene senkrecht zur Balkenachse,

Schubblech

Abb. 2.88 Konstruktive Ausführung von Biegeträgern mit Schubbelastung: Schubbleche als Verstärkung an Krafteinleitungsstellen

Abb. 2.89 Verdrehung von Profilen

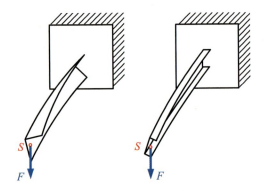

das die Verdrehung des Profils hervorruft. Wird die Querkraft mit Hilfe der angeschweißten Winkelkonsole im Schubmittelpunkt M des U-Profils aufgebracht (Abb. 2.90b), so ergibt sich ein Torsionsmoment aus der Kraft F multipliziert mit dem Abstand $\overline{MS}$, das gleich dem Moment aus den Schubspannungen, aber entgegengesetzt gerichtet ist. Da Lkw-Rahmen meist Längsträger aus U-Profilen besitzen, werden die Tragfedern außen an Konsolen befestigt (Abb. 2.90d). Damit wird die Federkraft im Schubmittelpunkt in den Rahmenlängsträger eingeleitet und somit dessen Torsionsbeanspruchung vermieden.

Bei symmetrischen Profilen mit Querkraft im Schwerpunkt, z. B. beim I-Profil in Abb. 2.90c und 2.91, erhält man einen symmetrischen Schubspannungsfluss und damit keine Verdrehung. Der Schubmittelpunkt ist also der Punkt, in dem die Querkraft wirken muss, damit sie zwar eine Verbiegung des Balkens, aber keine Verdrehung verursacht. Der Schubmittelpunkt liegt immer auf einer Symmetrieachse der Querschnittsfläche und seine Lage ist für Standardprofile in den Profiltabellen (z. B. in DIN 1026-1 für U-Profile) angegeben. Die Lage hängt nur von der Querschnittsgeometrie, nicht aber von der Belastung ab.

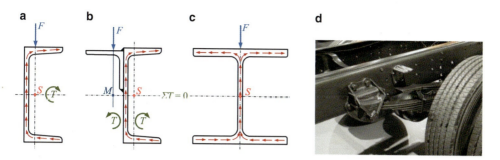

Abb. 2.90 Schubspannungsfluss und Schubmittelpunkt M. **a** Torsionsmoment T durch Krafteinleitung in Schwerpunktachse eines U-Profils, **b** Konsole sorgt für torsionsmomentenfreie Einleitung der Querkraft im Schubmittelpunkt, **c** beim symmetrischen Profil fallen M und S zusammen und **d** Querkrafteinleitung aus Blattfeder in Lkw-Rahmen aus U-Profilen mittels Konsole

Abb. 2.91 Schubspannungsfluss und Schubmittelpunkt bei symmetrischen Profilen

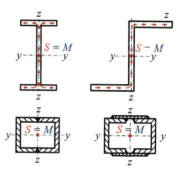

2.4 Torsionsbeanspruchung

In diesem Abschnitt betrachten wir die Drehmomentbelastung von Bauteilen. Der Einfachheit halber beginnen wir mit Bauteilen mit kreisförmigem Querschnitt und Rohrquerschnitt, die im Maschinenbau bei Antriebswellen überwiegend verwendet werden.

2.4.1 Torsion kreisförmiger Querschnitte

Ein Kreiszylinder bzw. eine Welle (Abb. 2.92a) wird durch ein in einer Ebene senkrecht zur Wellenachse wirkendes Kräftepaar auf Verdrehung (Torsion) beansprucht. Dieses Kräftepaar mit dem Hebelarm a ruft im freigemachten Teilabschnitt der Welle ein Torsionsmoment $T = F \cdot a$ hervor (Abb. 2.92b). Aus Deformationsversuchen ist bekannt, dass bei der Verdrehung eines Kreisquerschnittes die Durchmesser erhalten und die Querschnittsflächen eben bleiben.

Wie in Abb. 2.93 dargestellt, wandern bei Verdrehung des Querschnittes der Punkt B nach B' und der Punkt C nach C'. Bei Torsion wird demnach der Kreisquerschnitt um seine

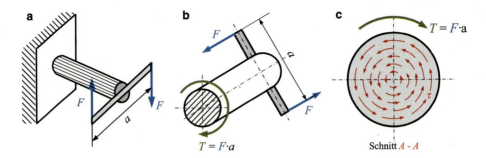

Abb. 2.92 **a** Durch Verdrehung beanspruchter Kreiszylinder; **b**, **c** freigeschnittener verdrehter Zylinder

Abb. 2.93 Verformung und Schubspannungsverteilung bei Torsion

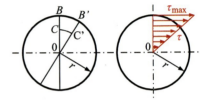

Mittelachse verdreht. Von der Mittelachse bis zum Rand nimmt die Deformation linear zu. Nach dem Hooke'schen Gesetz nimmt damit auch die Schubspannung linear zu.

Schubspannung

Für die Auslegung einer Welle und für den Festigkeitsnachweis ist es wichtig, die maximale Schubspannung τ_{max} bei gegebenem Torsionsmoment berechnen zu können. Dazu betrachten wir Abb. 2.94. Im Kreisring gilt: $dT = r \cdot dF = r \cdot \tau \cdot dA$. Das Torsionsmoment können wir daraus durch Integration berechnen:

$$T = \int r \cdot \tau \cdot dA \qquad (2.76)$$

Abb. 2.94 Zur Herleitung der Grundgleichung der Torsion

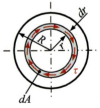

Abb. 2.95 Axiales und polares Flächenmomente 2. Grades

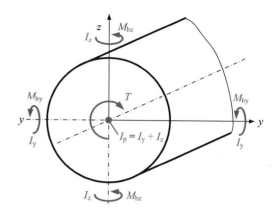

Für die Spannung τ ergibt sich aufgrund der linearen Spannungsverteilung (siehe Abb. 2.93) folgender Zusammenhang mit der Randspannung τ_{max}:

$$\tau = \frac{r}{R}\tau_{max} \tag{2.77}$$

Zusammengefasst erhält man aus den Gln. 2.76 und 2.77 unter Beachtung der Integrationsgrenzen das bestimmte Integral für das Torsionsmoment T

$$T = \frac{\tau_{max}}{R}\int_0^R r^2 \cdot dA. \tag{2.78}$$

Das Integral stellt dabei eine charakteristische Querschnittsgröße bei Torsion dar und wird **polares Flächenträgheitsmoment** oder **polares Flächenmoment 2. Grades** genannt:

$$I_p = \int_0^R r^2 \cdot dA \tag{2.79}$$

In Abb. 2.95 ist die Zuordnung der axialen Flächenmomente 2. Grades und des polaren Flächenmoments 2. Grades zu den angreifenden Biegemomenten bzw. zum Torsionsmoment dargestellt.

Dividiert man das polare Flächenmoment 2. Grades durch den Außenradius, erhält man das **Torsionswiderstandsmoment** W_t, bei Kreisquerschnitten auch **polares Widerstandsmoment** W_p genannt:

$$W_t = W_p = \frac{I_p}{R} \tag{2.80}$$

Damit lässt sich für die **Grundgleichung/Hauptgleichung der Torsion** schreiben:

$$\tau_t = \frac{T}{W_t} = \frac{T}{W_p} \quad \text{mit} \quad \tau_t = \tau_{max} \quad \text{als Spannung in der Außenfaser.} \tag{2.81}$$

Für die Torsionsgrundgleichung gelten folgende Voraussetzungen:

- Die Deformation ist elastisch, d. h. es gilt das Hooke'sche Gesetz.
- Die Querschnitte bleiben eben; sie verwölben sich nicht.
- Der untersuchte Querschnitt liegt nicht in der Nähe der Drehmomenteinleitung bzw. in der Nähe einer Kerbe.
- Die Belastung ist statisch; es treten keine Trägheitskräfte auf.
- Das unbelastete Bauteil ist spannungsfrei – ansonsten würden sich die Spannungen überlagern.

Das polare Flächenmoment 2. Grades kann entsprechend Abb. 2.94 für einen Kreisring mit dem Innenradius r_i und dem Außenradius r_a nach Gl. 2.79 berechnet werden. Für die Teil-Kreisringfläche nach Abb. 2.94 gilt dabei $dA = 2\pi\, r \cdot dr$.

$$I_p = \int_{r_i}^{r_a} r^2 \cdot dA = 2\pi \int_{r_i}^{r_a} r^3 \cdot dr \rightarrow I_p = \frac{\pi}{2}\left(r_a^4 - r_i^4\right) \tag{2.82}$$

Mit dem Innendurchmesser d_i und dem Außendurchmesser d_a lautet diese Gleichung:

$$I_p = \frac{\pi}{32}\left(d_a^4 - d_i^4\right) \tag{2.83}$$

Um das polare Flächenmoment 2. Grades für einen Vollkreisquerschnitt zu ermitteln, setzt man $d_i = 0$ und $d_a = d$:

$$I_p = \frac{\pi}{32}\, d^4 \tag{2.84}$$

Für die **Torsionswiderstandsmomente** (auch „polare Widerstandsmomente" genannt) erhält man aus den polaren Trägheitsmomenten für den Kreisringquerschnitt

$$W_p = \frac{\pi}{16} \cdot \frac{d_a^4 - d_i^4}{d_a} = \frac{\pi}{16} \cdot \frac{D^4 - d^4}{D} \tag{2.85}$$

und für den Vollkreisquerschnitt

$$W_p = \frac{\pi}{16} \cdot d^3. \tag{2.86}$$

Man erkennt, dass der Kreisringquerschnitt (Rohrquerschnitt) ideal für die Übertragung von Torsionsmomenten geeignet ist, denn der innere Teil des Vollkreisquerschnitts trägt wenig zur Torsionsmomentübertragung bei, aber hat einen Anteil an der Masse. Für Gelenkwellen (Kardanwellen) in Fahrzeugen wie Pkw, Lkw und Schienenfahrzeugen werden deshalb in der Regel Rohrquerschnitte verwendet.

Aus Gl. 2.81 mit Gl. 2.86 kann durch Einsetzen von $\tau_{t\,zul}$ und Umstellen nach d eine Gleichung zur **Vordimensionierung von Vollwellen** gewonnen werden:

$$d_{erf} = \sqrt[3]{\frac{16 \cdot T}{\pi \cdot \tau_{t\,zul}}} \qquad (2.87)$$

Beispiel 2.19 Das Mittelstück einer Gelenkwelle (ohne Gelenke) sei 600 mm lang. Es soll ein Drehmoment $T = 1500$ Nm übertragen. Die Welle soll probeweise sowohl als Vollwelle als auch als Rohr ausgelegt werden. Als Werkstoff ist S355JR vorgesehen mit einer zulässigen Torsionsspannung von $\tau_{t\,zul} = 150$ N/mm². Die Kosten je kg Stahl S355JR betragen für Rohrhalbzeug 2,30 € und für Rundmaterial 1,70 €.

Lösung Wir dimensionieren die Welle mit Gl. 2.87 vor:

$$d_{erf} = \sqrt[3]{\frac{16 \cdot T}{\pi \cdot \tau_{t\,zul}}} = \sqrt[3]{\frac{16 \cdot 1.500.000\,\text{Nmm}}{\pi \cdot 150\,\text{N/mm}^2}} \approx \underline{\underline{37,06\,\text{mm}}}$$

Wir wählen $d = 38$ mm. Für die Vordimensionierung des Rohres muss man einen Innendurchmesser oder eine Wandstärke vorwählen und dann den Außendurchmesser über Gl. 2.85 bestimmen. Zu beachten ist, dass Rohre nicht in beliebigen Abmessungen geliefert werden (siehe DIN EN 10220). Hier kommt ein Rohr mit $d_a = 48,3$ mm und 4 mm Wandstärke infrage. Wir können dann die polaren Widerstandsmomente für das Rohr nach Gln. 2.85 und für die Vollwelle nach Gl. 2.86 berechnen (siehe Tabelle). Die Torsionsspannungen nach Gl. 2.81 sind für beide Ausführungen fast gleich und liegen unter der zulässigen Spannung. Obwohl die Kosten für Rohre je kg höher sind als für Rundmaterial, sind die Halbzeugkosten für die Hohlwelle mit 6,03 € deutlich günstiger als für die Vollwelle mit 9,08 €. Dies liegt an der erheblich geringeren Masse der Hohlwelle bei gleicher Festigkeit. Für Kardanwellen bietet die Hohlwelle außerdem den Vorteil, dass die Gelenke (meist Schmiedestücke) einfach in die Hohlwelle eingeschoben und mit ihr verschweißt oder eingeschrumpft werden können.

	Abmessungen	W_p mm³	A mm²	Torsions- spannung τ_t N/mm²	Masse kg	Halbzeug- kosten €
Vollquerschnitt	$d = 38$ mm	10.775	1134	139	5,34	9,08
Rohr	⌀ 48,3 × 4	11.402	557	132	2,62	6,03

Verdrehwinkel

Das Torsionsmoment T verdreht entsprechend Abb. 2.96 den Endquerschnitt der Welle um den Winkel φ. Zwischen den Winkeln φ und γ besteht nach Abb. 2.96 folgender geometrischer Zusammenhang über den Kreisbogen:

$$s = \varphi \cdot r = \gamma \cdot l \Rightarrow \gamma = \frac{\varphi \cdot r}{l} \qquad (2.88)$$

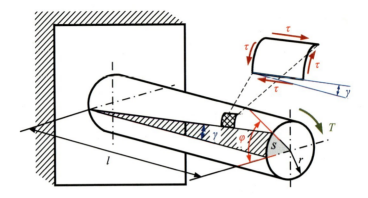

Abb. 2.96 Verformung eines Zylinders unter Torsionsbeanspruchung

Das Hooke'sche Gesetz lässt sich für Schiebung schreiben als

$$\tau = G \cdot \gamma \Rightarrow \gamma = \frac{\tau}{G}. \tag{2.89}$$

Mit $\tau = \tau_t = T / W_p$ ergibt sich für den Winkel γ

$$\gamma = \frac{T}{W_p \cdot G}. \tag{2.90}$$

Setzt man Gl. 2.88 in Gl. 2.90 ein, erhält man schließlich:

$$\frac{\varphi \cdot r}{l} = \frac{T}{W_p \cdot G} \rightarrow \varphi = \frac{T \cdot l}{W_p \cdot r \cdot G} \tag{2.91}$$

Da $W_p \cdot r = I_p$ ist, lässt sich der **Verdrehwinkel** φ (im Bogenmaß) am Endquerschnitt berechnen:

$$\varphi = \frac{T \cdot l}{G \cdot I_p} \quad \text{bzw.} \quad \varphi = \frac{\tau \cdot l}{r \cdot G} \tag{2.92}$$

Das Produkt $G \cdot I_p$ stellt die **Verdreh- bzw. Torsionssteifigkeit einer Welle** dar. Der Verdrehwinkel φ wächst also mit dem Torsionsmoment T, mit der wirksamen Länge l und dem Kehrwert der Verdrehsteifigkeit. Die Federsteifigkeit bzw. Federrate eines auf Verdrehung beanspruchten Querschnittes, z. B. einer Drehstabfeder, erhält man nach folgender Gleichung:

$$C = \frac{T}{\varphi} = \frac{G \cdot I_p}{l}; \quad [C] = \frac{\text{Nmm}}{\text{rad}} \tag{2.93}$$

Beispiel 2.20 Eine Drehfeder besteht aus einem Vollstab (1) und einem Rohr (2), siehe Abb. 2.97. Die Verbindung links kann als starr angenommen werden. Der Verdrehwinkel der Gesamtanordnung ist zu berechnen.

Abb. 2.97 Drehfeder zu Beispiel 2.20

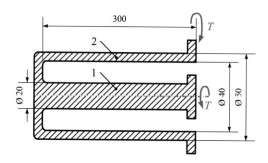

Gegeben: $T = 10^5$ Nmm, $G = 81.000$ N/mm^2.

Lösung Die Drehwinkel von Vollstab und Rohr addieren sich, da es sich um eine Hinter-
einanderschaltung von Federn handelt:

$$\varphi_{ges} = \varphi_{Voll} + \varphi_{Rohr}$$

Damit erhalten wir unter Verwendung der Gl. 2.92:

$$\varphi_{ges} = \frac{T \cdot l}{G} \cdot \left(\frac{1}{I_{pVoll}} + \frac{1}{I_{pRohr}}\right)$$

$$I_{pVoll} = \frac{\pi}{32} \cdot d^4 = \frac{\pi}{32} 20^4 \, \text{mm}^4 = \underline{15.708 \, \text{mm}^4}$$

$$I_{pRohr} = \frac{\pi}{32} \cdot \left(d_a^4 - d_i^4\right) = \frac{\pi}{32}\left(50^4 - 40^4\right) \text{mm}^4 = \underline{362.265 \, \text{mm}^4}$$

$$\varphi_{ges} = \frac{10^5 \, \text{Nmm} \cdot 300 \, \text{mm}}{81.000 \, \text{N/mm}^2} \cdot \left(\frac{1}{15.708} + \frac{1}{362.265}\right)\frac{1}{\text{mm}^4}$$

$$\underline{\underline{\varphi_{ges} = 0{,}0246 \, \text{rad} \approx 1{,}41°}}$$

Formänderungsarbeit

Wie in Abschn. 1.5 für Zug/Druck und in Abschn. 2.3.1 für Schub wird auch für Torsion
die Formänderungsarbeit berechnet. Gerade bei Federn spielt die Kenntnis der Formänderungsarbeit eine große Rolle, wenn Federn z. B. als Antriebs- oder Rückholfedern
eingesetzt bzw. zur Stoßaufnahme in Puffern oder als elastische Anschläge verwendet
werden.

$$W = \int T \cdot d\varphi \tag{2.94}$$

Das Torsionsmoment T ist eine Funktion des Drehwinkels φ. Mit $T = C \cdot \varphi$, wobei C
die Drehfederkonstante ist, lautet das Integral:

$$W = \int C \cdot \varphi \cdot d\varphi \tag{2.95}$$

Für die Formänderungsarbeit ergibt sich demnach:

$$W = \frac{1}{2} \cdot C \cdot \varphi^2 = \frac{1}{2} \cdot T \cdot \varphi \qquad (2.96)$$

Setzt man in Gl. 2.96 die Gl. 2.92 bzw. 2.93 ein, so erhält man für die **Formänderungsarbeit** drei weitere Beziehungen:

$$W = \frac{l}{2 \cdot G \cdot I_p} \cdot T^2 \quad \text{und} \quad W = \frac{G \cdot I_p}{2 \cdot l} \cdot \varphi^2 \quad \text{sowie} \quad W = \frac{I_p \cdot l}{2 \cdot G \cdot r^2} \cdot \tau_t^2 \quad (2.97)$$

Die letztgenannte Gleichung für die Formänderungsarbeit bei Torsion soll nun mit den entsprechenden Beziehungen für Zug/Druck und Schub verglichen werden:

$$\text{Zug/Druck:} \quad W = \frac{V_0}{2 \cdot E} \cdot \sigma^2 \quad \text{mit} \quad V_0 = l \cdot A$$

$$\text{Schub:} \quad W = \frac{V}{2 \cdot G} \cdot \tau^2 \quad \text{mit} \quad V = L \cdot A.$$

Bei beiden Spannungsarten sind die Spannungen gleichmäßig im betrachteten Querschnitt verteilt. Für Torsion sieht die Gleichung ähnlich aus; allerdings steht hier die Größe I_p / r^2 anstelle der Fläche A bei Zug/Druck und Schub, da bei Torsion die Spannungen linear über dem Querschnitt verteilt sind (siehe Abb. 2.93).

Beispiel 2.21 Für eine Drehstabfeder mit der federnden Länge $l = 500\,\text{mm}$ ist der erforderliche Stabdurchmesser d_{erf} zu ermitteln für eine Arbeitsaufnahme der Feder von $W = 20\,\text{Nm}$ bei einem Verdrehwinkel von $\varphi = 30°$. Wie groß ist hierbei die Torsionsspannung?

Gegeben: $G = 80.000\,\text{N/mm}^2$

Lösung Wir verwenden den mittleren Ausdruck der Gl. 2.97 und setzen ein:

$$I_p = \frac{\pi}{32} \cdot d^4 \quad \text{und} \quad \varphi = 30° = \frac{\pi}{6} \Rightarrow W = \frac{G \cdot \pi \cdot d_{\text{erf}}^4}{64 \cdot l} \cdot \frac{\pi^2}{36}$$

Umgestellt nach d_{erf} und Zahlenwerte eingesetzt, erhält man:

$$d_{\text{erf}}^4 = \frac{36 \cdot 64 \cdot W \cdot l}{\pi^3 \cdot G} = \frac{36 \cdot 64 \cdot 20.000\,\text{Nmm} \cdot 500\,\text{mm}}{\pi^3 \cdot 80.000\,\text{N/mm}^2}$$

$$d_{\text{erf}} = \underline{\underline{9{,}29\,\text{mm}}}$$

Man wählt nun einen ganzzahligen Wert, z. B. $\underline{d = 10\,\text{mm}}$.

Die Torsionsspannung berechnet man nach Gl. 2.78. Mit $T = 2 \cdot W / \varphi$ und $W_{\mathrm{p}} = (\pi / 16) \cdot d^3$ ergibt sich für die Torsionsspannung:

$$\tau_{\mathrm{t}} = \frac{2 \cdot W \cdot 16}{(\pi/6) \cdot \pi \cdot d^3} = \frac{192 \cdot 20.000\,\text{Nmm}}{\pi^2 \cdot 10^3\,\text{mm}^3}$$

$$\tau_{\mathrm{t}} = 389,07\,\text{N/mm}^2 \approx 390\,\text{N/mm}^2$$

Diese Spannung liegt unterhalb der zulässigen Spannung von $\tau_{\mathrm{t\,zul}} \approx 1000\,\text{N/mm}^2$ (z. B. für Drehstabfedern aus Federstahl 51CrV4).

2.4.2 Torsion dünnwandiger Querschnitte

Wir betrachten jetzt einen geschlossenen dünnwandigen Rohrquerschnitt beliebiger Form und nicht konstanter Wandstärke, Abb. 2.98. Die Schubspannung τ ist bei Betrachtung einer bestimmten Stelle am Umfang des Profils (z. B. A–A in Abb. 2.98) über der Wandstärke s konstant, ist allerdings unterschiedlich groß an Stellen mit unterschiedlichen Wandstärken.

Man kann sich die Größe der Schubspannungen in der Wand des Querschnitts vorstellen wie die Strömungsgeschwindigkeit einer Flüssigkeit in einem Kanal/Rohr (Abb. 2.99), der die Form der Wand besitzt: An jeder Stelle strömt pro Zeiteinheit das gleiche Flüssigkeitsvolumen, aber an schmalen Stellen des Kanals ist die Strömungsgeschwindigkeit größer als an breiten Stellen. Dies entspricht dem Kontinuitätsgesetz der Strömungsmechanik (Abb. 2.99). Daher spricht man vom **Schubfluss**, der an allen Querschnitten der Wand konstant ist.

Schubfluss $= \tau \cdot s = \tau_1 \cdot s_1 = \tau_2 \cdot s_2 = \text{const}$

Abb. 2.98 Torsion dünnwandiger geschlossener Querschnitte

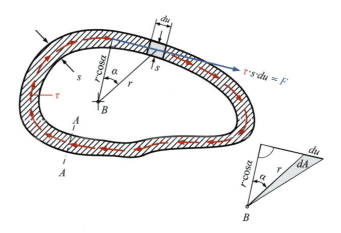

Für das in Abb. 2.98 hervorgehobene Wandelement mit der Schubspannung τ, der Wandstärke s und der Länge du erhalten wir eine Teil-Schubkraft dF:

$$dF = \tau \cdot s \cdot du$$

Diese Teil-Schubkraft erzeugt ein Moment dT um einen (beliebigen) Bezugspunkt B:

$$dT = dF \cdot r \cdot \cos\alpha = \tau \cdot s \cdot du \cdot r \cdot \cos\alpha$$

Das gesamte Schnittmoment T erhält man, wenn man über den gesamten Weg, d. h. über die gesamte Profilmittellinie integriert:

$$T = \oint \tau \cdot s \cdot r \cdot \cos\alpha \cdot du = (\tau \cdot s) \cdot \oint r \cdot \cos\alpha \cdot du$$

Da der Schubfluss $\tau \cdot s$ ja konstant ist, kann er vor das Integral gezogen werden. Das Produkt $r \cdot \cos\alpha \cdot du$ ist eine Rechteckfläche, wobei die hervorgehobene Dreieckfläche $dA = (1/2) \cdot r \cdot \cos\alpha \cdot du$ in Abb. 2.98 (rechts) gleich der halben Rechteckfläche ist:

$$r \cdot \cos\alpha \cdot du = 2 \cdot dA \rightarrow T = 2 \cdot \tau \cdot s \cdot \oint dA$$

Das Integral entspricht dem Summieren aller kleinen Dreiecksflächen mit dem Ergebnis A_m, der von der Profilmittellinie eingeschlossenen Fläche (Abb. 2.100). Das gesamte Torsionsmoment errechnet sich daher zu:

$$T = 2 \cdot \tau \cdot s \cdot A_m \tag{2.98}$$

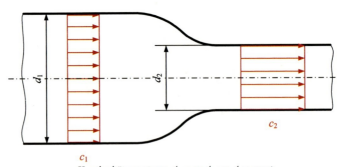

Kontinuitätsgesetz: $c_1 \cdot A_1 = c_2 \cdot A_2 = c \cdot A = \text{const}$

Abb. 2.99 Analogie Schubfluss ($\tau \cdot s$) – Kanal-/Rohrströmung ($c \cdot A$)

Abb. 2.100 $A_m =$ von der Profilmittellinie eingeschlossene Fläche

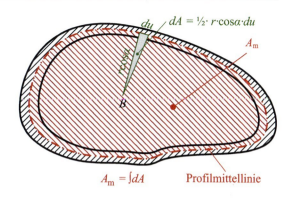

$$\tau = \frac{T}{2 \cdot A_m \cdot s} \tag{2.99}$$

Durch Umstellen dieser Gleichung erhält man für die Schubspannung τ bei einer Wandstärke s die **1. Bredt'sche Formel**[3]:

Die größte Schubspannung τ_{max} tritt an der Stelle mit der kleinsten Wandstärke s_{min} auf:

$$\tau_{max} = \frac{T}{2 \cdot A_m \cdot s_{min}} = \frac{T}{W_t} \le \tau_{zul} \tag{2.100}$$

Das **Torsionswiderstandsmoment für beliebige dünnwandige geschlossene Querschnitte** lässt sich aus dieser Gleichung angeben:

$$W_t = 2 \cdot A_m \cdot s_{min} \tag{2.101}$$

Die 1. Bredt'sche Formel ist allgemeingültig für geschlossene dünnwandige Profile, z. B. für Kreis-, Rechteck-, Dreieck- und Ovalrohre. Außerdem wird sie zum Festigkeitsnachweis geschlossener, auf Torsion beanspruchter Schweißnähte verwendet. Schweißnähte können dabei als dünnwandige Profile angesehen werden.

Beispiel 2.22 Man ermittle das Torsionswiderstandsmoment für die skizzierte kreisringförmige Schweißnaht (Abb. 2.101) mit dem Durchmesser der Wurzellinie (= mittlerer Durchmesser entsprechend der Bauteilkontur) $d = 50$ mm und der Schweißnahtdicke $a = 3$ mm.

Lösung Das Torsionswiderstandsmoment kann einmal entsprechend dem polaren Widerstandsmoment nach Gl. 2.79 ermittelt werden, wenn für den Außendurchmesser $d + a$ und

---

[3] Rudolph Bredt (1842–1900), deutscher Ingenieur.

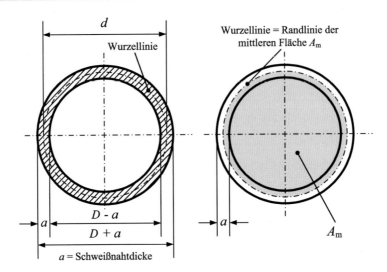

Abb. 2.101 Torsion einer ringförmigen Schweißnaht

für den Innendurchmesser $d - a$ eingesetzt wird:

$$W_p = \frac{\pi}{16} \cdot \frac{(d+a)^4 - (d-a)^4}{d+a} = \frac{\pi}{16} \cdot \frac{(53\,\text{mm})^4 - (47\,\text{mm})^4}{53\,\text{mm}}$$

$$W_p = \underline{\underline{11.154\,\text{mm}^3}}$$

Die zweite Möglichkeit ist die Berechnung nach der 1. Bredt'schen Formel Gl. 2.101 mit der Wanddicke $s = a$. Die mittlere Fläche wird durch die Wurzellinie begrenzt und besitzt den Durchmesser d:

$$W_t = 2 \cdot A_m \cdot a = 2 \cdot \frac{\pi}{4} d^2 \cdot a = 2 \cdot \frac{\pi}{4} 50^2\,\text{mm}^2 \cdot 3\,\text{mm}$$

$$W_t = \underline{\underline{11.781\,\text{mm}^3}}$$

Hier ergibt sich nach Bredt ein etwas höherer Wert. Die Abweichungen sind umso geringer, je kleiner die Wandstärke s (hier: Schweißnahtdicke a) ist.

2.4.3 Torsion nicht kreisförmiger Querschnitte

Wir betrachten jetzt die Torsion eines Stabes mit Kreisquerschnitt und eines Stabes mit Rechteckquerschnitt, Abb. 2.102. Zur Kennzeichnung der Deformationen bei Torsion sind die Außenflächen der Stäbe mit einem quadratischen Raster versehen.

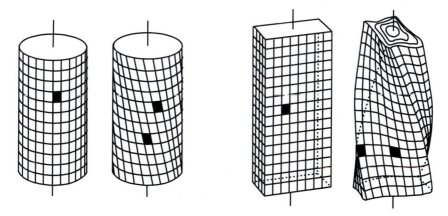

Abb. 2.102 Torsion eines Stabes mit Kreis- bzw. Rechteckquerschnitt

Beim Kreisquerschnitt verformen sich alle Quadrate auf der Mantelfläche gleich; die Stabendflächen bleiben eben. Dagegen werden die Quadrate auf dem Rechteckquerschnitt unterschiedlich deformiert. Die Endflächen des Rechteckstabes bleiben nicht eben; sie wölben sich auf. Die mathematische Behandlung der Torsion für beliebige Querschnitte ist sehr anspruchsvoll, so dass hierfür Versuche von Bedeutung sind.

Sehr hilfreich für das allgemeine Verständnis ist das hydrodynamische Gleichnis: Es besteht eine Analogie zwischen den Spannungslinien eines auf Torsion beanspruchten Querschnitts und den Stromlinien einer in einem Behälter rotierenden Flüssigkeit. Die Querschnittsform des tordierten Stabes und die Behälterform sind dabei gleich. Die Strömungsgeschwindigkeiten der Flüssigkeit entsprechen den Spannungen im Querschnitt, siehe Abb. 2.103.

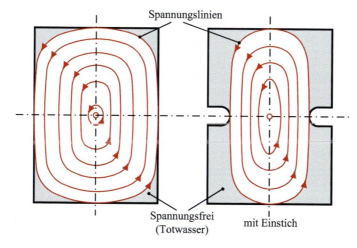

Abb. 2.103 Hydrodynamisches Gleichnis für die Torsion nicht kreisförmiger Querschnitte

In den Ecken eines rechteckigen Beckens ist die Strömungsgeschwindigkeit null (Totwasser). Demzufolge hat der rechteckige Querschnitt an diesen Stellen keine Torsionsspannung. Die größte Strömungsgeschwindigkeit herrscht in der Mitte der langen Rechteckseite. Bei Torsion liegt hier die maximale Torsionsspannung τ_{tmax} vor. Durch die Einführung entsprechender Querschnittsgrößen können die Berechnungsgleichungen für Torsionsstäbe mit beliebigen Querschnittsformen auf eine ähnliche Form gebracht werden wie die Gleichungen für kreiszylindrische Stäbe.

Der allgemeine Ansatz für die Zusammenhänge zwischen der Belastung T (Torsionsmoment), dem Stoffwert G (Schubmodul) und der Torsionsspannung τ_t sowie der Deformation φ (Verdrehwinkel) lautet dann wie folgt:

$$\tau_t = \frac{T}{W_t} \quad \text{und} \quad \varphi = \frac{T \cdot l}{G \cdot I_t} \tag{2.102}$$

W_t ist dabei das **Drillwiderstandsmoment** und I_t ist das **Drillflächenmoment 2. Grades**. Letzteres ist im Allgemeinen nicht gleich dem polaren Flächenmoment 2. Grades I_p. I_t und W_t werden üblicherweise aus Versuchen oder über mathematische Näherungsverfahren ermittelt. Für einige Querschnittsformen sind diese Größen in Tab. 2.5 zusammengestellt.

Beispiel 2.23 In welchem Verhältnis stehen die von den beiden skizzierten Kastenträgern in Abb. 2.104 aufnehmbaren Torsionsmomente T_a und T_b? Beide Träger haben dieselben Abmessungen; der Träger (Abb. 2.104a) ist geschlossen, Träger (Abb. 2.104b) besitzt einen schmalen Längsschlitz.

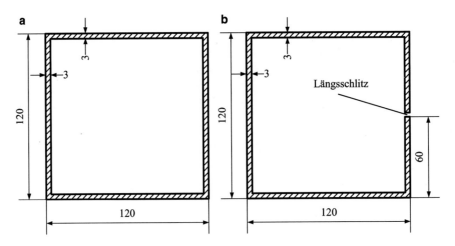

Abb. 2.104 Torsion zweier Kastenträger; **a** geschlossen, **b** geschlitzt

Tab. 2.5 Widerstands- und Flächenmomente bei Verdrehung beliebiger Querschnitte

		W_t	I_t	Bemerkungen
1		$\frac{\pi}{16}d^3 \approx 0{,}2d^3$	$\frac{\pi}{32}d^4 \approx 0{,}1d^4$	Größte Spannung am Umfang $W_t = 2W_b$ $I_t = I_p$
2		$\frac{\pi}{16}\frac{d_a^4 - d_i^4}{d_a}$	$\frac{\pi}{32}\left(d_a^4 - d_i^4\right)$	Wie unter 1
3		Für kleine Wanddicken $(A_a + A_i)\cdot s_{min}$ $\approx 2\cdot A_m \cdot s_{min}$ (Bredt'sche Formeln)	$2\left(A_a + A_i\right)\cdot s\cdot\frac{A_m}{u_m}$ $\approx 4\cdot A_m^2\frac{s}{u_m}$	$A_a =$ Inhalt der von der äußeren Umrisslinie begrenzten Fläche $A_i -$ Inhalt der von der inneren Umrisslinie begrenzten Fläche $A_m =$ Inhalt der von der Mittellinie umgrenzten Fläche $u_m =$ Länge der Mittellinie (mittlere Umrisslinie)
4		$0{,}208a^3$	$0{,}141a^4 = \frac{a^4}{7{,}11}$	Größte Spannungen in den Mitten der Seiten. In den Ecken ist $\tau = 0$
5		$a > b \quad \frac{a}{b} = n \geq 1$ $\frac{c_1}{c_2}\cdot a \cdot b^2 = \frac{c_1}{c_2}\cdot n\cdot b^3$ $c_1 =$ $\frac{1}{3}\left(1 - \frac{0{,}630}{n} + \frac{0{,}052}{n^5}\right)$ $c_2 = 1 - \frac{0{,}625}{1+n^3}$	$c_1\cdot a\cdot b^3 = c_1\cdot n\cdot b^4$	Größte Spannungen in der Mitte der größten Seiten. In den Ecken ist $\tau = 0$
6	Gleichseitiges Dreieck	$\frac{a^3}{20} \approx \frac{h^3}{13}$	$\frac{a^4}{46{,}19} \approx \frac{h^4}{26}$	Größte Spannungen in der Mitte der Seiten. In den Ecken ist $\tau = 0$

Tab. 2.5 (Fortsetzung)

		W_t	I_t	Bemerkungen
7	Regelmäßiges Sechseck	$1,511\rho^3$	$1,847\rho^4$	Größte Spannungen in der Mitte der Seiten
8	Regelmäßiges Achteck	$1,481\rho^3$	$1,726\rho^4$	Größte Spannungen in der Mitte der Seiten
9	Dünnwandige Profile	$\frac{\eta}{3b_{max}}\sum b_i^3 h_i$	$\frac{\eta}{3}\sum b_i^3 h_i$	Größte Spannungen in der Mitte der Längsseiten des Rechteckes mit der größten Dicke b_{max}

η	0,99	1,0	1,12	1,17	1,29	1,31

Lösung Für beide Träger gilt dieselbe zulässige Spannung:

$$\tau_{t\,zul} = \frac{T_a}{W_{ta}} = \frac{T_b}{W_{tb}} \quad \rightarrow \quad \frac{T_a}{T_b} = \frac{W_{ta}}{W_{tb}}$$

Für das geschlossene Profil verwenden wir die Bredt'sche Formel

$$W_{ta} = 2 \cdot A_m \cdot s$$

und setzen die entsprechenden Größen aus der Skizze in der Einheit cm ein:

$$W_{ta} = 2 \cdot (12 - 0,3)^2 \cdot 0,3\,\text{cm}^3 \Rightarrow W_{ta} = \underline{\underline{82,1\,\text{cm}^3}}$$

Abb. 2.105 Axiale und polare
Flächenmomente 2. Grades

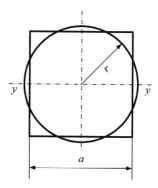

Das Drillwiderstandsmoment für den geschlitzten Kastenträger ermitteln wir mit Hilfe
der Zeile 9 aus Tab. 2.5:

$$W_{tb} = \frac{\eta}{3b_{max}} \cdot \sum b_i^3 \cdot h_i$$

Der Beiwert η berücksichtigt die Querschnittsform. Wir schätzen hier $\eta \approx 1$. Die Summe wird aus den Produkten *Breite* hoch *drei* mal *Höhe* der einzelnen Profilabschnitte gebildet. Für h setzen wir hier die jeweilige Länge des Abschnitts und für b die Dicke ein, wieder in der Einheit cm.

$$W_{tb} = \frac{1}{3 \cdot 0,3} \cdot (3 \cdot 0,3^3 \cdot 12 + 2 \cdot 0,3^3 \cdot 6)\,cm^3 = \underline{\underline{1,44\,cm^3}}$$

Daraus ergibt sich für das Verhältnis der Torsionsmomente:

$$\frac{T_a}{T_b} = \frac{82,1}{1,44} \approx 57$$

Der geschlossene Kastenträger kann demnach das 57-fache Torsionsmoment des geschlitzten Trägers aufnehmen. Grundsätzlich sind geschlossene Profile wesentlich torsionssteifer als offene.

Beispiel 2.24 Zu ermitteln sind das Verhältnis der axialen und polaren Flächenmomente 2. Grades eines Kreises und eines Quadrates bei gleicher Querschnittsfläche (siehe Abb. 2.105)!

Beide Flächen sollen gleich groß sein; es gilt also:

$$A_{Kreis} = \pi \cdot r^2 = A_{Quadrat} = a^2 \Rightarrow a = r \cdot \sqrt{\pi}$$

$$I_{y\,Kreis} = \frac{\pi}{64}d^4 = \frac{\pi}{4}r^4 \approx \underline{\underline{0,79 \cdot r^4}}$$

$$I_{y\,Quadrat} = \frac{b \cdot h^3}{12} = \frac{a^4}{12} = \frac{\pi^2}{12}r^4 \approx \underline{\underline{0,82 \cdot r^4}}$$

$$\frac{I_{y\,Kreis}}{I_{y\,Quadrat}} \approx \frac{0,79 \cdot r^4}{0,82 \cdot r^4} \approx \underline{\underline{0,96}}$$

Lösung Das Drillflächenmoment für ein quadratisches Profil finden wir in Tab. 2.5, Zeile 4.

$$I_{t\,Kreis} = \frac{\pi}{32}d^4 = 2 \cdot I_{y\,Kreis} \approx \underline{1{,}57 \cdot r^4}$$

$$I_{t\,Quadrat} \approx 0{,}141 \cdot a^4 \approx 0{,}141 \cdot \pi^2 \cdot r^4 \approx \underline{1{,}39 \cdot r^4}$$

$$\frac{I_{t\,Kreis}}{I_{t\,Quadrat}} \approx \frac{1{,}57 \cdot r^4}{1{,}39 \cdot r^4} \approx \underline{\underline{1{,}13}}$$

Während das axiale Flächenmoment der Kreisfläche nur geringfügig kleiner ist als das der Quadratfläche, hat der Kreisquerschnitt ein um 13 % größeres Drillflächenmoment als der Quadratquerschnitt. Für Wellen als weit verbreitetes Maschinenelement im Maschinenbau ist daher der Kreisquerschnitt gut geeignet, weil meistens sowohl Biegemomente als auch Torsionsmomente aufgenommen werden müssen.

Beispiel 2.25 (Finn Niklas' Dreirad) Die Antriebswelle des Dreirades aus S235 hat einen Durchmesser $d = 18$ mm. Der Antrieb erfolgt vom Kettenrad auf das linke Hinterrad. Das rechte Hinterrad ist lose auf der Welle befestigt, überträgt daher keine Drehmomente (das Dreirad besitzt kein Differenzialgetriebe). Wie groß ist die Torsionsbeanspruchung der Antriebswelle im normalen Fahrbetrieb und im Extremfall?

Die Radlasten F_{hl} und F_{hr} betragen je 197,7 N.

Abmessungen (siehe Abb. 2.106):

$s_L = 650$ mm; $s_Z = 430$ mm; $a = 150$ mm; $d_Z = 70$ mm; $D = 300$ mm

Die Übersetzung von der Tretkurbel zur Kette beträgt $i = 1{,}6{:}1$ in der für die Übertragung der Fußkraft günstigsten Stellung.

Der Fahrwiderstand des Dreirades, der als Umfangskraft am linken Hinterrad aufgebracht werden muss, wurde zu $F_{ges} = 50$ N abgeschätzt.

Lösung Im unteren Bildteil sind die Verläufe des Torsionsmomentes sowie des Biegemomentes aus den Radlasten dargestellt. Wir betrachten hier nur das Torsionsmoment. Wir gehen zunächst von normaler Fahrt aus und setzen den Fahrwiderstand als Umfangskraft am linken Hinterrad an. Damit erhält man das Torsionsmoment zu $T = F_{ges} \cdot D / 2 = 7500$ Nmm.

Mit den Gln. 2.81 und 2.86 erhält man für die Torsionsspannung:

$$\tau_t = \frac{T}{\frac{\pi}{16}d^3} = \frac{7500\,\text{Nmm}}{1145\,\text{mm}^3} \approx \underline{\underline{6{,}6\,\text{N/mm}^2}}$$

Diese Spannung ist sehr klein. Damit auch bei extremer Belastung die Welle nicht versagt, überprüfen wir noch die maximale Torsionsspannung. Sie tritt auf, wenn Finn Niklas mit voller Beinkraft die Tretkurbel belastet und gleichzeitig das linke Hinterrad (Antriebsrad) z. B. durch einen vorgelegten Stein oder durch Anziehen der Handbremse blockiert ist. Die maximale Fußkraft kann man mit der doppelten Gewichtskraft des Fahrers zu etwa $F_{Fuß,max} = 1100$ N abschätzen.

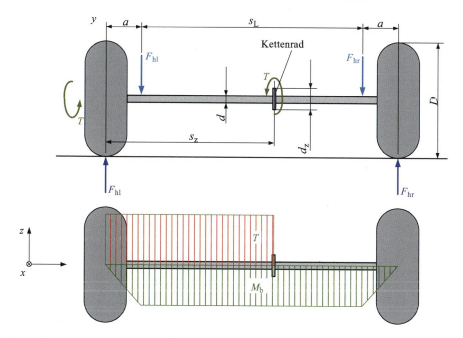

Abb. 2.106 Hinterachse zu Finn Niklas' Dreirad

Mit der gegebenen Übersetzung beträgt die Umfangskraft am Kettenrad (gleich Zugkraft in der Kette) auf der Hinterachswelle

$$F_{uZ} = \frac{F_{Fuß, max}}{i} = \frac{1100\,N}{1,6} \approx \underline{\underline{688\,N}}$$

und damit das maximale Torsionsmoment

$$T_{max} = F_{uZ} \cdot d_z/2 \approx \underline{\underline{24.080\,Nmm}}.$$

Damit ist die maximal in der Hinterachswelle auftretende Torsionsspannung

$$\tau_{t\,max} = \frac{24.080\,Nmm}{1145\,mm^3} \approx \underline{\underline{21\,N/mm^2}}.$$

Ob diese Spannung vom Bauteil aufgenommen werden kann, können wir erst entscheiden, wenn wir die Vergleichsspannung ermittelt haben (siehe Kap. 3), die auch die Biegespannungen in der Welle einbeziehen.

2.5 Knickung

Bei schlanken Druckstäben gibt es eine Versagensart bei Druckbelastung, die Knicken genannt wird. Knicken ist kein Festigkeits-, sondern ein Stabilitätsproblem. Damit wollen wir uns in diesem Abschnitt beschäftigen.

2.5.1 Knickspannung und Schlankheitsgrad

Zugkräfte haben auf verformte Bauteile eine stabilisierende Wirkung. So wird z. B. der Durchhang eines Seils oder einer Kette durch eine Erhöhung der Zugkraft reduziert. Ein schlanker Stab, der etwas durchgebogen oder gekrümmt ist, wird durch eine Zugkraft gestreckt, durch eine Druckkraft aber stärker gekrümmt. Ein schlanker Stab unter einer Druckkraft neigt zum **Knicken** oder **Ausknicken**. Hierbei handelt es sich um eine eindimensionale Instabilität.

Dünnwandige Platten oder Schalen neigen unter Druckkräften zum Beulen oder Ausbeulen. Dies nennt man zweidimensionale Instabilität. Es gibt noch weitere Versagensformen von Bauteilen: Bei dünnwandigen, offenen Profilen können unter Druckkraft Drillknicken oder Biegedrillknicken auftreten. Biegebeanspruchte Träger mit schmaler Querschnittsfläche (z. B. ein aufrecht gestelltes Rechteckprofil) können durch Kippen versagen. Wir werden uns hier nur mit dem Knicken als einzige Instabilität beschäftigen.

Knicken ist eine mögliche Versagensform druckbelasteter Bauteile. Dazu gehören im Bauwesen z. B. Säulen, Pfeiler und Stützen ebenso wie Masten. Im Maschinenbau sind z. B. Druckstangen, Kolbenstangen von Hydraulik- oder Pneumatikzylindern, Schraubenspindeln von Pressen sowie Pleuel von Verbrennungsmotoren auf Knicken zu prüfen.

Der in Abb. 2.107 gezeigte Strommast hat versagt, weil innerhalb des (räumlichen) Fachwerks ein auf Druck belasteter Stab (Abb. 2.108) aufgrund extremer Eis- und Schneelast geknickt ist und damit weitere Stäbe überlastet wurden. Ebenso können Bauteile durch thermische Beanspruchung ausknicken (Abb. 2.109). Bei einem auf Druck belasteten schlanken Stab ist es von Interesse, ob eine von außen einwirkende Störung, eine kleine Querauslenkung, zurückgebildet oder verstärkt wird. Letzteres könnte bei einem labilen Gleichgewicht der Fall sein. Für einen idealen Stab mit idealer Belastung wurden die entsprechenden Beziehungen schon vor über 250 Jahren mathematisch hergeleitet. Ideal bedeutet in diesem Zusammenhang, dass die Stabachse exakt gerade ist, also keine Vorverformung besteht, und dass die Druckkraft genau im Profilschwerpunkt und in Richtung der Stabachse angreift.

Zunächst machen wir einen Gedankenversuch mit einem zwischen zwei Gelenken gelagerten Stab, der durch aufgesetzte Massen belastet wird, Abb. 2.110. Untersucht werden soll der Einfluss einer kleinen Außermittigkeit der Belastung durch Vorgabe einer Exzentrizität e_0.

In Stabmitte bildet sich jeweils eine Auslenkung e aus. Für eine Belastung mit der Masse m beträgt diese $e = e_0 + e_1$. Daraus ergibt sich für den Stab ein Biegemoment

Abb. 2.107 Durch Schnee-
und Eislast geknickter Strommast [11]

Abb. 2.108 Versagen (Knicken) eines Druckstabes
innerhalb des Fachwerkes

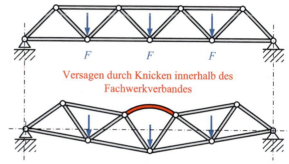

$M_\mathrm{b} = F_\mathrm{G} \cdot (e_0 + e_1)$ mit $F_\mathrm{G} = m \cdot g$. Für die Masse $2\,m$ stellt sich eine neue Gleichgewichts-
lage ein bei $e = e_0 + e_2$ mit $e_2 > e_1$. Bei der Masse $3\,m$ erhalten wir eine überproportionale
Auslenkung e_3 des Stabes aufgrund des Biegemomentes $M_\mathrm{b} = 3 \cdot F_\mathrm{G} \cdot (e_0 + e_3)$. Der Stab
kehrt allerdings nach Entlastung (Wegnahme der Masse $3\,m$) in seine Ursprungslage zu-
rück. Oberhalb der Druckkraft $3F_\mathrm{G}$ führt eine kleine Zusatzbelastung zu großer Deformation des Stabes und schließlich zu seiner Zerstörung.

Abb. 2.109 Durch thermische
Ausdehnung ausgeknickter
Schienenstrang [11]

Abb. 2.110 Entstehung des
Knickvorgangs

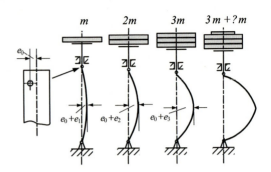

Die Belastung, die diese Zerstörung – das Knicken des Stabes – auslöst, nennt man
Knicklast oder **Knickkraft** F_K. Auch bei verringerter Anfangsexzentrizität e_0 ($e_0 \rightarrow 0$)
führt dieselbe Knickkraft F_K zur Zerstörung des Stabes, Abb. 2.111.

Wenn wir systematisch die Einflussgrößen unseres Experimentes aus Abb. 2.110 untersuchen, erhalten wir folgende Zusammenhänge: Offenbar wird die Knickung eines
schlanken Stabes durch das Biegemoment verursacht. Daher ist die Biegesteifigkeit $E \cdot I$
des Stabes für sein Knickverhalten wichtig. Je größer die Biegesteifigkeit $E \cdot I$ ist, umso
größer ist die Knicklast: $F_K \sim E \cdot I_{\min}$. Die Knicklast F_K wird umso kleiner, je länger der
Stab ist: $F_K \sim 1/l_K^2$ mit der Stablänge l_K. Zusammengefasst lässt sich schreiben:

$$F_K \sim \frac{E \cdot I_{\min}}{l_K^2} \tag{2.103}$$

Bezieht man diese Knickkraft F_K auf die Querschnittfläche A des Stabes, so erhält
man die **Knickspannung** σ_K:

$$\sigma_K = \frac{F_K}{A} \sim \frac{E \cdot I_{\min}}{A \cdot l_K^2} \tag{2.104}$$

Abb. 2.111 Knickkraft in Abhängigkeit von der Auslenkung

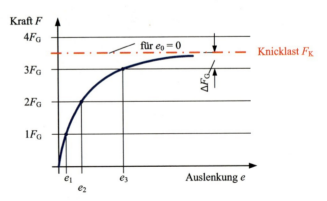

Die Knickspannung ist offenbar abhängig von:

dem Elastizitätsmodul E,

dem minimalen Flächenmoment I_{min} des Stabes,

der Querschnittsfläche A und

dem Quadrat der Stablänge l_K^2.

Mit der Definition des **Trägheitsradius** i (i_{min} bezeichnet den Trägheitsradius für die Stabachse mit dem minimalen Flächenmoment 2. Grades)

$$i_{min} = \sqrt{\frac{I_{min}}{A}} \quad \text{aus} \quad i_{min}^2 = \frac{I_{min}}{A} \tag{2.105}$$

können wir den **Schlankheitsgrad** λ eines Knickstabes berechnen:

$$\lambda = \frac{l_K}{i_{min}} \stackrel{\wedge}{=} \frac{l_K}{\sqrt{\frac{I_{min}}{A}}} \tag{2.106}$$

Im Schlankheitsgrad λ sind alle geometrischen Eigenschaften eines Knickstabes enthalten, die sein Knickverhalten bestimmen. Wir erhalten schließlich die **Knickspannung** σ_K **als Funktion des Schlankheitsgrades** λ:

$$\sigma_K \sim \frac{E \cdot I_{min}}{A \cdot l_K^2} = \frac{E}{l_K^2} \cdot i_{min}^2 = \frac{E}{\lambda^2} \tag{2.107}$$

Die Knickspannung, also die Spannung im Stab, bei der dieser durch Knicken versagen wird, hängt damit offenbar vom Elastizitätsmodul E als Materialkonstante und vom Schlankheitsgrad λ als Beschreibung der geometrischen Eigenschaften ab. In Abb. 2.112 sind in Versuchen ermittelte Knickspannungen für Stäbe aus Stahl E335 über dem Schlankheitsgrad λ aufgetragen.

Wenn die Knickspannung σ_K unterhalb der Proportionalitätsgrenze σ_P des Werkstoffs liegt, spricht man von elastischer Knickung. Ist die Knickspannung größer als die Proportionalitätsgrenze, liegt elastisch-plastische Knickung vor. Für Schlankheitsgrade $\lambda < 20$, also sehr kurze Stäbe, ist ein Knicknachweis nicht erforderlich. Solche Stäbe müssen nur auf Festigkeit überprüft werden.

2.5.2 Elastische Knickung nach Euler

Überlegungen zum Knicken von Druckstäben stellte Euler[4] bereits im Jahre 1744 an. Er betrachtete einen ideal elastischen und zentrisch belasteten Stab ($e_0 = 0$), dessen beide

---

[4] Leonhard Euler (1707–1783), Schweizer Mathematiker.

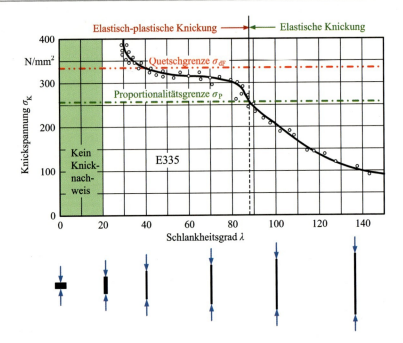

Abb. 2.112 Knickspannungen in Abhängigkeit vom Schlankheitsgrad (Versuchsergebnisse; nach [2])

Enden in reibungsfreien Gelenken gelagert sind. Der Lastangriffspunkt (in Abb. 2.113 oben) ist längs in x-Richtung verschieblich.

Die Ausgangsdeformation w wird durch eine von außen einwirkende Störung hervorgerufen, z. B. durch eine in Abb. 2.113 nicht eingezeichnete Querkraft. Solange die Axialkraft F kleiner ist als die Knickkraft F_K, geht der Stab in seine gestreckte Ausgangslage zurück, wenn die seitliche Störung wegfällt. Das durch die elastische Verformung entstehende Rückstellmoment im Stab ist also größer als das von außen aufgebrachte Moment $F \cdot w$. Die Knickkraft F_K ist die kleinste Axiallast, bei der sich der aufgebogene Stab im Gleichgewicht befindet. Diese Kraft kann man bestimmen über die Biegelinie. In Kap. 4 wird dafür eine linearisierte Differenzialgleichung $w'' = -M_b / E \cdot I$ hergeleitet. $w(x)$ ist die Durchbiegung des Stabes in Abhängigkeit von der Koordinate x; w' ist die Tangente an die Biegelinie und w'' ist die Krümmung der Biegelinie. Die Krümmung ist proportional zum Biegemoment ($w'' = -M_b / E \cdot I$). Diese Beziehung verwenden wir hier zur Berechnung des Rückstellmomentes:

$$M_b = -w'' \cdot E \cdot I \qquad (2.108)$$

Abb. 2.113 Knickstab nach Euler

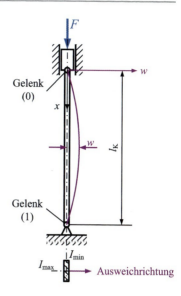

Im Grenzfall liegt ein Gleichgewicht von Rückstellmoment und äußerem Moment vor:

$$M_b = F_K \cdot w = -w'' \cdot E \cdot I$$

$$w'' \cdot E \cdot I + F_K \cdot w = 0 \quad \text{bzw.} \quad w'' + \frac{F_K}{E \cdot I} \cdot w = 0$$

Mit der Abkürzung $k^2 = \frac{F_K}{E \cdot I}$ erhalten wir:

$$w'' + k^2 \cdot w = 0 \qquad (2.109)$$

Damit haben wir eine lineare homogene Differenzialgleichung 2. Ordnung gefunden. Als Lösungsansatz eignen sich bei Betrachtung von Gl. 2.109 Funktionen, deren zweite Ableitung gleich der negativen Ursprungsfunktion ist, also Sinus- und Cosinus-Funktionen.

Als allgemeiner Lösungsansatz kann folgende Funktion verwendet werden:

$$w = A \cdot \sin(k \cdot x) + B \cdot \cos(k \cdot x)$$

Erste Ableitung nach x: $\quad w' = A \cdot k \cdot \cos(k \cdot x) - B \cdot k \cdot \sin(k \cdot x)$

Zweite Ableitung nach x: $\quad w'' = -A \cdot k^2 \cdot \sin(k \cdot x) - B \cdot k^2 \cdot \cos(k \cdot x)$

$$w'' = -k^2 \cdot w \quad \text{bzw.} \quad w'' + k^2 \cdot w = 0$$

Damit haben wir unter Beachtung von $k = \sqrt{\frac{F_K}{E \cdot I}}$ die allgemeine Lösung:

$$w = A \cdot \sin\left(\sqrt{\frac{F_K}{E \cdot I}} \cdot x\right) + B \cdot \cos\left(\sqrt{\frac{F_K}{E \cdot I}} \cdot x\right)$$

Die Konstanten A und B ermitteln wir aus den Randbedingungen, den Lagerungsbedingungen nach Abb. 2.113: Der Stab kann sich im oberen und unteren Lager nicht seitlich verschieben. Demnach gilt:

Randbedingung 1 (oberes Lager): $w_0 = w\,(x = 0) = 0$

Randbedingung 2 (unteres Lager): $w_l = w\,(x = l_K) = 0$

Die Randbedingungen werden nun in die allgemeine Lösung eingesetzt:

$$\text{Randbedingung 1:} \quad 0 = A \cdot 0 + B \cdot 1 \Rightarrow B = 0$$

$$\text{Randbedingung 2:} \quad 0 = A \cdot \sin\left(\sqrt{\frac{F_K}{E \cdot I}} \cdot l_K\right) \Rightarrow \sqrt{\frac{F_K}{E \cdot I}} \cdot l_K = 0;\ \pi;\ 2\pi;\ \dots$$

Um keine triviale Lösung zu erhalten, muss $A \neq 0$ sein. Der erste nicht triviale Eigenwert ist daher

$$\sqrt{\frac{F_K}{E \cdot I}} \cdot l_K = \pi.$$

Aus dieser Gleichung kann jetzt die **Knicklast** F_K, auch **Euler-Last** genannt, durch Umstellen berechnet werden:

$$F_K = \pi^2 \cdot \frac{E \cdot I_{min}}{l_K^2} \qquad (2.110)$$

Aus der Knicklast F_K kann man mit der Querschnittsfläche A und dem Schlankheitsgrad λ die **Euler'sche Knickspannung** σ_K ermitteln:

$$\sigma_K = \frac{F_K}{A} = \frac{\pi^2 \cdot E}{\lambda^2} = \frac{\pi^2 \cdot E \cdot I_{min}}{l_K^2 \cdot A} \qquad (2.111)$$

Wenn diese Spannung im Stab vorliegt, knickt der Stab. Man erkennt, dass die Knickspannung nach Gl. 2.111 von der Festigkeit des Werkstoffs unabhängig ist. Als einziger Werkstoffkennwert taucht in Gl. 2.111 der Elastizitätsmodul E auf. Knicken ist daher kein Festigkeitsproblem, sondern ein Stabilitätsproblem. Ein Stab aus hochfestem Stahl knickt bei der gleichen Last wie ein Stab aus Baustahl, da beide in etwa denselben Elastizitätsmodul besitzen. Wichtig für diese Überlegungen ist, dass das Hooke'sche Gesetz gilt, d. h. die Knickspannung σ_K muss unterhalb der Proportionalitätsgrenze σ_P liegen. Aus $\sigma_K \leq \sigma_P$ kann man den minimalen Schlankheitsgrad für die Gültigkeit der elastischen Knickung bestimmen:

$$\lambda_{min} = \pi \cdot \sqrt{\frac{E}{\sigma_P}} \qquad (2.112)$$

Die Proportionalitätsgrenze liegt bei Stählen ungefähr bei 80 % der Streckgrenze, für Baustahl S235 also bei $\sigma_P \approx 190\,\text{N/mm}^2$. Mit $E = 2{,}1 \cdot 10^5\,\text{N/mm}^2$ erhält man

$$\lambda_{min} \approx \pi \cdot \sqrt{\frac{2{,}1 \cdot 10^5}{190}} \approx \underline{\underline{104}} \quad \text{(gültig für S235).}$$

Abb. 2.114 Knickspannungen für Gusseisen und Stahl in Abhängigkeit vom Schlankheitsgrad λ (nach [2])

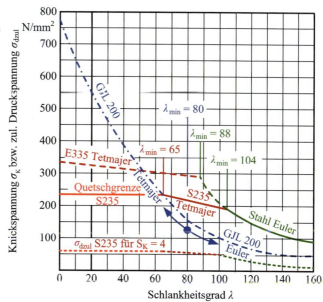

Für E335 mit $\sigma_P \approx 270\,\text{N/mm}^2$ und demselben Elastizitätsmodul ergibt sich:

$$\lambda'_{min} \approx \pi \cdot \sqrt{\frac{2{,}1 \cdot 10^5}{270}} \approx \underline{\underline{88}} \quad \text{(gültig für E335)}.$$

In Abb. 2.114 ist die Knickspannung $\sigma_K = f(\lambda^2)$ über dem Schlankheitsgrad λ aufgetragen. Man erhält rechts von den eben berechneten λ_{min} ($\lambda_{min} \approx 104$ für S335 bzw. $\lambda_{min} \approx 88$ für E335) eine hyperbelförmigen Verlauf, die so genannte **Euler-Hyperbel**. Der Verlauf links davon wird im nächsten Abschnitt behandelt.

Wir sind bisher von einem beidseitig gelenkig gelagerten Knickstab ausgegangen. Für Druckstäbe mit anderen Randbedingungen der Lagerung erhält man entsprechende Differenzialgleichungen mit anderen Knickkräften. In Abb. 2.113 beim beidseitig gelenkig gelagerten Stab entspricht die Länge l_K einer Sinus-Halbwelle. Tab. 2.6 enthält die vier Grundfälle der Lagerung von Knickstäben, wobei der bisher behandelte Fall 2 der „Normalfall" ist, mit der Knicklänge gleich der tatsächlichen Stablänge ($l_K = l$). In Abhängigkeit von den Lagerungsbedingungen ergeben sich folgende Knicklängen und Schlankheitsgrade (Tab. 2.6):

- Fall 1 – der Stab ist an einem Ende fest eingespannt, das andere Ende ist frei:
  $l_K = 2 \cdot l$ und $\lambda = 2 \cdot l / i_{min}$
- Fall 2 – der Stab ist beidseitig gelenkig gelagert: $l_K = l$ und $\lambda = l / i_{min}$ (Normalfall)
- Fall 3 – der Stab ist einseitig fest eingespannt, die andere Seite ist gelenkig gelagert:
  $l_K \approx 0{,}7 \cdot l$ und $\lambda = (0{,}7 \cdot l) / i_{min}$

Tab. 2.6 Euler'sche Knickfälle mit Lagerungsbedingungen, Knicklänge, Schlankheitsgrad, Knicklast, Knickspannung, Anwendung

Fall	1	2	3	4
Freie Knicklänge l_K	$2l$	l	$\approx 0{,}7\,l$	$0{,}5\,l$
Schlankheitsgrad λ	$\dfrac{2 \cdot l}{i_{min}}$	$\dfrac{l}{i_{min}}$	$\dfrac{0{,}7 \cdot l}{i_{min}}$	$\dfrac{0{,}5 \cdot l}{i_{min}}$
Knicklast F_K	$\dfrac{\pi^2}{4} \cdot \dfrac{E \cdot I_{min}}{l^2}$	$\pi^2 \cdot \dfrac{E \cdot I_{min}}{l^2}$	$2\pi^2 \cdot \dfrac{E \cdot I_{min}}{l^2}$	$4\pi^2 \cdot \dfrac{E \cdot I_{min}}{l^2}$
Knickspannung σ_K	$\dfrac{\pi^2}{4} \cdot \dfrac{E \cdot I_{min}}{l^2 \cdot A}$	$\pi^2 \cdot \dfrac{E \cdot I_{min}}{l^2 \cdot A}$	$2\pi^2 \cdot \dfrac{E \cdot I_{min}}{l^2 \cdot A}$	$4\pi^2 \cdot \dfrac{E \cdot I_{min}}{l^2 \cdot A}$
Anwendung	Masten und Stützen	Säulen, Fachwerkstäbe[a]	Säulen und Stützen, die fest eingespannt sind	

[a] Deren Einspannung nicht starr genug sind, um eine Verdrehung der Stabenden zu verhindern

- Fall 4 – der Stab ist einseitig fest eingespannt, am anderen Ende in einer Schiebehülse geführt: $l_K = 0{,}5 \cdot l$ und $\lambda = (0{,}5 \cdot l) / i_{min}$

Mit Einführung der Knicklänge l_K gelten die **Knickkraft** F_K und die **Knickspannung** σ_K für alle vier Lagerungsfälle gleichermaßen (Tab. 2.6):

$$F_K = \frac{\pi^2 \cdot E \cdot I_{min}}{l_K^2} \quad \text{und} \quad \sigma_K = \frac{\pi^2 \cdot E}{\lambda^2} \tag{2.113}$$

Beispiel 2.26 Eine Stütze der Länge L_0 mit dem Durchmesser d wird wie in Abb. 2.115 skizziert aus der spannungsfreien Stellung (Winkel $\alpha \neq 0$) durch Verschieben des unteren Lagers in eine senkrechte Lage ($\alpha = 0$) gebracht. Wie groß darf die Länge L_0 höchstens sein, damit die Stütze in der senkrechten Stellung nicht ausknickt?

Abb. 2.115 Knickstab zu Beispiel 2.26

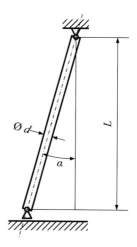

Gegeben: d; $L = 30\,d$; E

Lösung Die Knickspannung errechnet sich nach Gl. 2.113:

$$\sigma_K = \frac{\pi^2 \cdot E}{\lambda^2} \quad \text{mit dem Schlankheitsgrad} \quad \lambda = \frac{l_K}{i}.$$

Das axiale Flächenmoment 2. Grades I und die Querschnittsfläche A ergeben sich für einen Kreisquerschnitt mit dem Durchmesser d zu:

$$I = \frac{\pi}{64}d^4 \quad \text{und} \quad A = \frac{\pi}{4}d^2$$

Für den Trägheitsradius i erhält man:

$$i^2 = \frac{I}{A} = \frac{\pi}{64}d^4\frac{4}{\pi \cdot d^2} = \frac{d^2}{16}, \quad \text{also} \quad i = \sqrt{\frac{I}{A}} = \frac{d}{4}$$

Die Knicklänge ist hier $l_K = L = 30 \cdot d$ (Fall 2 nach Tab. 2.6).
Damit errechnet sich λ zu:

$$\lambda = 4 \cdot \frac{L}{d} = 4 \cdot \frac{30 \cdot d}{d} = 120, \quad \text{also Euler-Knickung.}$$

Die Druckspannung durch die elastische Verkürzung des Stabes von L_0 auf L bei der Verschiebung aus der schrägen in die senkrechte Lage kann man nach dem Hooke'schen Gesetz ermitteln:

$$\sigma_d = \varepsilon \cdot E = \frac{L_0 - L}{L_0} \cdot E$$

Abb. 2.116 Erwärmung eines
eingespannten Stabes

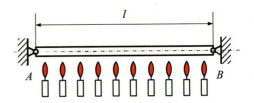

Diese Druckspannung muss gleich der Knickspannung (s. o.) sein:

$$\sigma_K = \frac{\pi^2 \cdot E \cdot d^2}{L^2 \cdot 16} = \frac{L_0 - L}{L_0} \cdot E$$

Nach Umstellung dieser Gleichung erhält man:

$$\frac{L}{L_0} = 1 - \frac{\pi^2 \cdot d^2}{16 \cdot L^2} \quad \text{und schließlich} \quad L_0 = \frac{L}{1 - \frac{\pi^2 \cdot d^2}{16 \cdot L^2}} = \frac{30 \cdot d}{1 - \frac{\pi^2 \cdot d^2}{16 \cdot 900 \cdot d^2}}$$

Daraus ergibt sich die gesuchte Ausgangslänge $\underline{L_0 = 30{,}02 \cdot d}$.

Beispiel 2.27 Ein beidseitig gelenkig an die festen Punkte A und B angeschlossener Stab
(siehe Abb. 2.116) mit Rechteckquerschnitt (Höhe h, Breite b) soll gleichmäßig erwärmt
werden, bis ein Ausknicken des Stabes eintritt. Welche Temperaturerhöhung $\mathbf{\Delta}\vartheta$ ist hierfür erforderlich?

Gegeben:

$l = 6\,\text{m}$

$h = 300\,\text{mm}$

$b = 150\,\text{mm}$

$E = 2{,}1 \cdot 10^5\,\text{N/mm}^2$

$\alpha = 1{,}2 \cdot 10^{-5}\,\text{K}^{-1}$

Lösung Es liegt Knickfall 2 vor mit $l_K = l = 6\,\text{m}$. Der Stab knickt um die Achse des
kleineren axialen Flächenträgheitsmomentes aus, hier also um die senkrechte Achse; das
Ausknicken erfolgt also senkrecht zur Zeichenebene – aus der Zeichenebene heraus.
   Die Knickspannung erhält man aus Gl. 2.113:

$$\sigma_K = \frac{\pi^2 \cdot E}{\lambda^2} \quad \text{mit} \quad \lambda = \frac{l_K}{i_{\min}}$$

Für den Rechteckquerschnitt gilt für das kleinere axiale Flächenmoment 2. Grades:

$$I_{\min} = \frac{h \cdot b^3}{12}$$

Die Querschnittsfläche ist $A = h \cdot b$. Für den minimalen Trägheitsradius erhält man daher:

$$i_{min} = \sqrt{\frac{h \cdot b^3}{12 \cdot h \cdot b}} = \frac{b}{2\sqrt{3}}$$

Damit errechnet sich der Schlankheitsgrad zu:

$$\lambda = \frac{l \cdot 2\sqrt{3}}{b} = \frac{6\,\text{m} \cdot 2\sqrt{3}}{0{,}15\,\text{m}} = \underline{\underline{138}}$$

Es liegt also Euler-Knickung vor. Die Knickspannung ist in diesem Fall gleich der Spannung aus der Wärmedehnung, die durch die festen Auflager ja verhindert wird.

$$\sigma_K = \frac{\pi^2 \cdot E}{\lambda^2} = \sigma_\vartheta = \alpha \cdot \Delta\vartheta \cdot E$$

Daraus kann man die Temperaturerhöhung durch Umstellen ermitteln:

$$\Delta\vartheta = \frac{\pi^2}{\lambda^2 \cdot \alpha} = \frac{\pi^2}{138^2 \cdot 1{,}2 \cdot 10^{-5}\,K^{-1}} = \underline{\underline{43{,}18\,\text{K}}}$$

Der Stab muss bis zum Ausknicken also um 43,18 K erwärmt werden.

2.5.3 Elastisch-plastische Knickung nach Tetmajer

Versagen durch Druckspannungen kann in drei verschiedenen Formen auftreten: Schlanke Stäbe versagen durch Knicken, wobei die Druckspannung kleiner ist als die Proportionalitätsgrenze, also noch im elastischen Bereich. Diesen Fall haben wir im letzten Abschnitt behandelt und als elastisches Knicken bezeichnet. Mittelschlanke Stäbe versagen durch Knicken bei einer Druckspannung oberhalb der Proportionalitätsgrenze, also im inelastischen Bereich. Kurze druckbelastete Stäbe knicken nicht, sondern versagen bei Spannungen oberhalb der Quetschgrenze (Druckfließgrenze σ_{dF}) durch Fließen oder sie brechen.

Im elastisch-plastischen Bereich, bei Spannungen oberhalb der Proportionalitätsgrenze, kann man keine theoretisch herleitbare mathematische Beziehung zwischen Spannung σ und Verformung ε aufstellen. Daher bleibt nur die Möglichkeit, Versuche zur Ermittlung der Zusammenhänge durchzuführen. Tetmajer[5] wählte folgenden Näherungsansatz für die Knickspannung σ_K im elastisch-plastischen Bereich der Knickung (siehe auch Abb. 2.114):

Stäbe aus Stahl:	$\sigma_K = a - b \cdot \lambda$	(Geradengleichung)
Stäbe aus Grauguss:	$\sigma_K = a - b \cdot \lambda + c \cdot \lambda^2$	(Parabelgleichung)

[5] Ludwig von Tetmajer (1850–1905), Professor am Polytechnikum Zürich, Gründer der eidgenössischen Materialprüfanstalt.

Aus Messungen werden dann die konstanten Größen a, b und c für den jeweiligen Werkstoff bestimmt. Da die Stabquerschnittswerte A und I_{min} in diesen Gleichungen nicht enthalten sind, ist die Vordimensionierung eines Knickstabs im elastisch-plastischen Bereich nicht möglich. Es können nur angenommene Querschnitte nachgerechnet werden.

Für einige wichtige Werkstoffe des Maschinenbaus gelten für die Knickspannung in Abhängigkeit vom Schlankheitsgrad folgende Formeln:

$$\text{S235:} \qquad \sigma_K = (310 - 1{,}14 \cdot \lambda)\frac{N}{mm^2}$$

$$\text{E335:} \qquad \sigma_K = (335 - 0{,}62 \cdot \lambda)\frac{N}{mm^2}$$

$$\text{EN-GJL200:} \quad \sigma_K = (776 - 12 \cdot \lambda + 0{,}053 \cdot \lambda^2)\frac{N}{mm^2}$$

Mit Hilfe der Gl. 2.112 hatten wir die Schlankheitsgrade λ_{min} ermittelt, von denen ab die elastische Knickung nach Euler gilt. Wir können jetzt die Schlankheitsgrade berechnen, für die kein Knicken mehr erfolgt, sondern nur noch ein Versagen durch Fließen oder Bruch auftritt. Dazu verwenden wir die Quetschgrenze, z. B. für S235:

$$\sigma_{dF} = 235 \frac{N}{mm^2}$$

Mit $\sigma_{dF} = \sigma_K$ erhalten wir

$$\lambda_{min} = \frac{310 - 235}{1{,}14} \Rightarrow \lambda_{min} = 65 = \lambda_q.$$

Für das Versagen von Druckstäben aus S235 mit Schlankheitsgraden $\lambda < \lambda_q$ ist daher die Quetschgrenze σ_{dF} maßgebend. Zusammengefasst gelten also folgende Werte für die Bemessung von Druckstäben aus S235:

- Quetschgrenze σ_{dF} für $\lambda = 0 \ldots \lambda_q = 65$
- Knickspannung nach Tetmajer für $\lambda = \lambda_q \ldots \lambda_{min} = 104$
- Knickspannung nach Euler für $\lambda \geq \lambda_{min}$

In Tab. 2.7 sind die jeweils gültigen Formeln der Knickspannung für weitere Werkstoffe zusammengefasst.

Für den nichtelastischen Bereich findet man in der Literatur außer den Formeln von Tetmajer auch die Johnson-Parabel (z. B. [10, S. 269]).

Für die technische Berechnung können die **zulässige Druckspannung** und die **zulässige Druckkraft** folgendermaßen ermittelt werden:

$$\sigma_{d_{zul}} = \frac{\sigma_K}{S_{erf}} \quad F_{d_{zul}} = \frac{F_K}{S_{erf}} \mathrel{\hat{=}} \frac{\sigma_K \cdot A}{S_{erf}} \qquad\qquad (2.114)$$

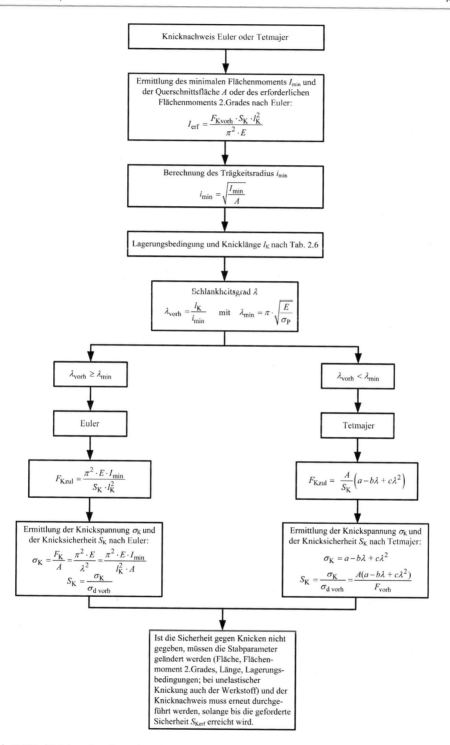

Abb. 2.117 Knicknachweis nach Euler oder Tetmajer

Tab. 2.7 Knickspannungen in Abhängigkeit vom Schlankheitsgrad

Werkstoff	Plastische Knickung nach Tetmajer		Elastische Knickung nach Euler	
	Gültigkeits-bereich	Gleichung für σ_K	Gültigkeits-bereich	$\sigma_K = \frac{\pi^2 E}{\lambda^2}$
S235	$0 < \lambda < 65$	$\sigma_K = \sigma_{dF} = 235$	$\lambda > 104$	$\sigma_K = \frac{207}{(\lambda/100)^2}$
	$65 < \lambda < 104$	$\sigma_K = 310 - 1{,}14 \cdot \lambda$		
E295 E335	$0 < \lambda < 88$	$\sigma_K = 335 - 0{,}62 \cdot \lambda$	$\lambda > 88$	
5 % Ni-St	$0 < \lambda < 86$	$\sigma_K = 470 - 2{,}30 \cdot \lambda$	$\lambda > 86$	
EN-GJL200	$0 < \lambda < 80$	$\sigma_K = (776 - 12 \cdot \lambda + 0{,}053 \cdot \lambda^2)$	$\lambda > 80$	$\sigma_K = \frac{98{,}7}{(\lambda/100)^2}$
Bauholz	$0 < \lambda < 100$	$\sigma_K = 29{,}3 - 0{,}194 \cdot \lambda$	$\lambda > 100$	$\sigma_K = \frac{9{,}9}{(\lambda/100)^2}$

Als erforderliche Sicherheit setzt man $S_{erf} \approx 4 \ldots 2$ ein mit abnehmendem Schlankheitsgrad.

Der **Knicknachweis** für einen Druckstab wird wie folgt durchgeführt (Abb. 2.117):

Beispiel 2.28 Eine auf Druck belastete Stütze mit der Länge $l = 6$ m ist an beiden Enden fest eingespannt. Sie muss eine Druckkraft von 300 kN aufnehmen. Es stehen folgende Profile aus S235 zur Verfügung:

a) IPE-Profil DIN 1025-IPE 300 (Doppel-T-Profil)
b) IPB-Profil DIN 1025-IPB 140 (Breitflansch-Doppel-T-Profil)
c) Rohr EN 10220-∅ 177,8 × 8

Lösung Die benötigten Profilwerte entnehmen wir Tabellenwerken, z. B. [10, TB 1-11 und TB 1-13]. Sie sind im Folgenden zusammengestellt. Stäbe knicken um die Achse des kleinsten Flächenmomentes 2. Grades aus, was hier für das IPE- und das IPB-Profil eine Rolle spielt. Aufgrund der Lagerungsbedingungen liegt Knickfall 4 vor mit $l_K = 0{,}5 \cdot l = 300$ cm.

		IPE 300	IPB 140	Rohr ∅ 177,8 × 8
Flächenmoment 2. Grades I_{min}	cm^4	604	550	1541
Querschnittsfläche A	cm^2	53,8	43	43
Trägheitsradius i_{min}	cm	3,35	3,58	6,0
Spezifische Masse m'	kg/m	42,2	33,7	33,5
Kosten	€/kg	1,80	1,80	2,20

Wir berechnen nun nach Gl. 2.106 den jeweiligen Schlankheitsgrad und ermitteln damit nach Tab. 2.7 die gültige Knickspannung. Außerdem bestimmen wir die vorhandene Druckspannung in den Profilen und die Sicherheit gegen Knicken.

		IPE 300	IPB 140	Rohr ⌀ 177,8 × 8
Schlankheitsgrad λ		90	84	50
Knickspannung σ_K	N/mm²	207	214	235
	Nach	Tetmajer	Tetmajer	Tetmajer
Vorhandene Spannung σ_d	N/mm²	56	70	70
Sicherheit gegen Knicken S_K		3,7	3,1	3,4
Kosten	€	455,76	364,00	442,20

Nach den vorhandenen Sicherheiten gegen Knicken könnten alle drei Profile für die gegebene Aufgabenstellung eingesetzt werden. Aufgrund der sehr unterschiedlichen Flächenmomente um die beiden Profilachsen beim IPE-Profil erhält man hierbei sehr große Abmessungen mit entsprechend hohen Gesamtkosten. IPB-Profil und Rohr unterscheiden sich im Gewicht und in der Sicherheit nur geringfügig; aufgrund der höheren spezifischen Kosten des Rohrs ergibt sich mit dem IPB-Profil die kostengünstigste Lösung.

2.6 Verständnisfragen zu Kapitel 2

1. Warum ist in Stäben die Zugspannung konstant?
2. Welche Bedingungen gelten für die Tragfähigkeits- und Bemessungsrechnung?
3. Wenn ein Stab gezogen oder gedrückt wird; wie groß ist dann die Normal- und die Schubspannung bei einem Winkel unter 45° zur Stabachse?
4. Von welchen Einflussgrößen hängt die Trag- und Reißlänge bei einem Bauteil unter Eigengewicht ab?
5. Wie wirken sich Wärmespannungen in einem Bauteil aus und wovon ist die Spannung abhängig?
6. Welcher Werkstoff ist bei der Ermittlung der Flächenpressung maßgeblich?
7. Warum reißen Behälter, Kessel oder Rohre in erster Linie in Längsrichtung auf?
8. Wovon hängt die Grenzgeschwindigkeit eines frei rotierenden Ringes ab?
9. Ein Balken wird durch eine Querkraft F_q belastet. Welche Auswirkungen ergeben sich für das Balkensystem?
10. Was versteht man unter der neutralen Faser?
11. Wie lautet die Grund-/Hauptgleichung der Biegung?
12. Wovon hängt das Widerstandsmoment eines rechteckigen Balkens ab?
13. Wie kann das (axiale) Flächenmoment 2. Grades erklärt werden?
14. Wozu dient der Steiner'sche Satz und wie lautet er?
15. Wie muss die Umrechnung des Flächenmomentes von einer beliebigen Achse auf eine andere Achse erfolgen?
16. Beschreiben Sie den Zusammenhang zwischen Schubwinkel und Schubspannung.
17. Warum ist es bei (langen) Biegeträgern ausreichend, mit der mittleren Schubspannung statt mit dem echten Schubspannungsverlauf zu rechnen?

18. Welche Bedeutung hat der Schubmittelpunkt bei unsymmetrischen Profilen?
19. Warum ist der Kreisringquerschnitt ideal zur Übertragung von Torsionsmomenten?
20. Eine Torsionsstabfeder mit Vollkreisquerschnitt aus Stahl soll mit niedriger Federsteifigkeit (also hoher Nachgiebigkeit) ausgelegt werden. Wie kann dies erreicht werden?
21. Wozu wird die 1. Bredt'sche Formel verwendet?
22. Ein Lkw-Rahmen soll möglichst torsionsweich ausgelegt werden. Es stehen U-Profile und Rohre zur Verfügung. Welche sind grundsätzlich geeigneter?
23. Warum werden bei druckbelasteten Stäben mit Knickgefahr hohe Sicherheiten verlangt?
24. Was ist zu verändern, wenn sich bei der Dimensionierung eines schlanken Stabs aus Baustahl eine zu geringe Knicksicherheit ergibt?
25. Was kennzeichnet die Knickung nach Tetmajer?

2.7   Aufgaben zu Kapitel 2

Aufgabe 2.1 Ein aus Stahl und Kupfer bestehender Verbundstab ($E_{St} = 2 \cdot E_{Cu} = 210.000\,\text{N/mm}^2$) mit den Querschnitten $A_{St} = A_{Cu}/2 = 1/3\,\text{cm}^2$ und der Länge $3a = 3\,\text{m}$ soll in die gezeichnete Aussparung zwischen zwei starre Wände eingesetzt werden ($h = 2\,\text{mm}$).

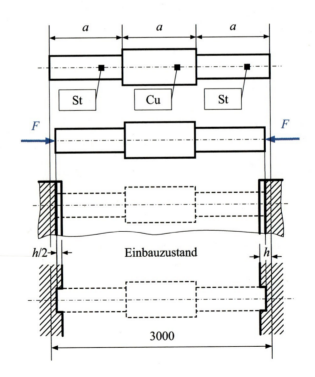

a) Wie groß muss die Presskraft F sein, damit der Einbau gelingt?
b) Wie groß sind die Spannungen in den drei Stäben nach dem Einbau?
c) Die Geometrie sei unverändert; jedoch soll die Schrumpfung nicht durch Aufbringen einer Kraft, sondern durch Temperaturabsenkung erfolgen! Die Ausdehnungskoeffizienten von Stahl und Kupfer sind gegeben: $\alpha_{St} = 12 \cdot 10^{-6}\,K^{-1}$, $\alpha_{Cu} = 16 \cdot 10^{-6}\,K^{-1}$. Berechnen Sie die notwendige Temperaturabsenkung, so dass der Stab gerade in die Aussparung passt.

Aufgabe 2.2 Ein Standfuß aus GJL 200 steht auf einem Betonfundament und wird statisch mit einer Druckkraft $F = 800\,kN$ belastet.

a) Wie groß ist der Innendurchmesser d_i zu wählen, wenn $d_a = 250\,mm$, $\sigma_{d0,1} = 200\,N/mm^2$ und $S = 1{,}5$ ist?
b) Wie groß ist der Durchmesser D_1 des Standfußes zu wählen, wenn für das Fundament eine zulässige Flächenpressung $p_{zul} = 7{,}5\,MPa$ nicht überschritten werden darf?

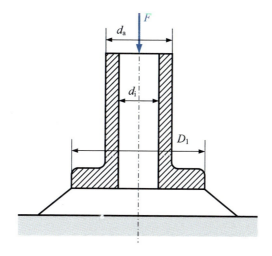

Aufgabe 2.3 Das dargestellte Rohr steht unter Innendruck. Es ist am rechten Ende fest mit der Wand verbunden und am linken Ende durch eine Flanschverbindung verschlossen.

Gegeben: $p_i = 18$ bar; $d_a = 160$ mm, $s = 8$ mm.

a) Welche Kraft wirkt auf den Flansch?
b) Wie groß sind die Spannungen im Rohr?

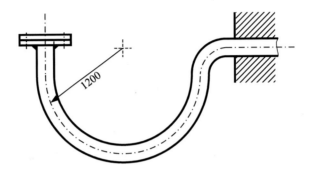

Aufgabe 2.4 Ein dünnwandiger Stahlring mit einem Außendurchmesser $d = 1500$ mm rotiert frei. Bei welcher Drehzahl beginnt der Ring sich plastisch zu verformen ($R_e = 235$ N/mm^2)?

Aufgabe 2.5 Für die in der Abbildung dargestellten Profile sind die Flächenmomente 2. Grades I_y und I_z bezüglich der Schwerpunktachsen zu berechnen.

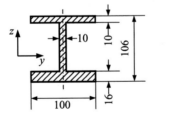 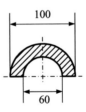

Aufgabe 2.6 Ein Gestell hat den skizzierten Querschnitt gemäß folgender Abbildung. Zu berechnen sind:

a) die Flächenmomente 2. Grades für die y- und z-Achse
b) die Widerstandsmomente für die y- und z-Achse.

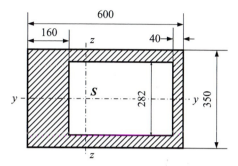

Aufgabe 2.7 Ein Hohlträger liegt gemäß Abbildung an beiden Enden frei auf. Bei welcher Länge l geht er aufgrund seines Eigengewichtes zu Bruch?

Gegeben: $A = 19.600\,\text{mm}^2$; $q = 1{,}5\,\text{N/mm}^2$; $\sigma_B = 370\,\text{N/mm}^2$

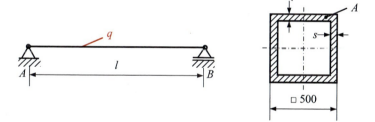

Aufgabe 2.8 Das in folgender Abbildung dargestellte zusammengeschweißte Profil wird durch ein Biegemoment M_{by} belastet.

Gegeben: $M_{by} = 0,6$ kNm

   Bestimmen Sie

a) das Flächenmoment 2. Grades des zusammengeschweißten Profils,
b) die Biegespannungen im Profil,
c) den qualitativen Spannungsverlauf,
d) die Biegespannung in Höhe der Schweißnaht.

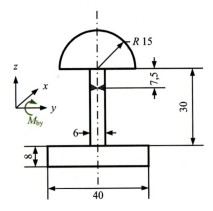

Aufgabe 2.9 Das dargestellte Strangpressprofil aus AlMgSi1 wird durch eine mittig angreifende Kraft belastet.

Gegeben: $F = 18$ kN; $R_m = 325$ N/mm^2; $R_{p0,2} = 260$ N/mm^2; E-Modul $= 70$ kN/mm^2.

a) Skizzieren Sie den Biegemomentenverlauf für den Profilträger mit Angabe des größten Biegemoments!
b) Wie groß ist das axiale Flächenmoment 2. Grades bezogen auf die y-Achse?
c) Wie groß sind die Biegespannungen in den Randfasern?
d) Ist eine ausreichende Sicherheit gegen Fließen gegeben?

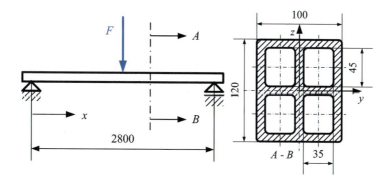

Aufgabe 2.10 Für den einseitig eingespannten Balken □ 60 × 2000 (s. Abbildung) ist für die Stellen ①, ② und ③ der Festigkeitsnachweis zu führen, wenn $\sigma_{bzul} = 245 \, \text{N/mm}^2$ nicht überschritten werden darf.

Gegeben: $F = 5 \, \text{kN}$

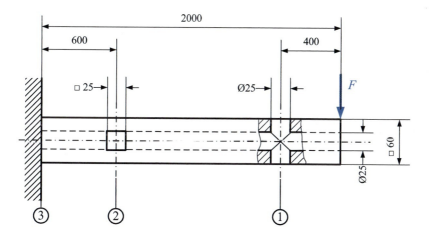

Aufgabe 2.11 Ein Bohrgestänge mit kreisförmigem Querschnitt ist bis zu einer Tiefe L_E ins Erdreich vorgedrungen. An der Spitze des Bohrmeißels wirkt das Bohrmoment T. Das Erdreich übt auf das Gestänge einen konstanten Flächendruck p aus. Der Reibbeiwert zwischen Erdreich und Bohrgestänge ist μ. Das Bohrgestänge ist insgesamt bis zur Einleitung des Antriebsmomentes $L = 5{,}5$ m lang.

a) Wie groß ist das erforderliche Antriebsmoment?
b) Wie groß ist die maximale Torsionsspannung?
c) Wie groß ist die Verdrehung der Endquerschnitte des Bohrgestänges unter der Annahme eines konstanten Reibmomentes?

Gegeben: $d = 70$ mm; $L_E = 4$ m; $\mu = 0{,}3$; $G = 80.000$ N/mm^2; $T = 2000$ Nm;
$p = 0{,}5 \cdot 10^5$ N/m^2

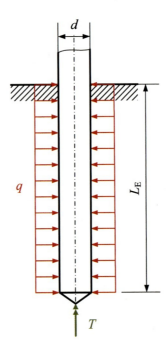

Aufgabe 2.12 Eine Hohlwelle hat das Durchmesserverhältnis $\delta = d/D = 0{,}8$. Sie soll eine Leistung $P = 13{,}1$ kW bei einer Drehzahl von $n = 250$ min^{-1} übertragen. Dabei soll die zulässige Torsionsspannung von $\tau_{zul} = 60$ N/mm^2 nicht überschritten werden. Zu bestimmen sind:

a) die erforderlichen Durchmesser D und d
b) die Spannung am Innendurchmesser (auf der Innenseite der Hohlwelle).

Aufgabe 2.13 Für den skizzierten Drehfederstab ist die Bohrungstiefe a bei gegebenem Durchmesser d so zu bestimmen, dass sich eine Verdrehung zwischen den Querschnitten A und B von $\varphi = 10°$ einstellt. Wie groß ist dabei die maximale Torsionsspannung?

Gegeben: $d = 10\,\text{mm}; D = 20\,\text{mm}; l = 350\,\text{mm}; G = 81.000\,\text{N/mm}^2; T = 0,6\,\text{kNm}$

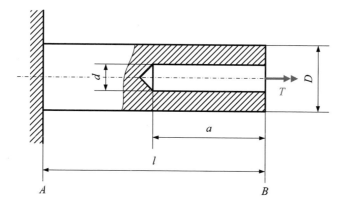

Aufgabe 2.14 Omnibusse erhalten ein Gerippe aus rechteckigen Stahl-Hohlprofilen. Die Scheiben werden meist eingeklebt. Dazu wird im Fensterobergurt das im Bild dargestellte Spezial-Hohlprofil mit einer Wandstärke von $s = 4\,\text{mm}$ verwendet. Beim Anheben eines Rades (z. B. Parken mit einem Rad auf dem Bürgersteig) wird die Bus-Karosserie auf Torsion beansprucht. Dadurch erfährt auch der Fensterobergurt eine Torsionsbeanspruchung. Das Torsionsmoment wurde zu $T = 1,6\,\text{kNm}$ berechnet. Wie groß ist die Torsionsspannung im Fensterobergurt?

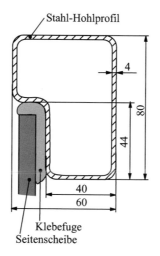

Aufgabe 2.15 Pkw der Kleinwagen- und unteren Mittelklasse besitzen oft eine nicht angetriebene Hinterachse als so genannte Verbundlenkerachse. Die Räder werden über Längslenker (Kasten- bzw. Rohrprofile) geführt. Die Längslenker sind zwischen den Lagerstellen an der Karosserie durch eine Torsionsfeder verbunden, die beim Wanken der Karosserie (Drehbewegung um die Längsachse) den Wankwinkel vermindert, indem sie die Wankfedersteifigkeit erhöht. Sie wirkt also wie ein Stabilisator. Die Torsionsfeder ist z. B. ein mit einem Öffnungswinkel von 70° gekantetes Stahlblech (V-Profil, siehe Skizze). Wie groß ist bei einem Verdrehwinkel von $\varphi = 10°$ die Spannung in dem V-Profil?

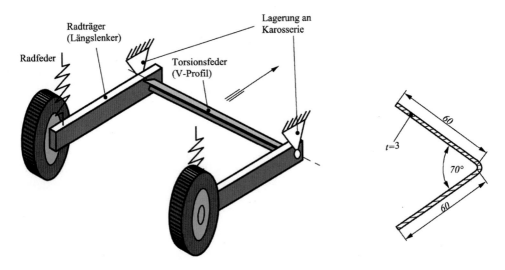

Gegeben: Profillänge $l = 1200$ mm; Schubmodul $G = 81.000$ N/mm²

Aufgabe 2.16 Das in folgender Abbildung skizzierte stranggepresste Aluminium-Hohl-profil mit einer Wandstärke von $s = 6$ mm wird in einer Leichtbau-Konstruktion mit einem Torsionsmoment $T = 2{,}1$ kNm belastet.

a) Wie groß ist die Torsionsspannung?
b) Wie groß ist bei einer Profillänge von 3000 mm der Verdrehwinkel ($G_{Al} = 27.000$ N/mm^2)?

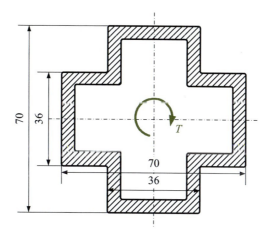

Aufgabe 2.17 Ein Kran ist wie in folgender Abbildung mit $F = 24$ kN belastet. Wie groß muss der Innendurchmesser d der an beiden Enden (in den Punkten A und B) gelenkig gelagerten Stahlrohrstrebe aus S235 sein, wenn bei $D = 100$ mm Außendurchmesser die Sicherheit gegen Ausknicken $S_K = 3{,}5$ sein soll?

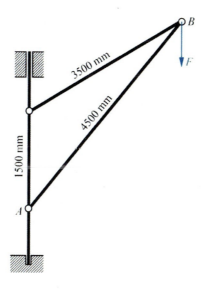

Aufgabe 2.18 In einer Spindelpresse werden Holzplatten furniert. Die Platten werden mittels Spindelkraft gepresst. Dann werden zur Verkürzung der Abbindezeit des Leims die Druckplatten der Presse beheizt. Die Spindel aus E335 erwärmt sich dabei schneller als das Pressengestell aus S235. Die Spindel mit der maximalen freien Länge L ist oben in der Mutter hülsenartig und unten am Pressenteller in einem Kugelgelenk gelagert. Die Verformungen des Pressengestells aufgrund der Spindelkraft können vernachlässigt werden, ebenso der Längenunterschied zwischen Pressengestell und Spindel.

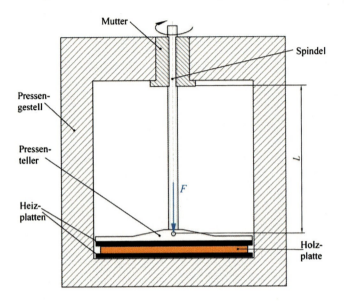

Gegeben: Freie Länge der Spindel: $L = 715$ mm
Kerndurchmesser der Spindel: $d = 20$ mm
Elastizitätsmodul für Stahl: $E = 2{,}1 \cdot 10^5$ N/mm^2
Wärmeausdehnungskoeffizient für Stahl: $\alpha = 1{,}2 \cdot 10^{-5}$ K^{-1}
Spindelkraft (aufgrund Vorspannmoment): $F = 15.708$ N

a) Wie groß ist die Sicherheit gegen Knicken bei unbeheizter Presse?
b) Wie hoch darf der Temperaturunterschied zwischen Pressengestell und Spindel maximal sein, damit die Knicksicherheit der Spindel mindestens $S_K = 2{,}1$ ist?

Aufgabe 2.19 Der Ausleger gemäß des Bildes ist für eine Masse $m = 3$ t mit 3facher Sicherheit zu berechnen. Zu wählen sind

a) für einen Holzbalken mit kreisförmigem Querschnitt der erforderliche Durchmesser,
b) das erforderliche U-Profil aus S235JR für zwei parallele nicht verbundene Träger. Die Druckspannung und die tatsächliche Sicherheit.

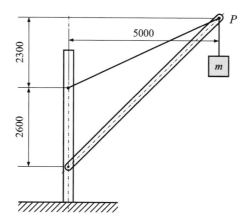

Aufgabe 2.20 Ein voller Wasserbehälter mit den Abmessungen $5\,\mathrm{m} \times 2\,\mathrm{m} \times 1{,}5\,\mathrm{m}$ wird gemäß folgender Abbildung durch 4 I-Säulen von $4\,\mathrm{m}$ getragen. Die Gewichtskraft des leeren Behälters beträgt $36\,\mathrm{kN}$.

Gegeben: $E = 2{,}1 \cdot 10^5\,\mathrm{N/mm^2}$; $\rho_{\mathrm{Wasser}} = 1000\,\mathrm{kg/m^3}$

a) Wie groß ist die Belastung einer Säule?
b) Welches $I_{\min}$ muss eine Säule bei einer Sicherheit $S_K = 4$ haben?
c) Welches Profil ist zu wählen?
d) Wie groß ist der Schlankheitsgrad λ?

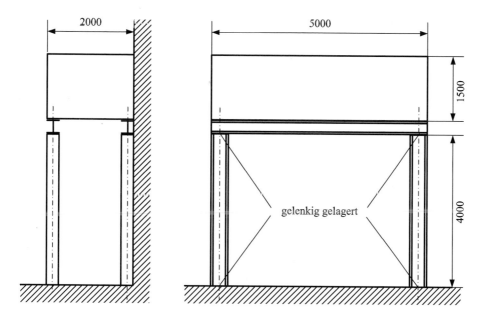

Zusammengesetzte Beanspruchungen 3

In Kap. 2 wurden die fünf Grundbeanspruchungsarten Zug, Druck, Schub, Biegung und Torsion behandelt. In der Praxis tritt selten eine Spannungsart für sich allein auf. Daher hat man an einer Schnittstelle in einem Bauteil meistens zwei oder mehr Spannungsarten gleichzeitig. Man spricht in diesem Fall von zusammengesetzter Beanspruchung. Für das Versagen eines Bauteils sind dann nicht mehr die Einzelspannungen maßgebend, d. h. ein Bauteil kann bei zusammengesetzter Beanspruchung auch versagen, wenn alle vorhandenen Einzelspannungen kleiner sind als die dafür jeweils zulässigen Spannungen. In diesem Kapitel werden daher die Berechnungsgrundlagen für Bauteile mit mehreren Spannungsarten behandelt.

Zunächst werden einige Beispiele gezeigt (Abb. 3.1).

▶ Gleichartige Spannungen – Normalspannungen und Tangentialspannungen je für sich – können nach dem Superpositionsprinzip durch algebraische Addition zusammengefasst werden. Dies gilt nur, solange die Beanspruchung im Hooke'schen Bereich stattfindet, wenn also Spannung und Dehnung proportional sind.

3.1 Zusammengesetzte Normalspannungen

Beanspruchung bei Zug oder Druck mit Biegung Wir betrachten zunächst einen links einseitig eingespannten Balken, der am freien Ende (rechts) durch eine Biege- und eine Zug- bzw. Druckkraft belastet ist, Abb. 3.2.

In Abb. 3.2a, b treten im eingezeichneten Querschnitt A gleichzeitig ein Biegemoment $M_b = F_z \cdot x$ und eine Längskraft $F_l = F_x$ auf. F_x und F_z sind dabei z. B. die Komponenten einer schräg angreifenden Kraft F. In Abb. 3.2c, d ergeben sich im Querschnitt A ein Biegemoment $M_b = F \cdot a$ und eine Längskraft F_l aufgrund der außermittig angreifenden Kraft F. Die Schubbeanspruchung durch die Querkraft F_z in Abb. 3.2a, b ist vernachläs-

© Springer Fachmedien Wiesbaden GmbH 2017
K.-D. Arndt et al., *Festigkeitslehre für Wirtschaftsingenieure*,
https://doi.org/10.1007/978-3-658-18066-9_3

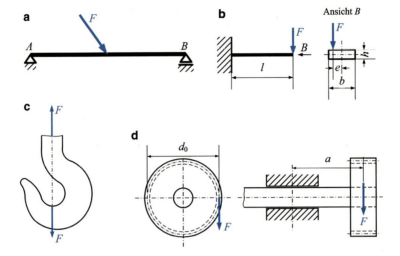

Abb. 3.1 Beispiele für zusammengesetzte Beanspruchungen. **a** Beispiel für Zug-, Schub- und Biegebeanspruchung (Balken auf zwei Stützen), **b** Beispiel für Biegung, Schub und Torsion (einseitig eingespannter Träger), **c** Beispiel für Zug, Biegung und Schub (Kranhaken), **d** Getriebewelle, die meist auf Biegung, Schub und Torsion beansprucht wird, wobei oftmals noch Zug oder Druck hinzukommen

sigbar, wenn die Länge des Balkens l wesentlich größer als die Balkenhöhe h ist. In der Praxis gilt dies ab etwa $l > 10 \cdot h$.

Die im Balken auftretenden Spannungen lassen sich wie folgt berechnen:

$$\text{Zug- bzw. Druckspannungen:} \quad \sigma_{z,d} = \frac{F}{A}$$

$$\text{Biegezugspannungen:} \quad \sigma_{bz} = \frac{M_b}{W_{bz}} \mathrel{\hat=} \frac{M_b}{\frac{I}{e_z}} \tag{3.1}$$

$$\text{Biegedruckspannungen:} \quad \sigma_{bd} = \frac{M_b}{W_{bd}} \mathrel{\hat=} \frac{M_b}{\frac{I}{e_d}} \tag{3.2}$$

I ist dabei das axiale Flächenmoment 2. Grades und e_z und e_d sind bei unsymmetrischen Querschnitten die Abstände der Querschnittsränder von der Biegeachse.

Für die Dimensionierung oder den Nachweis eines Balkens interessieren beim Auftreten von Biegespannungen die Spannungen am Rand, da diese maximal sind und hier die zulässigen Spannungen zuerst erreicht werden. Die resultierenden Randspannungen können wir durch algebraische Addition ermitteln:

$$\text{Biegung mit Zug:} \quad \sigma_{max} = \sigma_{bz} + \sigma_z; \ \sigma_{min} = -\sigma_{bd} + \sigma_z \tag{3.3}$$

$$\text{Biegung mit Druck:} \quad \sigma_{max} = |-\sigma_{bd} - \sigma_d|; \ \sigma_{min} = |\sigma_{bz} - \sigma_d| \tag{3.4}$$

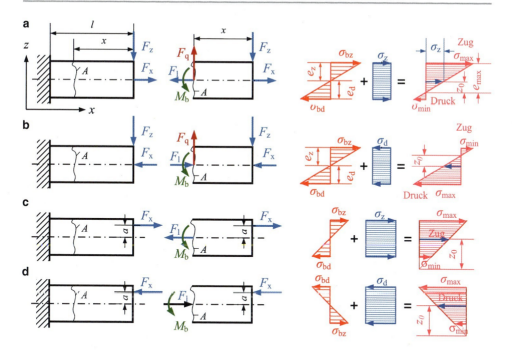

Abb. 3.2 Biegung mit Zug oder Druck; **a** Biegekraft F_z und mittige Zugkraft F_x; **b** Biegekraft F_z und mittige Druckkraft F_x; **c** außermittige Kraft F als Zug- und Biegekraft; **d** außermittige Kraft F als Druck- und Biegekraft

Positive Randspannungen sind resultierende Zugspannungen; resultierende Druck-spannungen treten als negative Randspannungen auf.

Als Festigkeitsbedingung gilt, soweit die Streckgrenze des Werkstoffs der Quetsch-grenze entspricht:

$$|\sigma_{max}| \le \sigma_{zul} \tag{3.5}$$

Durch die Überlagerung von Biegespannungen mit Zug- oder Druckspannungen ver-schiebt sich die Spannungs-Nulllinie um das Maß z_0. Bei Biegung mit Zug wandert die Nulllinie zur Biegedruckseite und z_0 wird negativ. Ein positives z_0 erhalten wir bei Bie-gung mit Druck; hier verschiebt sich die Nulllinie zur Biegezugseite.

Nach Abb. 3.2a ergibt sich z_0 bei Biegezug zu

$$z_0 = -\frac{\sigma_z}{\sigma_{bz}} \cdot e_z \tag{3.6}$$

und für Biegedruck nach Abb. 3.2b erhält man

$$z_0 = \frac{\sigma_d}{\sigma_{bd}} \cdot e_d \tag{3.7}$$

Für $\sigma_z > \sigma_{bd}$ (vgl. Abb. 3.2c) oder $\sigma_d > \sigma_{bz}$ (vgl. Abb. 3.2d) liegt die Spannungsnulllinie außerhalb des Querschnitts. Als resultierende Randspannungen erhält man hier nur Zug- bzw. nur Druckspannungen.

Beispiel 3.1 Wir untersuchen eine Stütze aus einem I-Profil mit angeschweißtem Konsolblech, Abb. 3.3a. Die Stütze wird durch zwei Druckkräfte F_1 und F_2 außermittig belastet, da die Kraft F_2 um die y-Achse des I-Profils (senkrecht zur Zeichnungsebene) ein Biegemoment erzeugt.

Gegeben Querschnittsfläche $A = 53{,}8\,\mathrm{cm}^2$; axiales Widerstandsmoment $W_{by} = 557\,\mathrm{cm}^3$; zul. Spannung $\sigma_{zul} = 30\,\mathrm{N/mm}^2$

Gesucht ist die maximale Randspannung und ist sie zulässig?

Lösung Die Stütze wird auf Druck durch die beiden Kräfte F_1 und F_2 und auf Biegung durch das Biegemoment $M_b = F_2 \cdot a$ beansprucht (Abb. 3.3b).

Die Gesamtspannung in einem Querschnitt in ausreichender Entfernung zur Krafteinleitungsstelle und zum Auflager (z. B. Querschnitt B–B) erhält man als Summe aus der Biege- und der Druckspannung. Die größte Spannung wird entsprechend Abb. 3.2d am Biegedruckrand auftreten. Da es sich um Druckspannungen handelt, werden sie mit nega-

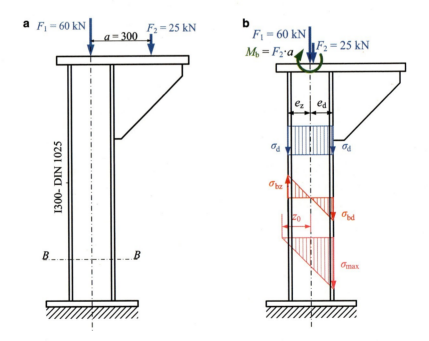

Abb. 3.3 a Stütze zu Beispiel 3.1, **b** Druck- und Biegespannungen in der Stütze

tivem Vorzeichen berücksichtigt:

$$\sigma_{max} = -\sigma_{bd} - \sigma_d$$

Die Biegespannung ergibt sich zu

$$\sigma_{bd} = \frac{M_b}{W_b} = \frac{F_2 \cdot a}{W_b} = \frac{25\,\text{kN} \cdot 300\,\text{mm}}{557 \cdot 10^3\,\text{mm}^3}$$

$$\underline{\underline{\sigma_{bd} = 13{,}46\,\frac{N}{mm^2}}}.$$

Für die Druckspannung erhält man:

$$\sigma_d = \frac{F}{A} = \frac{F_1 + F_2}{A} = \frac{(60 + 25) \cdot 10^3\,\text{N}}{53{,}8 \cdot 10^2\,\text{mm}^2}$$

$$\underline{\underline{\sigma_d = 15{,}8\,\frac{N}{mm^2}}}$$

Die größte Randspannung, eine Druckspannung, berechnet sich damit zu

$$\sigma_{max} = -(13{,}46 + 15{,}8)\,\frac{N}{mm^2}$$

$$\underline{\underline{\sigma_{max} \approx -29{,}26\,\frac{N}{mm^2}}}.$$

Die Bedingung $|\sigma_{max}| \approx 29{,}3\,\frac{N}{mm^2} < \sigma_{zul} = 30\,\frac{N}{mm^2}$ wird eingehalten.

Die minimale resultierende Randspannung erhalten wir folgendermaßen unter Berücksichtigung, dass aufgrund des symmetrischen Profils gilt: $|\sigma_{bd}| = |\sigma_{bz}|$.

$$\sigma_{min} = \sigma_{bz} - \sigma_d = (13{,}46 - 15{,}8)\,\frac{N}{mm^2}$$

$$\underline{\underline{\sigma_{min} = -2{,}34\,\frac{N}{mm^2}}}$$

Nach Gl. 3.7 kann jetzt auch die Nulllinienverschiebung z_0 ermittelt werden. Das I-Profil nach Abb. 3.3a hat eine Höhe von 300 mm:

$$z_0 = \frac{\sigma_d}{\sigma_{bd}} \cdot e_d$$

$$e_d \equiv e_z = e = \frac{h}{2} = \frac{300\,\text{mm}}{2} = 150\,\text{mm}$$

$$\underline{\underline{z_0}} = \frac{15{,}8}{13{,}46} \cdot 150\,\text{mm} = \underline{\underline{176{,}08\,\text{mm}}}$$

Die Spannungsnulllinie liegt also außerhalb des Profilquerschnittes analog zu Abb. 3.2d.

Beispiel 3.2 Ein U-Profil wird außermittig durch eine Druckkraft belastet (Abb. 3.4). Zu bestimmen sind die Lage des Schwerpunktes der Querschnittsfläche und die maximale Normalspannung an der Einspannung.

Gegeben: a, F

Lösung Wir berechnen zunächst die Lage des Schwerpunktes im y-z-Koordinatensystem. Dazu teilen wir die Gesamtfläche des U-Profils in Teilflächen auf, für die die Schwerpunktlage leicht zu ermitteln ist (Abb. 3.5).

$$z_S = \frac{\sum z_i \cdot A_i}{A_{ges}} = \frac{2 \cdot A_1 \cdot 3a + A_2 \cdot a}{4a^2 + 8a^2} = \frac{12a^3 + 8a^3}{12a^2}$$

$$z_S = \frac{20a^3}{12a^2} = \underline{\underline{\frac{5}{3}a}} \quad \text{(ausgehend vom unteren Rand)}$$

Bezogen auf die Schwerpunktachse in der Höhe z_S hat die Kraft F ein Biegemoment

$$M_b = \frac{5}{3}a \cdot F.$$

Zur Berechnung der Biegespannung

$$\sigma_b = \frac{M_b}{I_y} \cdot e$$

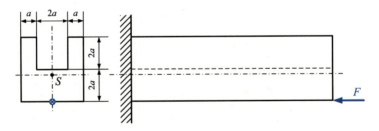

Abb. 3.4 Außermittig belastetes U-Profil in Beispiel 3.2

Abb. 3.5 Aufteilung des U-Profils aus Beispiel 3.2 in Teilflächen

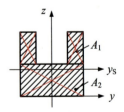

fehlt noch das Flächenmoment 2. Grades für die y_S-Achse. Dies setzt sich zusammen aus den Flächenmomenten der Einzelflächen um ihre (Teil-)Schwerpunkte und aus den Steiner-Anteilen:

$$I_y = 2 \cdot I_1 + 2 \cdot s_1^2 \cdot A_1 + I_2 + s_2^2 \cdot A_2$$

Für Rechteckflächen gilt allgemein für das axiale Flächenmoment 2. Grades:

$$I = \frac{b \cdot h^3}{12}$$

Damit erhält man schließlich:

$$I_y = 2 \cdot \frac{a \cdot (2a)^3}{12} + 2 \cdot \left(\frac{4}{3}a\right)^2 \cdot 2a^2 + \frac{4a \cdot (2a)^3}{12} + \left(\frac{2}{3}a\right)^2 \cdot 8a^2$$

$$I_y = \frac{16a^4}{12} + \frac{64}{9}a^4 + \frac{32a^4}{12} + \frac{32}{9}a^4 = \frac{48}{12}a^4 + \frac{96}{9}a^4$$

$$I_y = \frac{144a^4 + 384a^4}{36} = \frac{528}{36}a^4 = \underline{\underline{\frac{44}{3}a^4}}$$

Setzt man den Abstand des unteren Profilrandes zum Schwerpunkt in die Formel für die Biegespannung ein, so erhält man die Biegespannung am unteren Rand, in diesem Fall eine Biegedruckspannung:

$$\sigma_{bu} = \frac{5 \cdot a \cdot F \cdot 3 \cdot 5a}{3 \cdot 44 \cdot a^4 \cdot 3} = \underline{\underline{\frac{25 \cdot F}{132 \cdot a^2}}}$$

Durch entsprechendes Einsetzen für den oberen Rand ergibt sich eine Biegezugspannung:

$$\sigma_{bo} = \frac{5 \cdot a \cdot F \cdot 3 \cdot 7a}{3 \cdot 44 \cdot a^4 \cdot 3} = \underline{\underline{\frac{35}{132}\frac{F}{a^2}}}$$

Die Druckspannung im Querschnitt berechnet sich zu:

$$\sigma_d = \frac{F}{A_{ges}} = \underline{\underline{\frac{F}{12a^2}}}$$

Damit lassen sich die resultierenden Spannungen am unteren und am oberen Profilrand bestimmen:

$$\sigma_{res\,u} = -\sigma_{bu} - \sigma_d = \frac{-25F - 11F}{132a^2} = \frac{-36F}{132a^2} = \underline{\underline{-\frac{3}{11}\frac{F}{a^2}}}$$

$$\sigma_{res\,o} = \sigma_{bo} - \sigma_d = \frac{35F - 11F}{132a^2} = \frac{24F}{132a^2} = \underline{\underline{\frac{2}{11}\frac{F}{a^2}}}$$

Am unteren Rand ergibt sich eine resultierende Druckspannung, während der obere Rand eine resultierende Zugspannung aufweist. Die maximale Spannung tritt am unteren Rand auf:

$$\sigma_{\max} = |\sigma_{\text{res u}}| = \underline{\underline{\frac{3}{11}\frac{F}{a^2}}}$$

3.2   Zusammengesetzte Tangentialspannungen

Analog zur Behandlung der Normalspannungen in Abschn. 3.1 erfolgt jetzt die Betrachtung von Tangentialspannungen. In Abb. 3.6a ist ein einseitig eingespannter Zapfen mit einer außermittigen Querkraft F_q am freien Ende dargestellt. Die Abb. 3.6b, c zeigen die Belastungen des Zapfens an der Einspannstelle. Neben der Querkraftbeanspruchung, die zu Schubspannungen (Scherspannungen) führt, ergibt die am Außenradius angreifende Kraft F_q eine Torsionsbeanspruchung (Torsionsspannungen aus dem Torsionsmoment T, Abb. 3.6c). Die zusätzlich aus der Querkraft herrührende Biegebelastung, das Biegemoment M_{by} in den Abb. 3.6b, c, wird für die Überlegungen hier vernachlässigt. Aufgrund der geringen Länge des Zapfens ist das zunächst zulässig. Je näher die Schnittebene am freien Ende liegt, umso geringer ist das Biegemoment.

Die Schubspannungen aufgrund der Torsionsbelastung errechnen sich wie folgt:

$$\tau_t = \frac{T}{W_t} \mathrel{\hat{=}} \frac{F_q \cdot r}{W_t}$$

Diese Spannungen liegen in jedem Punkt des Querschnitts senkrecht auf dem Radius des betreffenden Punktes, siehe Abb. 3.7a. Sie nehmen vom Rand zum Querschnittsmittelpunkt hin linear ab und sind im Mittelpunkt null.

Für die Schubspannungen infolge Querkraft gilt nach Gl. 2.67 allgemein (vgl. Abschn. 2.3.4):

$$\tau_q(x, z) = \frac{F_q(x) \cdot H(z)}{I \cdot b}$$

Abb. 3.7b zeigt die Größe der Schubspannungen aus Querkraft – sie sind parabelförmig über dem Querschnitt verteilt mit dem Maximum in Querschnittsmitte. Am oberen

Abb. 3.6 Beanspruchung durch Tangentialspannungen aus Querkraft und Torsion. **a** Seitenansicht, **b** Stirnansicht und **c** Berücksichtigung des Versatzmomentes von F_q durch T

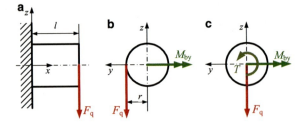

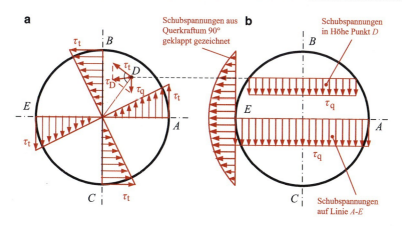

Abb. 3.7 Überlagerung von Schubspannungen aus Torsion (**a**) und Querkraft (**b**)

und unteren Rand des Querschnitts (Punkte B und C) sind sie null. Sie liegen in der Querschnittsebene – in Abb. 3.7b also in der Zeichenebene – und weisen hier nach unten. In Abb. 3.7b sind sie für die Lage des Punktes D und für die Linie A–E eingezeichnet.

Für die Überlagerung der Tangentialspannungen aus Torsion und Querkraft ist zu beachten, dass sie aufgrund ihrer von Punkt zu Punkt unterschiedlichen Größe und Richtung wie Vektoren zu behandeln sind.

Damit erhält man die Schubspannungen für die verschiedenen Punkte des Querschnittes (siehe Abb. 3.7a):

$$\text{Punkt A:} \quad \tau_A = \tau_q - \tau_t$$
$$\text{Punkte B und C:} \quad \tau_q = 0; \ \tau_{B,C} = \tau_t$$
$$\text{Punkt D:} \quad \vec{\tau}_D = \vec{\tau}_t + \vec{\tau}_q$$

In Punkt E tritt die maximale Schubspannung auf, da hier τ_t und τ_q dieselbe Richtung haben. Die Schubspannung aus Querkraft erreicht hier den Maximalwert nach Gl. 2.72.

$$\tau_{max} = \tau_E = \frac{F_q \cdot r}{W_t} + \frac{4}{3}\frac{F_q}{A}$$

Für die Dimensionierung eines entsprechend Abb. 3.6a belasteten Bauteils ist diese Schubspannung maßgebend, falls wie hier vorausgesetzt, die Biegespannungen vernachlässigbar sind. Die Vorgehensweise beim gleichzeitigen Auftreten von Normal- und Tangentialspannungen wird in den folgenden Abschnitten behandelt.

3.3 Zusammengesetzte Normal- und Tangentialspannungen

In der Praxis treten Normal- und Tangentialspannungen oft gleichzeitig auf, z. B. bei Antriebs- und Getriebewellen, die meist auf Biegung und Torsion (und auch durch Längs- und Querkräfte) beansprucht werden. Da Normal- und Tangentialspannungen unterschiedliche Richtungen haben, dürfen die verschiedenartigen Spannungen nicht für sich gegen die zulässigen Spannungen geprüft werden. Damit ist der getrennte Vergleich

$$\sigma_{max} \leq \sigma_{zul} \quad \text{und} \quad \tau_{max} \leq \tau_{zul}$$

nur für Überschlagsrechnungen, **nicht jedoch als Spannungsnachweis zulässig!**

Auch die geometrische Addition der verschiedenen Spannungsarten gibt keine brauchbare Aussage über die Haltbarkeit eines Bauteils. Es ist bis heute nicht theoretisch eindeutig geklärt, durch welche Beanspruchung bei einem mehrachsigen Spannungszustand ein Versagen des Werkstoffs auftritt. Eine praxisgerechte Lösung bietet hier das Vergleichsspannungsprinzip, bei dem ein mehrachsiger Spannungszustand in einen vergleichbaren, d. h. beanspruchungsgleichen einachsigen Spannungszustand umgerechnet wird. Allerdings verhalten sich bei mehrachsigen Spannungszuständen die verschiedenen Werkstoffe nicht gleich, so dass für das Versagen von Bauteilen je nach verwendetem Werkstoff unterschiedliche Vergleichsspannungshypothesen entwickelt wurden, siehe Abschn. 3.4.

Zweiachsiger Spannungszustand

Ein Stab, der durch eine Längskraft (Zug- oder Druckkraft) belastet wird, unterliegt einem einachsigen Spannungszustand. Es treten nur Spannungen in einer Achsenrichtung, hier in Längsrichtung (Abb. 3.8), auf.

In der Praxis überwiegt der zweiachsige, ebene Spannungszustand. Dabei treten zwei oder mehr Spannungen in einer Ebene auf. Dies ist z. B. der Fall bei Biegung mit Torsion oder bei zwei zueinander senkrechten Normalspannungen. Die Schnittflächen parallel zur Wirkungsebene dieser Spannungen sind spannungsfrei, z. B. bei Blechelementen, siehe Abb. 3.9. Alle Spannungen liegen in der x-y-Ebene, d. h. es gibt keine Spannungen senkrecht zur Zeichenebene.

Für die Schubspannungen gilt folgende Vereinbarung für die Indizes: Der erste Index gibt die Ebene an, in der τ angreift; x bezeichnet z. B. die Ebene senkrecht zur x-Achse. Der zweite Index gibt die Richtung von τ an. τ_{xy} steht demnach für eine Schubspannung, die in einer Ebene senkrecht zur x-Achse liegt und in Richtung der y-Achse verläuft.

Es gilt der Satz der zugeordneten Schubspannungen (vgl. Abschn. 2.3.2):

$$\tau_{xy} = \tau_{yx} \,\hat{=}\, \tau$$

Abb. 3.8 Einachsiger Spannungszustand

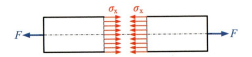

Abb. 3.9 Ebener Spannungszustand

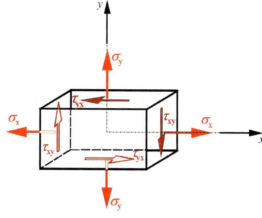

Abb. 3.10 Geschnittenes
Quaderelement und neues
Koordinatensystem auf der
Schnittfläche

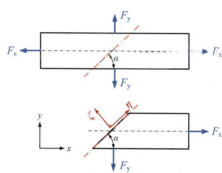

Auf die Darstellung eines dreiachsigen (räumlichen) Spannungszustands wird hier ver-
zichtet. Es sei nur angemerkt, dass sich dabei Normal- und/oder Tangentialspannungen
in drei zueinander senkrechten Ebenen überlagern. Es treten also Spannungen in allen
sechs Flächen eines Quaderelements auf. Räumliche Spannungszustände ergeben sich in
Bauteilen im Bereich von Kerben (z. B. Ringnuten, Passfedernuten, Bohrungen) und von
Schweißnähten sowie in der Nähe von Kraft-Einleitungs- und -Umleitungsstellen.

Wir kommen zurück zum zweiachsigen Spannungszustand und schneiden den Qua-
der aus Abb. 3.9 unter einem Winkel α. Auf die Schnittebene legen wir ein neues η-ζ-
Koordinatensystem, Abb. 3.10.

In diesem Koordinatensystem unter dem Winkel α zur x-Achse treten ebenfalls Nor-
malspannungen σ_α senkrecht zur Schnittebene und Tangentialspannungen τ_α in der
Schnittebene auf. Diese Spannungen werden wir berechnen und schließlich einen Win-
kel α bestimmen, für den die Normalspannung maximal ist. Damit haben wir dann die
Größe und die Richtung der so genannten Hauptspannungen im Quaderelement bestimmt.
Einerseits kennen wir damit die maximale Normalspannung, die ein Bauteil beansprucht.
Bei faserverstärkten Kunststoff-Bauteilen, die z. B. im Flugzeug- und Fahrzeugbau aus
Gewichtsgründen eingesetzt werden, kennen wir dann auch die Hauptbeanspruchungs-

Abb. 3.11 Geschnittenes Teil-element mit angetragenen Spannungen (**a**) und Kräften (**b**)

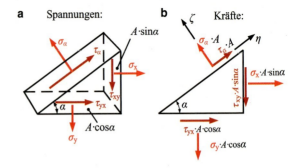

richtung und können so die Richtung der Fasern in der Kunststoffmatrix festlegen. Faserverstärkte Bauteile haben in Richtung der Fasern hohe Festigkeit, aber quer dazu nur geringe, da hier allein die erheblich niedrigere Festigkeit der Kunststoffmatrix maßgebend ist. Treten Spannungen unter verschiedenen Richtungen auf, muss z. B. ein entsprechend ausgerichtetes Fasergewebe einlaminiert werden.

Auch bei Umformvorgängen, z. B. beim Tiefziehen von Blech bei der Herstellung von Karosserieteilen für Automobile, wird die Blechplatine je nach Form des Presswerkzeugs mehrachsig beansprucht. Hierbei interessieren die Größe der maximalen Spannung und die Richtung, um z. B. das Entstehen von Rissen im Blech beim Umformen zu vermeiden.

Abb. 3.11a zeigt den geschnittenen Quader mit den auftretenden Spannungen; in Abb. 3.11b sind die aus den Spannungen resultierenden Kräfte (Spannungen multipliziert mit den zugehörigen Flächen) dargestellt. Die schräg liegende Schnittfläche hat die Größe A.

Wir bilden jetzt das Kräftegleichgewicht in den Achsenrichtungen des η-ζ-Koordinatensystems (Abb. 3.12).

$$\sum F_\zeta = 0$$
$$\Rightarrow \sigma_\alpha \cdot A - \sigma_x \cdot A \cdot \sin\alpha \cdot \sin\alpha - \sigma_y \cdot A \cdot \cos\alpha \cdot \cos\alpha$$
$$- \tau_{yx} \cdot A \cdot \cos\alpha \cdot \sin\alpha - \tau_{xy} \cdot A \cdot \sin\alpha \cdot \cos\alpha = 0$$

$$\Rightarrow \sigma_\alpha = \sigma_x \cdot \sin^2\alpha + \sigma_y \cdot \cos^2\alpha + (\tau_{yx} + \tau_{xy}) \cdot \sin\alpha \cos\alpha \qquad (3.8)$$

$$\sum F_\eta = 0$$
$$\Rightarrow \tau_\alpha \cdot A - \tau_{xy} \cdot A \cdot \sin\alpha \cdot \sin\alpha + \tau_{yx} \cdot A \cdot \cos\alpha \cdot \cos\alpha$$
$$+ \sigma_x \cdot A \cdot \sin\alpha \cdot \cos\alpha - \sigma_y \cdot A \cdot \cos\alpha \cdot \sin\alpha = 0$$

$$\Rightarrow \tau_\alpha = (\sigma_y - \sigma_x) \cdot \sin\alpha \cos\alpha + \tau_{xy} \cdot \sin^2\alpha - \tau_{yx} \cdot \cos^2\alpha \qquad (3.9)$$

Mit den Gln. 3.8 und 3.9 können jetzt die Spannungen am geschnittenen Quader berechnet werden. Wir können diese beiden Gleichungen aber noch vereinfachen.

Nach dem Satz der zugeordneten Schubspannungen ist $\tau_{xy} = \tau_{yx}$.

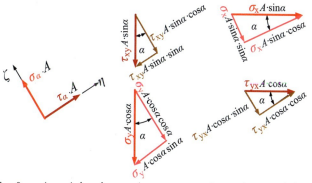

$\Sigma F_\zeta = 0: \sigma_a \cdot A - \sigma_x A \cdot \sin\alpha \cdot \sin\alpha - \sigma_y A \cdot \cos\alpha \cdot \cos\alpha - \tau_{yx} A \cdot \cos\alpha \cdot \sin\alpha - \tau_{xy} A \cdot \sin\alpha \cdot \cos\alpha$

$\Sigma F_\eta = 0: \tau_a \cdot A - \tau_{xy} A \cdot \sin\alpha \cdot \sin\alpha + \tau_{yx} A \cdot \cos\alpha \cdot \cos\alpha + \sigma_x A \cdot \sin\alpha \cdot \cos\alpha - \sigma_y A \cdot \cos\alpha \cdot \sin\alpha$

Abb. 3.12 Komponenten der angreifenden Kräfte am geschnittenen Quaderelement

Außerdem gelten folgende trigonometrische Beziehungen:

$$\sin^2\alpha = \frac{1 - \cos 2\alpha}{2} \qquad \cos^2\alpha - \sin^2\alpha = \cos 2\alpha$$

$$\cos^2\alpha = \frac{1 + \cos 2\alpha}{2} \qquad 2\sin\alpha \cdot \cos\alpha = \sin 2\alpha.$$

Damit erhält man aus den Gln. 3.8 und 3.9:

$$\sigma_\alpha = \frac{\sigma_y + \sigma_x}{2} + \frac{\sigma_y - \sigma_x}{2} \cdot \cos 2\alpha + \tau_{yx} \cdot \sin 2\alpha \tag{3.10}$$

$$\tau_\alpha = \frac{\sigma_y - \sigma_x}{2} \cdot \sin 2\alpha - \tau_{yx} \cdot \cos 2\alpha \tag{3.11}$$

Mit diesen Beziehungen Gln. 3.10 und 3.11 ist es uns gelungen, die Normal- und die Tangentialspannung in der Schnittebene des unter dem Winkel α geschnittenen Quaderelements zu bestimmen. Wie schon eingangs gesagt, wird die maximale Normalspannung gesucht bzw. der Winkel α, für den die Normalspannung maximal wird. Dazu leiten wir die Gl. 3.10 für die Normalspannung σ_α nach α ab und setzen die Ableitung null:

$$\frac{d\sigma_\alpha}{d\alpha} = -2\frac{\sigma_y - \sigma_x}{2} \cdot \sin 2\alpha + 2\tau_{yx} \cdot \cos 2\alpha = 0$$

Der Winkel, für den die Normalspannung maximal wird, d. h. für den die Ableitung nach Gl. 3.12 null ist, wird Hauptachsenwinkel α_h genannt (mit Index „h" für Hauptachse).

$$-\frac{\sigma_y - \sigma_x}{2} \cdot \sin 2\alpha_h + \tau_{yx} \cdot \cos 2\alpha_h = 0 \tag{3.12}$$

Über den allgemeinen trigonometrischen Zusammenhang

$$\tan \alpha = \frac{\sin \alpha}{\cos \alpha}$$

erhält man schließlich aus Gl. 3.12 für den **Hauptachsenwinkel**:

$$\tan 2\alpha_h = \frac{2\tau_{yx}}{\sigma_y - \sigma_x}; \quad \alpha_h = \frac{1}{2} \arctan \frac{2\tau_{yx}}{\sigma_y - \sigma_x} \tag{3.13}$$

Aus der Beziehung

$$\tan 2\alpha_h = \tan(2\alpha_h + 180°) = \tan 2(\alpha_h + 90°)$$

lässt sich erkennen, dass die Extremwerte der Normalspannung für α_h und $\alpha_h + 90°$ auftreten, d. h. die Achsen für σ_{min} und σ_{max} stehen senkrecht aufeinander.

Zur Bestimmung der maximalen und der minimalen Spannung verwenden wir folgende trigonometrische Beziehungen

$$\sin 2\alpha = \frac{\tan 2\alpha}{\sqrt{1 + \tan^2 2\alpha}} \quad \cos 2\alpha = \frac{1}{\sqrt{1 + \tan^2 2\alpha}}$$

und erhalten schließlich:

$$\sigma_{\substack{max \\ min}} = \frac{\sigma_y + \sigma_x}{2} \pm \sqrt{\left(\frac{\sigma_y - \sigma_x}{2}\right)^2 + \tau_{yx}^2} \tag{3.14}$$

$$\tau = 0$$

Für die Hauptachsen des ebenen Spannungszustandes gilt:

- Die Normalspannung σ erreicht für eine Hauptachse ein Maximum.
- Die Normalspannung σ für die dazu senkrechte Achse ist minimal.
- Die Tangentialspannung τ ist null.

Für das Problem der Ermittlung der Hauptspannungen und Hauptachsen bei einem ebenen Spannungszustand hat Mohr[1] eine grafische Lösung angegeben, die nach ihm „**Mohr'scher Spannungskreis**" genannt wird. Um diese grafische Methode zu entwi-

---

[1] Christian Otto Mohr (1835–1918), deutscher Eisenbahn-Ingenieur, Baustatiker und Hochschullehrer an den TH Stuttgart und Dresden.

ckeln, betrachten wir nochmals die Gln. 3.10 und 3.11 für die Spannungen im unter dem Winkel α geschnittenen Quaderelement:

$$\sigma_\alpha - \frac{\sigma_y + \sigma_x}{2} = \frac{\sigma_y - \sigma_x}{2} \cdot \cos 2\alpha + \tau_{yx} \cdot \sin 2\alpha \qquad (3.15)$$

$$\tau_\alpha = \frac{\sigma_y - \sigma_x}{2} \cdot \sin 2\alpha - \tau_{yx} \cdot \cos 2\alpha \qquad (3.16)$$

Diese beiden Gleichungen werden quadriert. Aus Gl. 3.15 wird dann

$$\left(\sigma_\alpha - \frac{\sigma_y + \sigma_x}{2}\right)^2 = \left(\frac{\sigma_y - \sigma_x}{2}\right)^2 \cos^2 2\alpha + 2\frac{\sigma_y - \sigma_x}{2} \cdot \cos 2\alpha \cdot \tau_{yx} \cdot \sin 2\alpha + \tau_{yx}^2 \cdot \sin^2 2\alpha$$

und für Gl. 3.16 erhalten wir:

$$\tau_\alpha^2 = \left(\frac{\sigma_y - \sigma_x}{2}\right)^2 \sin^2 2\alpha - 2\frac{\sigma_y - \sigma_x}{2} \sin 2\alpha \cdot \tau_{yx} \cos 2\alpha + \tau_{yx}^2 \cdot \cos^2 2\alpha$$

Beide Gleichungen werden addiert:

$$\left(\sigma_\alpha - \frac{\sigma_y + \sigma_x}{2}\right)^2 + \tau_\alpha^2 = \left(\frac{\sigma_y - \sigma_x}{2}\right)^2 + \tau_{yx}^2$$

Das Ergebnis hat die Form einer Kreisgleichung und stellt den schon erwähnten „Mohr'schen Spannungskreis" dar. Dieser Kreis hat die **Mittelpunktskoordinaten**

$$M\left\langle \frac{\sigma_y + \sigma_x}{2} \middle| 0 \right\rangle \qquad (3.17)$$

und den **Radius**

$$r = \sqrt{\left(\frac{\sigma_y - \sigma_x}{2}\right)^2 + \tau_{yx}^2}. \qquad (3.18)$$

Abb. 3.13 zeigt den Mohr'schen Spannungskreis in einem σ-τ-Koordinatensystem. Nach Gl. 3.17 können zunächst die Mittelpunktskoordinaten berechnet und der Mittelpunkt M des Kreises auf der σ-Achse eingezeichnet werden. Man erhält den Punkt F auf der σ-Achse als Ende der gegebenen Spannung σ_y und den Punkt G als Endpunkt der gegebenen Spannung σ_x.

Mit der gegebenen Tangentialspannung τ_{yx}, die in F nach oben und in G nach unten eingetragen wird, findet man die Punkte A und B und damit den Durchmesser des Kreises als Strecke $\overline{AB}$. Der Schnittpunkt C des Kreises mit der waagerechten Achse legt die minimale Hauptspannung σ_{min} fest und im Punkt D findet man die maximale Hauptspannung σ_{max}. Die Verbindung AC bildet mit der waagerechten Achse den Hauptachsenwinkel α_h. Die Gerade AC gibt die Richtung von σ_{min} an. Senkrecht dazu verläuft die Richtung von σ_{max}. Trägt man an der Geraden AC im Punkt A einen Winkel von $45°$

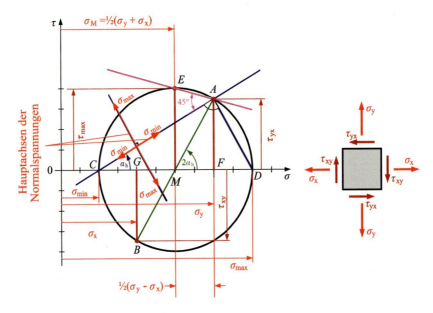

Abb. 3.13 Mohr'scher Spannungskreis

an, findet man mit der Geraden AE (und der dazu Senkrechten) auch die Richtung der größten Schubspannung τ_{max}.

Aus Abb. 3.13 kann man folgende Beziehungen für die **Hauptspannungen** σ_{max} und σ_{min} ablesen:

$$\sigma_{max} = \sigma_M + r = \frac{\sigma_y + \sigma_x}{2} + \sqrt{\left(\frac{\sigma_y - \sigma_x}{2}\right)^2 + \tau_{yx}^2} \qquad (3.19)$$

$$\sigma_{min} = \sigma_M - r = \frac{\sigma_y + \sigma_x}{2} - \sqrt{\left(\frac{\sigma_y - \sigma_x}{2}\right)^2 + \tau_{yx}^2} \qquad (3.20)$$

Die Größe der maximalen Tangentialspannung kann man analog zur Vorgehensweise für die Ermittlung der maximalen Normalspannung durch Differenziation der Gl. 3.11 berechnen:

$$\frac{d\tau_\alpha}{d\alpha} = 0$$

$$\tau_{max} = +\sqrt{\left(\frac{\sigma_y - \sigma_x}{2}\right)^2 + \tau_{yx}^2} \hat{=} r \qquad (3.21)$$

Die maximale Tangentialspannung im Hauptachsensystem entspricht dem Radius des Mohr'schen Spannungskreises, d. h. nach Abb. 3.13

$$\tau_{max} = \frac{\sigma_{max} - \sigma_{min}}{2}. \qquad (3.22)$$

Abb. 3.14 Quadrantenregel für den Mohr'schen Spannungskreis

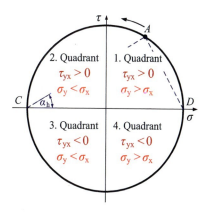

Der Winkel α_τ ist um $45°$ größer als der Hauptachsenwinkel:

$$\alpha_\tau = \alpha_h + 45° \tag{3.23}$$

Damit erreichen die Schubspannungen unter $45°$ zur Hauptachse ein Maximum.

Da die tan-Funktion mehrdeutig ist, entstehen bei der Bestimmung der Lage der Hauptachsen leicht Fehler. Bei Betrachtung der Zuordnung von σ_y, τ_{yx} und σ_x, τ_{xy} sind vier Kombinationen möglich. Mithilfe der Quadrantenregel (Abb. 3.14) kann man sehr schnell die Lage des Punktes A auf dem Mohr'schen Spannungskreis und die Richtung der max. und min. Hauptachse bestimmen.

Beispiel 3.3 Gegeben sind für einen ebenen Spannungszustand die Normalspannungen $\sigma_x = 40\,\text{N/mm}^2$ und $\sigma_y = 80\,\text{N/mm}^2$ sowie die Tangentialspannung $\tau_{yx} = 34{,}6\,\text{N/mm}^2$. Gesucht sind die Größe und Richtung von σ_{max}, σ_{min} und τ_{max}.

Lösung Zunächst werden die gesuchten Größen grafisch ermittelt. Dazu konstruieren wir den Mohr'schen Spannungskreis. Wir tragen die gegebenen Spannungen $\sigma_x = 40\,\text{N/mm}^2$ (Punkt G) und $\sigma_y = 80\,\text{N/mm}^2$ (Punkt F) auf der waagerechten Achse auf. In F und G zeichnen wir senkrecht nach oben bzw. unten die Tangentialspannung $\tau_{yx} = 34{,}6\,\text{N/mm}^2$ ein. Mit den Punkten A und B haben wir als Strecke $\overline{AB}$ den Durchmesser sowie als Schnittpunkt der Geraden AB mit der waagerechten Achse den Mittelpunkt M gefunden. Wir können dann die Hauptspannungen aus Abb. 3.15 ablesen:

$$\sigma_{max} = 100\,\text{N/mm}^2; \quad \sigma_{min} = 20\,\text{N/mm}^2; \quad \tau_{max} = 40\,\text{N/mm}^2$$

Die Linie AC gibt eine Richtung der Hauptachse der Normalspannungen vor; die zweite liegt senkrecht dazu. Die Linie AE legt die Richtung der Achse der Tangentialspannungen fest; auch hier steht die zweite Achse senkrecht auf der ersten.

Abb. 3.15 Grafische Lösung im Mohr'schen Spannungskreis für Beispiel 3.3

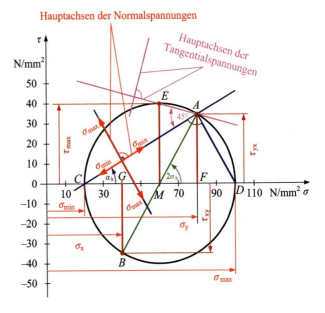

Als zweites ist auch eine rechnerische Lösung mit Hilfe der Gln. 3.19 und 3.20 möglich.

$$\sigma_{\substack{max \\ min}} = \frac{\sigma_y + \sigma_x}{2} \pm \sqrt{\left(\frac{\sigma_y - \sigma_x}{2}\right)^2 + \tau_{yx}^2}$$

$$= \left(\frac{80+40}{2}\right)\frac{N}{mm^2} \pm \sqrt{\left(\frac{80-40}{2}\right)^2 + 34{,}6^2}\,\frac{N}{mm^2}$$

$$= \left(60 \pm \sqrt{20^2 + 34{,}6^2}\right)\frac{N}{mm^2} \approx (60 \pm 40)\,\frac{N}{mm^2}$$

$$\sigma_{max} \approx 100\,\frac{N}{mm^2} \quad \sigma_{min} \approx 20\,\frac{N}{mm^2}$$

Die maximale Schubspannung ergibt sich nach Gl. 3.22:

$$\tau_{max} = \frac{\sigma_{max} - \sigma_{min}}{2} \approx 40\,\frac{N}{mm^2}$$

Für die Hauptachsenwinkel erhält man nach Gl. 3.13:

$$\tan 2\alpha_h = \frac{2\tau_{yx}}{\sigma_y - \sigma_x} = \frac{2 \cdot 34{,}6}{80-40} = \frac{69{,}2}{40}; \quad 2\alpha_h = \arctan 1{,}73 \approx \underline{\underline{60°}}$$

Da die Arcus-Tangens-Funktion nicht eindeutig ist, liefert die Gl. 3.13 nur eine Hauptachsenrichtung; die zweite steht senkrecht dazu:

$$\alpha_{h_1} = \alpha_h \approx \underline{\underline{30°}} \quad \alpha_{h_2} \approx \underline{\underline{120° \text{ bzw. } -60°}}$$

Dies gilt analog auch für den Winkel der Tangentialspannungsrichtung:

$$\tan 2\alpha_\tau = -\frac{\sigma_y - \sigma_x}{2\tau_{yx}} = -\frac{80 - 40}{2 \cdot 34{,}6} = -\frac{40}{69{,}2}; \ 2\alpha_\tau = \arctan(-0{,}578) \approx \underline{\underline{-30°}}$$

$$\alpha_{\tau_1} \approx \underline{\underline{-15°}} \quad \alpha_{\tau_2} = \alpha_h + 45° = 30° + 45° = 75° = \underline{\underline{\alpha_{\tau_1} + 90°}}$$

Die rechnerischen Ergebnisse stimmen im Rahmen der Zeichengenauigkeit mit den zeichnerischen überein.

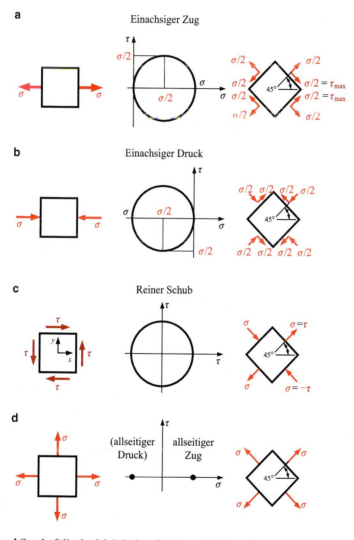

Abb. 3.16 **a–d** Sonderfälle des Mohr'schen Spannungskreises

Abb. 3.16 zeigt vier **Sonderfälle des Mohr'schen Spannungskreises**, wobei jeweils links das Element mit den eingeprägten Spannungen, in der Mitte der Mohr'sche Spannungskreis und rechts das um 45° gedrehte Element dargestellt sind:

a) Einachsiger Zug (wie er z. B. beim Zugversuch auftritt, Abb. 3.16a) – der Spannungskreis berührt die senkrechte Achse von rechts. Der Hauptachsenwinkel hat für $\tau_{yx} = 0$ nach Gl. 3.13 den Wert $\alpha_h = 0$. Am unter 45° gedrehten Element können wir die größten auftretenden Schubspannungen erkennen, da sie nach Gl. 3.23 unter einem Winkel von 45° zu den Normalspannungen auftreten. Ihre Größe ergibt sich nach Gl. 3.11 für $\sigma_x = \sigma$ und $\sigma_y = 0$ sowie $\alpha = 45°$ zu $\tau_\alpha = \sigma / 2$.

b) Einachsiger Druck – der Spannungskreis berührt die senkrechte Achse von links, Abb. 3.16b. Mit $\sigma_x = -\sigma$ erhält man die am um 45° gedrehten Element eingezeichneten Spannungen.

c) Allseitiger Schub – der Mittelpunkt des Spannungskreises liegt im Ursprung, Abb. 3.16c. Für die Normalspannung am 45° gedrehten Element ergibt sich mit $\sigma_x = \sigma_y = 0$ und $\tau_{yx} = \tau$ sowie $\alpha = 45°$ der Wert $\sigma_\alpha = \tau$.

d) Allseitiger Druck (dieser Fall entspricht z. B. der Belastung eines Steins unter Wasser, Abb. 3.16d) bzw. allseitiger Zug – der Mohr'sche Spannungskreis entartet zu einem Punkt auf der waagerechten Achse, denn nach Gl. 3.18 ist für $\sigma_x = \sigma_y = \sigma$ und $\tau_{yx} = 0$ der Radius $r = 0$. Unter 45° ist nach Gl. 3.10 $\sigma_\alpha = \sigma$ und nach Gl. 3.11 ergibt sich $\tau_\alpha = 0$.

Beispiel 3.4 Die gebrochene Schraubenfeder eines Pkws zeigt eine Bruchfläche unter 45° zur Windungsachse (siehe Abb. 3.17). Erläutern Sie, warum der Bruch unter diesem Winkel aufgetreten ist.

Lösung Schraubenfedern werden auf Torsion beansprucht, da es sich bei ihnen um gewundene Torsionsstabfedern handelt [10, S. 325]. Wir zeichnen den Mohr'schen Spannungskreis für diesen Sonderfall der Beanspruchung (siehe auch Abb. 3.16c).

Abb. 3.17 Gebrochene
Schraubenfeder zu Beispiel 3.4

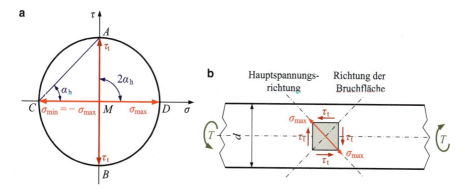

Abb. 3.18 Mohr'scher Spannungskreis (**a**) und Hauptspannungen (**b**) im Draht zu Beispiel 3.4

Aus dem Mohr'schen Spannungskreis, Abb. 3.18, entnimmt man die Größe der Hauptspannung:

$$\sigma_{max} = \tau_{yx} = \tau_t \quad \text{(Zugspannung)}$$

Mit Gl. 3.19 können wir die Hauptspannung σ_{max} auch rechnerisch ermitteln und erhalten dasselbe Ergebnis. Ebenso ergibt sich aus Gl. 3.13 der Hauptachsenwinkel zu 45°. Auf der um 90° gedrehten Hauptspannungsrichtung tritt σ_{min} auf. Diese Normalspannung ist bei gleichem Betrag entgegengesetzt wie σ_{max} gerichtet; es handelt sich also um eine Druckspannung. Betrachten wir ein Rechteckelement auf der Außenseite des Federdrahtes, so liegt die Hauptspannung σ_{max} unter 45° zur Drahtachse, so dass bei torsionsbeanspruchtem, vergütetem Federdraht ein Bruch in der Hauptachsenrichtung üblich ist (90° zur maximalen Hauptspannung σ_{max}).

3.4 Vergleichsspannungshypothesen

Vergleichsspannungshypothesen versuchen die Frage zu klären, wann bei mehrachsigen Spannungszuständen ein kritischer Spannungszustand erreicht wird. Grundgedanke aller Vergleichsspannungshypothesen ist, die Wirkung eines mehrachsigen Spannungszustandes auf eine einachsige Normalspannung zurückzuführen. Dazu wird eine gleichwertige einachsige **Vergleichsspannung σ_v** gebildet. Diese errechnete (fiktive) Vergleichs(normal)spannung σ_v wird mit der zulässigen Normalspannung σ_{zul} verglichen. Als Spannungsnachweis wird $\sigma_v \leq \sigma_{zul}$ geprüft.

Für die Sicherheit eines Bauteils ist maßgebend:

- die Art der Beanspruchung,
- die Art des möglichen Versagens.

Aus den unterschiedlichen Beanspruchungs- und Versagensarten wurden zahlreiche theoretische Modelle für Festigkeits- oder Bruchhypothesen abgeleitet. Es existiert bis heute keine allgemein gültige und für alle Beanspruchungs- und Versagensarten gleichermaßen geltende Theorie.

Drei Hypothesen haben sich herausgebildet, deren Brauchbarkeit durch Versuche und Praxis bestätigt wurden:

▶

1. die Normalspannungshypothese (NH)
2. die Schubspannungshypothese (SH) und
3. die Gestaltänderungsenergiehypothese (GEH).

Im Folgenden werden diese Hypothesen und ihre Einsatzbereiche der Reihe nach behandelt.

3.4.1 Hypothese der größten Normalspannung (NH)

Nach der Normalspannungshypothese[2] tritt ein Versagen bei mehrachsiger Beanspruchung ein, wenn – unabhängig von den anderen Spannungen – **die (größte) Hauptspannung** σ_{max} einen Grenzwert erreicht (Bruchfestigkeit). σ_{max} ergibt sich aus dem Mohr'schen Spannungskreis nach Gl. 3.19 mit:

$$\sigma_{max} = \frac{\sigma_y + \sigma_x}{2} + \sqrt{\left(\frac{\sigma_y - \sigma_x}{2}\right)^2 + \tau_{yx}^2} = \sigma_v \leq \sigma_{zul} \tag{3.24}$$

Für den Fall, dass nur Biegung und Torsion als Belastung vorhanden sind, gilt:$\sigma_x = 0$; $\sigma_y = \sigma_b$ und $\tau_{yx} = \tau_t$. Daraus folgt:

$$\sigma_v = \frac{1}{2}\left(\sigma_b + \sqrt{\sigma_b^2 + 4\tau_t^2}\right) \leq \sigma_{zul} \tag{3.25}$$

Die Hypothese der größten Normalspannung liefert eine brauchbare und gute Übereinstimmung zwischen Versuch und Berechnung bei (überwiegend ruhender) Beanspruchung von **spröden Werkstoffen**.

Beispiel 3.5 In einer auf Zug und Torsion beanspruchten martensitisch gehärteten Welle aus 41Cr4 treten folgende Spannungen auf:

$$\sigma_x = 450\,\text{N/mm}^2 \text{ und } \tau_t = 300\,\text{N/mm}^2$$

Die Zugfestigkeit beträgt $R_m = 2000\,\text{N/mm}^2$. Wie groß ist die Sicherheit gegen Bruch?

---

[2] Sie wurde erstmals 1861 von dem schottischen Ingenieur und Physiker William John Macquorn Rankine (1820–1871) formuliert.

Lösung Anwendung der Normalspannungshypothese, $\sigma_y = 0$.

$$\sigma_v = \frac{1}{2}\left(\sigma_x + \sqrt{\sigma_x^2 + 4\tau_t^2}\right) = \frac{1}{2}\left(450 + \sqrt{450^2 + 4 \cdot 300^2}\right)\frac{N}{mm^2} = \underline{\underline{600\,\frac{N}{mm^2}}}$$

$$S_B = \frac{R_m}{\sigma_v} = \frac{2000\,\frac{N}{mm^2}}{600\,\frac{N}{mm^2}} = \underline{\underline{3{,}33}} \geq 2,\ \text{die Sicherheit gegen Bruch ist gegeben.}$$

3.4.2 Hypothese der größten Schubspannung (SH)

Die Schubspannungshypothese – auch Hypothese nach Tresca[3] genannt – geht davon aus, dass ein Versagen (bei räumlicher Beanspruchung) durch **Schubspannungen** ausgelöst wird. τ_{max} ergibt sich aus dem Mohr'schen Spannungskreis (Abb. 3.13):

$$\tau_{max} \stackrel{\wedge}{=} \sqrt{\overline{MF^2} + \overline{AF^2}} = \sqrt{\left(\frac{\sigma_y - \sigma_x}{2}\right)^2 + \tau_{yx}^2}$$

$$\text{mit}\quad \tau_{max} = \frac{\sigma_{max} - \sigma_{min}}{2}$$

Aus dem Zugversuch (Abschn. 2.1.1) hatte sich ergeben, dass die maximale Schubspannung unter einem Winkel von 45° auftritt und halb so groß wie die Normalspannung ist:

$$\tau_{max} = \frac{\sigma_v}{2};\ \sigma_v = 2 \cdot \tau_{max}$$

Daraus ergibt sich für die Vergleichsspannung:

$$\sigma_{zul} \geq \sigma_v = 2 \cdot \sqrt{\left(\frac{\sigma_y - \sigma_x}{2}\right)^2 + \tau_{yx}^2} \tag{3.26}$$

$$= \sqrt{\left(\sigma_y - \sigma_x\right)^2 + \left(2\tau_{yx}\right)^2} \tag{3.27}$$

$$= \sqrt{\left(\sigma_y - \sigma_x\right)^2 + 4\tau_{yx}^2} \tag{3.28}$$

Bei Biegung und Torsion gilt: $\sigma_x = 0$; $\sigma_y = \sigma_b$ und $\tau_{yx} = \tau_t$

$$\sigma_{zul} \geq \sigma_v = \sqrt{\sigma_b^2 + 4\tau_t^2} \tag{3.29}$$

Die Hypothese der größten Schubspannung liefert eine brauchbare Übereinstimmung zwischen Versuch und Berechnung bei (überwiegend ruhender) Beanspruchung von **zähen (duktilen) Werkstoffen mit ausgeprägter Streckgrenze** (großer plastischer Verformbarkeit).

---

[3] Henri Édouard Tresca (1814–1885), französischer Ingenieur. Neben der Entwicklung der Schubspannungshypothese war Tresca auch an der Gestaltung des Urmeters in Paris beteiligt.

Beispiel 3.6 In einem auf Zug und Torsion beanspruchten Bolzen aus einem duktilen Vergütungsstahl treten folgende Spannungen auf:

$$\sigma_x = 350\,\text{N/mm}^2 \text{ und } \tau_t = 200\,\text{N/mm}^2.$$

Die Streckgrenze beträgt $R_e = 700\,\text{N/mm}^2$. Wie groß ist die Sicherheit gegen Fließen?

Lösung Anwendung der Schubspannungshypothese, $\sigma_y = 0$

$$\sigma_v = \sqrt{\left(\sigma_y - \sigma_x\right)^2 + 4\tau_t^2} = \sqrt{(-350)^2 + 4 \cdot 200^2}\,\frac{\text{N}}{\text{mm}^2} = 531{,}5\,\frac{\text{N}}{\text{mm}^2}$$

$$S_F = \frac{R_e}{\sigma_v} = \frac{700\,\frac{\text{N}}{\text{mm}^2}}{531{,}5\,\frac{\text{N}}{\text{mm}^2}} = 1{,}32 \le 1{,}5, \text{ die Sicherheit gegen Fließen ist nicht gegeben.}$$

3.4.3 Hypothese der größten Gestaltänderungsenergie (GEH)

Der Ansatz der Gestaltänderungs(energie)hypothese – auch Mises[4]-Hypothese genannt – ist, dass ein Versagen (bei räumlicher Beanspruchung) auftritt, wenn die **Gestaltänderungsenergie** (auch Gestaltänderungsarbeit) einen Grenzwert erreicht.

Wird ein Bauteil belastet, so wird bei der Formänderung des Bauteils Arbeit verrichtet (Energie verbraucht): die Formänderungsarbeit/-energie (siehe auch Abschn. 1.5).

Diese Formänderungsenergie W_F ist aufteilbar in:

- Volumenänderungsenergie W_V
- Gestaltänderungsenergie W_G

mit: $W_F = W_V + W_G$.

Beispiel: Bei einem Würfel, der in einer Richtung auf Zug beansprucht wird, vollzieht sich die Formänderung in zwei Schritten (Abb. 3.19):

1. Schritt: Volumenvergrößerung unter Beibehaltung der Würfelform. Diese Volumenvergrößerung wird durch die Normalspannung verursacht.
2. Schritt: Gestaltänderung unter Beibehaltung des vergrößerten Volumens. Diese Gestaltänderung durch die Schubspannung verursacht.

Aus der Beobachtung von Versuchen hat sich ergeben, dass die Volumenänderungsenergie keinen Einfluss auf das Versagen hat, hingegen jedoch die Gestaltänderungsenergie. Das heißt, dass der Schubspannungseinfluss bei diesem Modell entscheidend ist.

---

[4] Richard von Mises (1883–1953), österreichischer Mathematiker.

Abb. 3.19 Verteilung der
Formänderungsarbeit

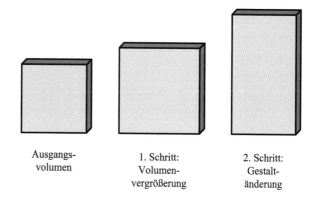

| Ausgangs-volumen | 1. Schritt:
Volumen-vergrößerung | 2. Schritt:
Gestalt-änderung |

Ohne Herleitung (da sehr aufwändig) ergibt sich für den zweiachsigen Spannungszustand:

$$\sigma_v = \sqrt{\sigma_x^2 + \sigma_y^2 - \sigma_x\sigma_y + 3\tau_{yx}^2} \leq \sigma_{zul} \qquad (3.30)$$

Die Hypothese der größten Gestaltänderungsenergie liefert eine gute Übereinstimmung zwischen Versuch und Berechnung bei (überwiegend ruhender) Beanspruchung von **duktilen Werkstoffen ohne ausgeprägte Fließgrenze** (z. B. Tiefziehstähle: hohes Verformungsvermögen ohne ausgeprägte Streckgrenze: DC 06; DC 10) sowie insbesondere **bei dynamischer Beanspruchung.**

Beispiel 3.7 Beispiel 3.6 ist mithilfe der Gestaltsänderungsenergiehypothese zu überprüfen.

Lösung Anwendung der Gestaltsänderungsenergiehypothese, $\sigma_y = 0$

$$\sigma_v = \sqrt{\sigma_x^2 + \sigma_y^2 - \sigma_x \cdot \sigma_y + 3\tau_t^2} = \sqrt{\sigma_x^2 + 3\tau_t^2} = \sqrt{350^2 + 3 \cdot 200^2}\,\frac{N}{mm^2}$$

$$= 492{,}44\,\frac{N}{mm^2}$$

$$S_F = \frac{R_e}{\sigma_v} = \frac{700\frac{N}{mm^2}}{492{,}44\frac{N}{mm^2}} = \underline{\underline{1{,}42 \leq 1{,}5}},\text{ die Sicherheit gegen Fließen ist nicht gegeben.}$$

3.4.4 Anstrengungsverhältnis

Bisher ist es nicht gelungen eine Hypothese zu finden, die allen Werkstoffen und Belastungsarten gerecht wird. Die unter Abschn. 3.4.1, 3.4.2 und 3.4.3 aufgeführten Gleichungen für die Vergleichsspannung σ_v sind gültig, wenn für σ und τ der gleiche Belastungsfall vorliegt, d. h. beide sind entweder ruhend, schwellend oder wechselnd. Häufig treten in der

Tab. 3.1 Berücksichtigung der Torsionsspannung in den Vergleichsspannungshypothesen

Hypothese	NH	SH	GEH
$\varphi = \frac{\sigma_{zul}}{\tau_{zul}}$	1	2	$\sqrt{3} \approx 1{,}73$

Praxis jedoch unterschiedliche Belastungsfälle auf: z. B. für eine Welle: Biegung wechselnd, Torsion ruhend. Um diese unterschiedlichen Belastungsfälle zu berücksichtigen, wird ein Korrekturfaktor in die Formeln eingeführt.

Zunächst soll betrachtet werden, wie die Torsionsspannung in den unterschiedlichen Vergleichsspannungshypothesen berücksichtigt wird. Dazu wird der Fall „**reine Torsion**" betrachtet mit $\sigma_x = \sigma_y = 0$. Aus dem Verhältnis der zulässigen Spannung σ_{zul} zur zulässigen Torsionsspannung τ_{zul} ergeben sich die folgenden Verhältniswerte φ für jede Vergleichsspannungshypothese (Tab. 3.1).

Mit diesem Verhältniswert φ wird nach Bach der **Korrekturfaktor** α_0 gebildet, der auch **Anstrengungsverhältnis** genannt wird.

$$\alpha_0 = \frac{\sigma_{zul}}{\varphi \cdot \tau_{zul}} \quad \text{bzw.} \quad \alpha_0 = \frac{\sigma_{Grenz}}{\varphi \cdot \tau_{Grenz}} \tag{3.31}$$

α_0 ist ein **Gewichtungsfaktor von** τ, mit dem in den Vergleichsspannungshypothesen die unterschiedlichen Beanspruchungsarten für die Normal- und Torsionsspannung berücksichtigt werden. Die Werte von σ_{Grenz} und τ_{Grenz} werden aus Dauerfestigkeitsschaubildern oder Tabellen für die gegebenen Belastungsfälle herausgesucht.

Mit dem Korrekturfaktor α_0 nach Bach ergeben sich für die Vergleichsspannung für den Fall „**Biegung mit Torsion**" ($\sigma_x = 0$ und $\sigma_y = \sigma_b$) die folgenden Gleichungen:

$$\sigma_V = \frac{1}{2}\left(\sigma_b + \sqrt{\sigma_b^2 + 4(\alpha_0\tau_t)^2}\right) \leq \sigma_{zul} \text{ für NH} \tag{3.32}$$

$$\sigma_V = \sqrt{\sigma_b^2 + 4(\alpha_0\tau_t)^2} \leq \sigma_{zul} \text{ für SH} \tag{3.33}$$

$$\sigma_V = \sqrt{\sigma_b^2 + 3(\alpha_0\tau_t)^2} \leq \sigma_{zul} \quad \text{für GEH} \tag{3.34}$$

Beispiel 3.8 Gegeben ist eine Welle aus E335, die durch ein Biegemoment M und ein Torsionsmoment T belastet wird.

Gesucht: Anstrengungsverhältnis α_0, wenn

a) M wechselnd, T ruhend,
b) M und T wechselnd
c) M ruhend und T wechselnd.

Lösung Werkstoffdaten nach [10, TB 1-1]

$$\sigma_{bF} = 400\,N/mm^2; \quad \sigma_{bw} = 290\,N/mm^2$$
$$\tau_{tF} = 230\,N/mm^2; \quad \tau_{tw} = 180\,N/mm^2$$

$$\varphi = \sqrt{3} \quad (\text{für GEH}); \quad \alpha_0 = \frac{\sigma_{Grenz}}{\varphi \cdot \tau_{Grenz}}$$

a) $\alpha_0 = \dfrac{\sigma_{bw}}{\varphi \cdot \tau_{tF}} = \dfrac{290}{\sqrt{3} \cdot 230} \approx \underline{\underline{0,73}}$

b) $\alpha_0 = \dfrac{\sigma_{bw}}{\varphi \cdot \tau_{tW}} = \dfrac{290}{\sqrt{3} \cdot 180} \approx \underline{\underline{0,93}}$

c) $\alpha_0 = \dfrac{\sigma_{bF}}{\varphi \cdot \tau_{tW}} = \dfrac{400}{\sqrt{3} \cdot 180} \approx \underline{\underline{1,28}}$

Erkenntnis: die stärkste Gewichtung der Schubspannungen tritt bei wechselnden Torsionsmomenten auf!

Beispiel 3.9 Wir schauen uns noch einmal die Antriebswelle von Finn Niklas' Dreirad an (Abb. 3.20). In Beispiel 2.19 hatten wir die maximal auftretende Torsionsspannung bestimmt. Mit Kenntnis der Theorie zur Überlagerung von Spannungen soll jetzt die maximal auftretende Vergleichsspannung σ_v der Antriebswelle bestimmt werden und mit der zulässigen Spannung verglichen werden.

Gegeben:

$$F_{hl} = F_{hr} = 197,7\,N$$

$$a = 150\,mm$$

$$d = 18\,mm$$

$$S235: R_e = 235\,N/mm^2$$

$$S_{min} = 1,5$$

$$\tau_{max} = 21\,N/mm^2 \text{ (aus Beispiel 2.18)}$$

Anstrengungsverhältnis $\alpha_0 = 1$

Lösung Aus dem Biegemomentenverlauf ergibt sich das maximal auftretende Biegemoment:

$$M_b = F_{hl} \cdot a = 197,7\,N \cdot 150\,mm = \underline{\underline{29.655\,Nmm}}$$

$$\sigma_{max} = \frac{M_b}{W_b} = \frac{M_b}{\frac{\pi}{32} d^3} = \frac{29.655\,Nmm}{\frac{\pi}{32} 18^3\,mm^3} = \underline{\underline{51,8\,N/mm^2}}$$

Abb. 3.20 Finn Niklas' Drei-rad

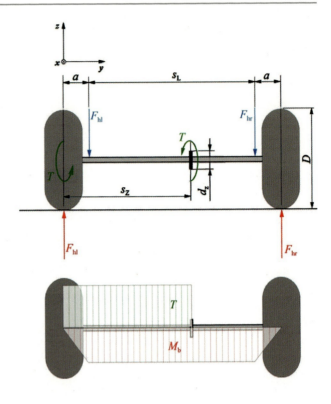

Da die Belastung der Antriebswelle dynamisch ist, wird die Vergleichsspannung nach der Gestaltänderungsenergiehypothese bestimmt (nach Gl. 3.34).

$$\sigma_v = \sqrt{\sigma^2 + 3(\alpha_0 \tau)^2}.$$

$$\sigma_v = \sqrt{(51{,}8\,\text{N/mm}^2)^2 + 3(21\,\text{N/mm}^2)^2} = \underline{\underline{63{,}3\,\text{N/mm}^2}}$$

$$\sigma_{zul} = \frac{R_e}{S_{min}} = \frac{235\,\text{N/mm}^2}{1{,}5} = \underline{\underline{157\,\text{N/mm}^2}}$$

$$\sigma_v < \sigma_{zul}$$

$\Rightarrow$ Die in der Antriebswelle auftretende Vergleichsspannung bleibt unter der zulässigen Spannung.

In Tab. 3.2 sind die drei Vergleichsspannungshypothesen gegenübergestellt.

Tab. 3.2 Vergleichsspannungshypothesen

	Normalspannungshypothese NH	Schubspannungshypothese SH	Gestaltänderungsenergiehypothese GEH
	$\sigma_v = \frac{\sigma_y+\sigma_x}{2} + \sqrt{\left(\frac{\sigma_y-\sigma_x}{2}\right)^2 + \tau_{yx}^2} \leq \sigma_{zul}$	$\sigma_v = \sqrt{(\sigma_y-\sigma_x)^2 + 4\tau_{yx}^2} \leq \sigma_{zul}$	$\sigma_v = \sqrt{\sigma_x^2 + \sigma_y^2 - \sigma_x\sigma_y + 3\tau_{yx}^2} \leq \sigma_{zul}$
Biegung und Torsion	$\sigma_v = \frac{1}{2}\left(\sigma_b + \sqrt{\sigma_b^2 + 4\tau_t^2}\right) \leq \sigma_{zul}$	$\sigma_v = \sqrt{\sigma_b^2 + 4\tau_t^2} \leq \sigma_{zul}$	$\sigma_v = \sqrt{\sigma_b^2 + 3\tau_t^2} \leq \sigma_{zul}$
Anstrengungsverhältnis α_0 $\alpha_0 = \frac{\sigma_{Grenz}}{\varphi \cdot \tau_{Grenz}}$ $\varphi = \frac{\sigma_{zul}}{\tau_{zul}}$	$\sigma_v = \frac{1}{2}\left(\sigma_b + \sqrt{\sigma_b^2 + 4(\alpha_0\tau_t)^2}\right) \leq \sigma_{zul}$ 1	$\sigma_v = \sqrt{\sigma_b^2 + 4(\alpha_0\tau_t)^2} \leq \sigma_{zul}$ 2	$\sigma_v = \sqrt{\sigma_b^2 + 3(\alpha_0\tau_t)^2} \leq \sigma_{zul}$ $\sqrt{3} \approx 1{,}73$
Anwendung	überwiegend ruhende Beanspruchung, spröde Werkstoffe (Grauguss, Stein, Glas) und bei Schweißnähten	überwiegend ruhende Beanspruchung, duktile (zähe) Werkstoffe mit ausgeprägter Streckgrenze R_e	überwiegend ruhende Beanspruchung, duktile (zähe) Werkstoffe mit nicht ausgeprägter Streckgrenze R_e sowie bei dynamischer Beanspruchung

3.5   Verständnisfragen zu Kapitel 3

1. Nennen Sie Beispiele für ein Bauteil mit zusammengesetzter Beanspruchung aus Normal- und Tangentialspannungen.
2. Was ist bei der Überlagerung von Schubspannungen aus Querkraft und Torsion zu beachten?
3. Was kennzeichnet einen ebenen Spannungszustand?
4. Erläutern Sie die Bedeutung der Hauptachsen bei einem ebenen Spannungszustand.
5. Wozu dient der Mohr'sche Spannungskreis?
6. Warum können Schub- und Normalspannungen nicht einfach addiert werden, um eine maximal auftretende Spannung zu bestimmen?
7. Wann muss eine Vergleichsspannung berechnet werden?
8. Wie wird bei Berechnung einer Vergleichsspannung der Festigkeitsnachweis geführt?
9. Welche Vergleichsspannungshypothesen werden
   a) bei einer ruhenden Beanspruchung
   b) bei einer dynamischen Beanspruchung angewendet?
10. Wieso wurde in die Theorie das Anstrengungsverhältnis α_0 eingeführt?

3.6   Aufgaben zu Kapitel 3

Aufgabe 3.1 Ein Säulendrehkran darf in der äußersten Stellung der Laufkatze eine Last $F = 20\,\text{kN}$ heben (siehe folgende Abbildung). Die Säule ist aus Rohr $\varnothing\ 273 \times 5$-S235JRH hergestellt. Der Ausleger besteht aus einem IPB-Profil.

Gegeben: $l = 2200\,\text{mm}$; $l_1 = 3000\,\text{mm}$; $l_2 = 2500\,\text{mm}$; $a = 400\,\text{mm}$

a) Ermitteln Sie Art und Größe der maximalen Spannung im Querschnitt B–B sowie im Einspannquerschnitt am Boden.
b) Bestimmen Sie die Nulllinienverschiebung (Verlagerung der neutralen Faser) y_0 im Querschnitt B–B.
c) Skizzieren Sie den resultierenden Spannungsverlauf und die Nulllinienverschiebung qualitativ im Querschnitt B–B.

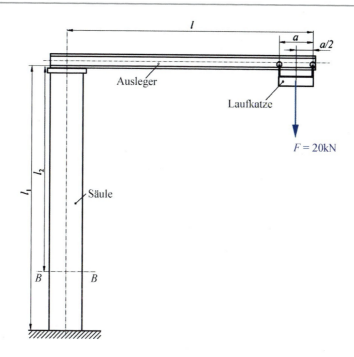

Aufgabe 3.2 Eine Getriebewelle aus E335 wird auf Biegung wechselnd ($\sigma_{bW} = 290\,\text{N/mm}^2$) und Torsion schwellend ($\tau_{Sch} = 230\,\text{N/mm}^2$) beansprucht.

a) Welche Hypothese ist anzuwenden?
b) Wie groß ist das Anstrengungsverhältnis α_0?

Aufgabe 3.3 Ein Blech aus S235JR (Raumtemperatur und keine besonderen Umwelteinflüsse) ist in der Blechebene statisch belastet. Die Spannungen betragen $\sigma_x = 132\,\text{N/mm}^2$; $\sigma_y = 48\,\text{N/mm}^2$ und $\tau = \tau_{xy} = 61\,\text{N/mm}^2$.

a) Mit welcher Hypothese sollte das Blech auf Versagen gegen Fließen geprüft werden?
b) Wie groß ist die Vergleichsspannung?
c) Wie groß ist die Sicherheit gegen unzulässig große Verformung?

Aufgabe 3.4 Von einem abgewinkelten Balkenelement sind folgende Daten bekannt:

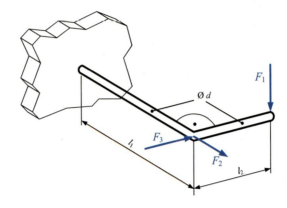

$F_1 = 1{,}5\,\text{kN}$
$F_2 = 3{,}6\,\text{kN}$
$F_3 = 1{,}0\,\text{kN}$
$l_1 = 1000\,\text{mm}$
$l_2 = 500\,\text{mm}$
$d = 50\,\text{mm}$

Bestimmen Sie Ort und Größe der maximalen Vergleichsspannung nach der Gestaltänderungsenergiehypothese für ein Anstrengungsverhältnis von $\alpha_0 = 1$.

Aufgabe 3.5 An einem Kegelrad wirken die Umfangkraft $F_u = 6\,\text{kN}$, die Axialkraft $F_a = 2\,\text{kN}$ und die Radialkraft $F_r = 1\,\text{kN}$. Die Abmessungen betragen: $d = 50\,\text{mm}$, $d_o = 120\,\text{mm}$, $l = 40\,\text{mm}$.

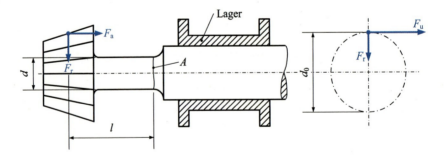

Für die Querschnittsfläche A sind zu ermitteln:

a) die größte resultierende Normalspannung
b) die Vergleichsspannung σ_v mit dem Anstrengungsverhältnis $\alpha_0 = 1$ zunächst ohne Berücksichtigung der Schubspannung aus der Querkraft

c) die Vergleichsspannung σ_v mit dem Anstrengungsverhältnis $\alpha_0 = 1$ mit Berücksichtigung der Schubspannung aus der Querkraft.

d) Wann muss die Querkraft bei einer Biegebeanspruchung zur Ermittlung der Vergleichsspannung berücksichtigt werden?

Durchbiegung

Bisher haben wir bei der Dimensionierung von Bauteilen auf die Beanspruchung geachtet, indem wir untersucht haben, ob die vorhandene Spannung die zulässige nicht überschreitet und notwendige Sicherheiten eingehalten werden. In diesem Kapitel werden wir auch die Verformung von Bauteilen berücksichtigen und Biegelinien und Tangentenwinkel dieser Bauteile berechnen.

Im Maschinenbau spielt neben der Festigkeit auch die Verformung von Bauteilen, Maschinen, Fahrzeugen usw. eine Rolle. Werkzeugmaschinen müssen sehr steif ausgelegt werden, damit nicht die Bearbeitungsgenauigkeit durch unzulässige Verformungen der Maschinen leidet. Eisenbahn-Reisezugwagen dürfen sich z. B. unter der Nutzlast nur um 1/300 der Stützweite durchsenken. Das ergibt bei den üblichen Stützweiten von 19.000 mm zwischen den Drehzapfen der Laufwerke eine maximale zulässige Durchbiegung in der Mitte des Wagenkastens von 63 mm. Da auch Getriebewellen Verformungen zeigen können, muss überprüft werden, ob die Winkelverschiebungen, die infolge der Verformung der Welle in den Lagerstellen auftreten, von den vorgesehenen (Wälz-)Lagern aufgenommen werden können.

4.1 Differenzialgleichung der elastischen Linie

Ein Träger, der auf Biegung beansprucht wird, krümmt sich (Abb. 4.1). In diesem Abschnitt wird die Gleichung für die Linie hergeleitet, die diese Krümmung beschreibt. Diese Linie wird **elastische Linie** oder **Biegelinie** genannt.

Die Krümmung des Trägers ist abhängig von

- der Größe des Biegemoments,
- der Starrheit des Werkstoffs gegen eine elastische Deformation und
- der Form und Größe des Balkenquerschnitts.

© Springer Fachmedien Wiesbaden GmbH 2017
K.-D. Arndt et al., *Festigkeitslehre für Wirtschaftsingenieure*,
https://doi.org/10.1007/978-3-658-18066-9_4

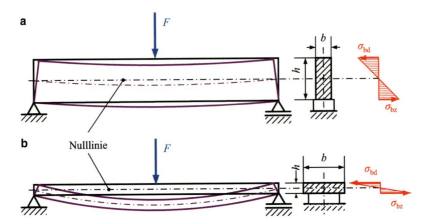

Abb. 4.1 Biegebeanspruchter Träger mit Rechteckquerschnitt auf zwei Stützen **a** hochkant, **b** flachkant

Zur Herleitung der Gleichung der elastischen Linie gelten die folgenden Voraussetzungen (siehe auch Abschn. 2.2.1):

1. Die Achse des unbelasteten Trägers (Balkens) ist gerade und der Querschnitt konstant.
2. Die Querschnittsabmessungen (Breite b und Höhe h) sind klein gegenüber der Balkenlänge l ($h \ll l$), d. h. die Schubspannungen sind vernachlässigbar.
3. Der Balkenwerkstoff ist homogen und isotrop, die E-Module für Zug und Druck sind gleich und das Hooke'sche Gesetz ist gültig.
4. Die äußere Belastung liegt in der Symmetrieebene des Querschnitts bzw. in Richtung einer Hauptachse (gerade Biegung).
5. Es treten nur kleine Durchbiegungen (Deformationen) und Winkeländerungen auf.
6. Die Balkenquerschnitte bleiben eben und senkrecht zur Balkenachse.
7. Die untersuchten Querschnitte sind in genügender Entfernung von Krafteinleitungsstellen (Auflager, Lastangriffsstellen).
8. Die maximale Spannung liegt unterhalb der Proportionalitätsgrenze ($\sigma_{max} \leq \sigma_p$).

In Abb. 4.2 ist der Teilabschnitt eines auf Biegung beanspruchten Balkens dargestellt.
Die w-Koordinate ist nach unten gerichtet $\Rightarrow$ der Wert für die Durchbiegung ist positiv (bei Belastung von oben).

Die Dehnung eines Bogenelementes im Abstand z von der neutralen Faser ist:

$$\varepsilon = \frac{\Delta l}{l} = \frac{z \cdot d\alpha}{ds}$$

Ein Bogenelement hat die Länge $ds = \rho \cdot d\alpha$

$$\varepsilon = \frac{z \cdot d\alpha}{\rho \cdot d\alpha} = \frac{z}{\rho} = \frac{\sigma}{E} \quad \text{(Hooke'sches Gesetz)}$$

Abb. 4.2 Teilabschnitt eines
auf Biegung beanspruchten
Balkens (Nach [2])

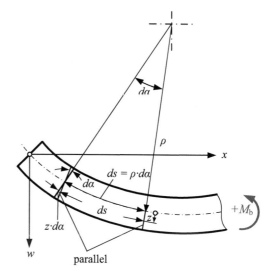

Bei einer linearen Biegespannungsverteilung über der Balkenhöhe ergibt sich für die Spannung:

$$\sigma = \frac{M_b \cdot z}{I} \quad (I \mathrel{\hat{=}} \text{axiales Flächenmoment 2. Grades})$$

$$\frac{M_b \cdot z}{E \cdot I} = \frac{z}{\rho}$$

$$\Rightarrow \frac{1}{\rho} = \frac{M_b}{E \cdot I} = k \quad (k\colon \text{Krümmung}) \tag{4.1}$$

Bemerkung:

- Das Produkt $E \cdot I$ entspricht der **Biegesteifigkeit**, d. h. die Steifigkeit eines Balkens hängt nicht von seiner Festigkeit ab, sondern nur vom E-Modul und dem Flächenmoment 2. Grades.
- Wenn M_b und A konstant sind, folgt, dass auch ρ **konstant** ist, d. h. die Krümmung wird durch einen **Kreisbogen** beschrieben. Normalerweise ist M_b nicht konstant; $M_b = f(x) \Rightarrow$ Die Krümmung der Biegelinie ändert sich von Punkt zu Punkt der x-Achse.

Für die Technik sind die **Durchbiegung w** und die **Winkellage w'** der **Biegelinie** von Interesse. So gilt für viele Wälzlagerarten (Rillenkugel-, Nadel-, Zylinderrollenlager), dass keine Winkelabweichungen der Drehachsen zugelassen sind. Mit der Berechnung von w' kann überprüft werden, ob der Einsatz derartiger Lager möglich ist. Im Folgenden soll der Zusammenhang zwischen ρ und w bzw. w' hergeleitet werden.

In der Mathematik (Funktionentheorie) wird der Zusammenhang zwischen der Krümmung ρ einer Kurve, die durch den Punkt P geht, und der Tangente in dem Punkt P wie

Abb. 4.3 Definition der
Krümmung

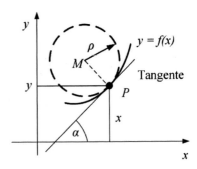

folgt beschrieben (siehe Abb. 4.3):

$$\frac{1}{\rho} = \frac{y''}{\left(1 + y'^2\right)^{\frac{3}{2}}}$$

Auf die Koordinaten x, w umgeformt:

$$\frac{1}{\rho} = \frac{w''}{\left(1 + w'^2\right)^{\frac{3}{2}}}$$

Voraussetzung für die Herleitung der Gleichung der elastischen Linie sind kleine Winkeländerungen (siehe auch Annahme 5). Daraus folgt zum Beispiel für $\alpha_{max} = \frac{1}{2}° \Rightarrow$ $w' = \tan \alpha = \tan (0,5°) = 0,009 \Rightarrow w'^2 \approx 10^{-4}$, d. h. w'^2 ist in der vorstehenden Gleichung aufgrund der Größenordnung bei Anwendung auf Biegung vernachlässigbar.

$$\frac{1}{\rho} = \frac{M_{\mathrm{b}}}{E \cdot I}$$

$$\Rightarrow -\frac{w''}{\left(1 + w'^2\right)^{\frac{3}{2}}} = \frac{M_{\mathrm{b}}}{E \cdot I}$$

(In vorstehender Gleichung negatives Vorzeichen, da w positiv nach unten!)

$$\Rightarrow w'' = -\frac{M_{\mathrm{b}}(x)}{E \cdot I} \tag{4.2}$$

Dies ist die lineare Differenzialgleichung 2. Ordnung für die **elastische Linie (Biegelinie)**.

Hier noch einmal ein Verweis auf die Vorzeichenregel aus Abschn. 2.2.2:

Ein Moment, das auf der Seite der positiven w-Achse eine gezogene Faser erzeugt, ist positiv (Abb. 4.4).

Die Gleichung $w'' = -\frac{M_{\mathrm{b}}(x)}{E \cdot I}$ darf nur bedingt zur Berechnung von Blattfedern verwendet werden (nur bei kleinen Verformungen), da die Voraussetzung $w'^2 \approx 0$ bei großen Durchbiegungen nicht erfüllt ist.

Abb. 4.4 Vorzeichenregel

Erkenntnis

Die zweite Ableitung der Biegelinie eines Trägers mit konstanter Biegesteifigkeit entspricht nach vorstehender Gleichung dem Momentenverlauf.

Man erhält folgende Zusammenhänge zwischen der Streckenlast $q(x)$, der Querkraft $F_q(x)$, dem Momentenverlauf $M_b(x)$, dem Steigungswinkel $\varphi(x)$ und der elastischen Linie (Biegelinie) $w(x)$:

$$q(x) = -F_q(x)' = -M_b(x)'' = +\varphi(x)''' E \cdot I = +w(x)'''' E \cdot I$$

Aus der Funktion der Streckenlast erhält man nacheinander durch Integration:

1. die Querkraftlinie $F_q(x)$
2. die Biegemomentlinie $M_b(x)$
3. den Steigungswinkel der Biegelinie $\varphi(x)$ und
4. die Biegelinie $w(x)$.

$$F_q = -\int q \cdot dx \tag{4.3}$$

$$M_b = \int F_q \cdot dx \tag{4.4}$$

$$\varphi = -\int \frac{M_b}{E \cdot I} dx \tag{4.5}$$

$$w = \int \varphi \cdot dx \tag{4.6}$$

Diese Vorzeichen ergeben sich, weil es üblich ist, die Durchbiegung von Trägern nach unten positiv anzugeben und die positive x-Achse nach rechts zu legen (Abb. 4.5). Der Steigungswinkel soll dann positiv sein, wenn bei zunehmendem Wert x auch die Durchbiegung größer (Abb. 4.5) wird.

Beispiel 4.1 Für den eingespannten Träger konstanter Biegesteifigkeit (Abb. 4.6a), der am Ende durch eine Einzelkraft F belastet ist, sind die Gleichung der Biegelinie, die maximale Durchbiegung und der Neigungswinkel zu bestimmen.

Abb. 4.5 Koordinaten der
Durchbiegung und Vorzeichen-
konstellation

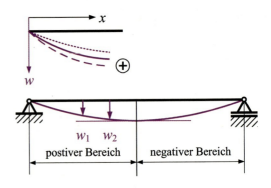

Lösung nach Gl. 4.2:

$$E \cdot I \cdot w'' = -M_b(x)$$

Wir stellen die Beziehung für den M_b-Verlauf auf. Dabei muss auf das richtige Vorzeichen geachtet werden.

Nach Definition ist das durch F verursachte Moment negativ (Druck/Stauchung auf der
positiven w-Seite).

$$M_b(x) = -F \cdot (l - x)$$
$$E \cdot I \cdot w'' = -[-F \cdot (l - x)] = +F \cdot (l - x)$$

Zweimal integrieren:

$$E \cdot I \cdot w' = F \cdot l \cdot x - \frac{1}{2} F \cdot x^2 + C_1$$

$$E \cdot I \cdot w = \frac{1}{2} F \cdot l \cdot x^2 - \frac{1}{6} F \cdot x^3 + C_1 \cdot x + C_2$$

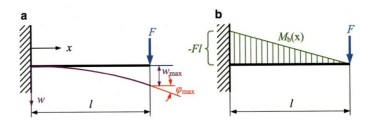

Abb. 4.6 Beispiel 4.1. **a** Verformung des Balkens und **b** Biegemomentenverlauf

Abb. 4.7 Randbedingungen
einseitig eingespannter Träger

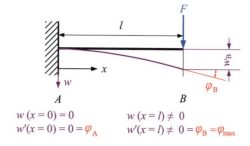

$$w\,(x=0)=0 \qquad\qquad w\,(x=l)\neq 0$$
$$w'(x=0)=0=\varphi_A \qquad w'(x=l)\neq 0=\varphi_B=\varphi_{max}$$

Die Integrationskonstanten C_1 und C_2 erhält man aus den Randbedingungen (Rb.)
(Abb. 4.7):

- Horizontale Biegelinie an der Einspannstelle $w'(x=0)=0$ (Rb. 1)
- keine Durchsenkung an der Einspannstelle $w(x=0)=0$. (Rb. 2)

Rb. 1:

$$E \cdot I \cdot w' = F \cdot l \cdot 0 - \frac{1}{2} F \cdot 0 + C_1 = 0$$

$$C_1 = \underline{\underline{0}}$$

Rb. 2:

$$E \cdot I \cdot w = \frac{1}{2} F \cdot l \cdot 0 - \frac{1}{6} F \cdot 0 + 0 + C_2 = 0$$

$$C_2 = \underline{\underline{0}}$$

Konstanten einsetzen in $w(x)$ ergibt die Gleichung der Biegelinie:

$$w = \frac{1}{E \cdot I} \left(\frac{1}{2} F \cdot l \cdot x^2 - \frac{1}{6} F \cdot x^3 \right)$$

$$w = \underline{\underline{\frac{F \cdot l^3}{6 \cdot E \cdot I} \left[3 \left(\frac{x}{l} \right)^2 - \left(\frac{x}{l} \right)^3 \right]}}$$

Maximale Durchbiegung an der Krafteinleitungsstelle:

$$x = l \Rightarrow w = \frac{F \cdot l^3}{6 \cdot E \cdot I} [3 - 1]$$

$$w\,(x = l) = \underline{\underline{\frac{F \cdot l^3}{3 \cdot E \cdot I}}} = w_{max}$$

Größte Schiefstellung(φ größte Tangentenneigung) auch bei $x = l$:

$$w' = \frac{F}{E \cdot I} \left(l \cdot x - \frac{1}{2} x^2 \right) = \frac{F}{E \cdot I} \left(l^2 - \frac{l^2}{2} \right)$$

$$x = l \Rightarrow w' = \underline{\underline{\frac{F \cdot l^2}{2 E \cdot I}}} = \varphi_{max}$$

Auswertung der Gleichung für w:

$$w = \frac{F \cdot l^3}{6 \cdot E \cdot I} \left[3\left(\frac{x}{l}\right)^2 - \left(\frac{x}{l}\right)^3 \right]$$

$\Rightarrow$ die Durchbiegung ist:
  1. linear proportional zur Last F
  2. in der 3. Potenz zur Länge l
  3. umgekehrt proportional zur Biegesteifigkeit $E \cdot I$

$\Rightarrow$ Zu beachten ist, dass lange Träger überproportional deformiert werden und daher eventuell nach der zulässigen Durchbiegung dimensioniert werden müssen. Die zulässigen Spannungen werden dabei oftmals nicht erreicht.

Beispiel 4.2 Für den eingespannten Träger konstanter Biegesteifigkeit (Abb. 4.8a), der durch eine konstante Streckenlast q belastet ist, sind die Gleichung der Biegelinie, die maximale Durchbiegung und der Neigungswinkel zu bestimmen (Schnittgrößen am Träger siehe Abb. 4.8b).

Lösung

$$\sum M_i = 0 \Rightarrow M_b = -q \cdot (l - x) \cdot \frac{(l - x)}{2} = -\frac{q}{2}(l - x)^2$$

$$E \cdot I \cdot w'' = -M_b = \frac{q}{2}(l - x)^2$$

$$E \cdot I \cdot w'' = \frac{q}{2}\left(l^2 - 2lx + x^2\right)$$

Integrieren:

$$E \cdot I \cdot w' = \frac{q}{2} \cdot \left(l^2 \cdot x - l \cdot x^2 + \frac{x^3}{3}\right) + C_1$$

$$E \cdot I \cdot w = \frac{q}{2} \cdot \left(\frac{l^2}{2}x^2 - \frac{l}{3}x^3 + \frac{x^4}{12}\right) + C_1 \cdot x + C_2$$

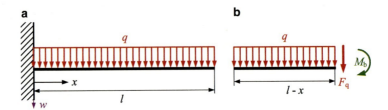

Abb. 4.8 Beispiel 4.2. **a** Kragträger mit Streckenlast und **b** Schnittgrößen

Randbedingungen:

$$E \cdot I \cdot w'\,(x = 0) = 0 \Rightarrow \frac{q}{2}\left(l\frac{0^2}{2} + \frac{0^3}{3}\right) + C_1 = 0$$

$$\Rightarrow C_1 = \underline{\underline{0}}$$

$$E \cdot I \cdot w\,(x = 0) = 0 \Rightarrow \frac{q}{2}\cdot\left(l\frac{x^3}{6} + \frac{x^4}{12}\right) + 0 + C_2$$

$$\Rightarrow C_2 = \underline{\underline{0}}$$

Gleichung der Biegelinie:

$$w = \frac{q \cdot l^4}{24 E \cdot I}\left[6\left(\frac{x}{l}\right)^2 - 4\left(\frac{x}{l}\right)^3 + \left(\frac{x}{l}\right)^4\right]$$

Maximale Durchbiegung bei $x = l$:

$$w\,(x = l) = \frac{q \cdot l^4}{8 E \cdot I} = w_{max}$$

Neigung bei $x = l$:

$$w' = \frac{q}{2 E \cdot I}\left(l^2 \cdot x - l \cdot x^2 + \frac{x^3}{3}\right)$$

$$w'\,(x = l) = \frac{q l^3}{6 E \cdot I} = \varphi_{max}$$

Beispiel 4.3 Für den außermittig mit einer Einzelkraft F belasteten Träger konstanter Biegesteifigkeit (Abb. 4.9) sind die Gleichung der Biegelinie und die maximale Durchbiegung zu bestimmen.

Lösung Zunächst soll der Momentenverlauf ermittelt werden (Abb. 4.10).

$M_b(x)$ ist keine glatte Funktion über der Balkenlänge (Sprungfunktion), d. h. verschiedene M_b-Funktionen $\Rightarrow$ Integration in getrennten Bereichen, hier I und II.

Abb. 4.9 Beispiel 4.3

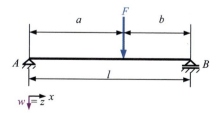

Abb. 4.10 Momentenverlauf

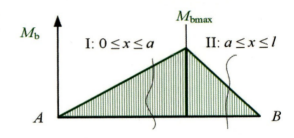

Auflagerkräfte:

$$\sum F_z = 0 = -F_A - F_B + F$$

$$\sum M_A = 0 = F_B \cdot l - F \cdot a = 0 \Rightarrow F_B = F \cdot \frac{a}{l}$$

$$F_A = F - F_B = F - F \cdot \frac{a}{l}$$

$$F_A = F \left(1 - \frac{a}{l}\right) = F \left(\frac{l}{l} - \frac{a}{l}\right) = F \frac{b}{l}$$

M_{bmax} aus Momentenverlauf (Abb. 4.10):

Bereich I $(0 \leq x \leq a)$ Bereich II $(a \leq x \leq l)$

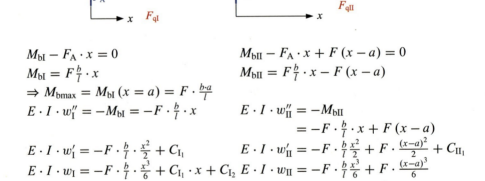

$M_{\text{bI}} - F_A \cdot x = 0$ $M_{\text{bII}} - F_A \cdot x + F(x-a) = 0$

$M_{\text{bI}} = F \frac{b}{l} \cdot x$ $M_{\text{bII}} = F \frac{b}{l} \cdot x - F(x-a)$

$\Rightarrow M_{\text{bmax}} = M_{\text{bI}}(x=a) = F \cdot \frac{b \cdot a}{l}$

$E \cdot I \cdot w_I'' = -M_{\text{bI}} = -F \cdot \frac{b}{l} \cdot x$ $E \cdot I \cdot w_{II}'' = -M_{\text{bII}}$

$$= -F \cdot \frac{b}{l} \cdot x + F(x-a)$$

$E \cdot I \cdot w_I' = -F \cdot \frac{b}{l} \cdot \frac{x^2}{2} + C_{I_1}$ $E \cdot I \cdot w_{II}' = -F \cdot \frac{b}{l} \frac{x^2}{2} + F \cdot \frac{(x-a)^2}{2} + C_{II_1}$

$E \cdot I \cdot w_I = -F \cdot \frac{b}{l} \cdot \frac{x^3}{6} + C_{I_1} \cdot x + C_{I_2}$ $E \cdot I \cdot w_{II} = -F \cdot \frac{b}{l} \frac{x^3}{6} + F \cdot \frac{(x-a)^3}{6}$

$$+ C_{II_1} \cdot x + C_{II_2}$$

Randbedingungen (Abb. 4.11):

$w_0 = w(x=0) = 0$ (Rb. 1 für „I")

$w_l = w(x=l) = 0$ (Rb. 2 für „II")

Abb. 4.11 Randbedingungen für einen Träger auf zwei Stützen mit außermittiger Einzelkraft

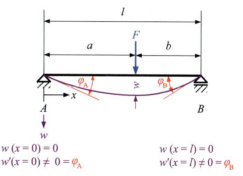

$$w\,(x=0)=0$$
$$w'(x=0)\neq 0=\varphi_{A}$$

$$w\,(x=l)=0$$
$$w'(x=l)\neq 0=\varphi_{B}$$

Übergangsbedingungen:

$w_{\mathrm{Ia}}=w_{\mathrm{I}}(x=a)=w_{\mathrm{IIa}}$ (Üb. 1)	für Krafteingriffsstelle, da die Durchbiegung
$w'_{\mathrm{Ia}}=w'_{\mathrm{I}}(x=a)=w'_{\mathrm{IIa}}$ (Üb. 2)	und die Steigung gleich sein müssen

Aus Rb. 1:

$$w_{\mathrm{I}}(x=0)=C_{I2}=0 \Rightarrow C_{I2}=0$$

Aus Üb. 2:

$$w'_{\mathrm{Ia}}(x=a)=w'_{\mathrm{IIa}}(x=a)$$

$$-F\frac{b}{l}\frac{a^2}{2}+C_{I_1}=-F\frac{b}{l}\frac{a^2}{2}+F\frac{(a-a)^2}{2}+C_{II_1}$$

$$\Rightarrow \underline{\underline{C_{I_1}=C_{II_1}}}$$

Aus Üb. 1: $w_{\mathrm{Ia}}=w_{\mathrm{IIa}}$

$$-F\frac{b}{l}\frac{a^3}{6}+C_{I_1}\cdot a+C_{I2}=$$

$$=-F\frac{b}{l}\frac{a^3}{6}+F\frac{(a-a)^3}{6}+C_{II_1}\cdot a+C_{II_2}$$

$$\Rightarrow \underline{\underline{C_{II_2}=0}}$$

Aus Rb. 2:

$$w_l=w_{\mathrm{II}l}=0 \Rightarrow =-F\frac{b}{l}\frac{l^3}{6}+F\frac{(l-a)^3}{6}+C_{II_1}\cdot l=0$$

$$\Rightarrow C_{II_1}=\frac{F}{6}\left[b\cdot l-\frac{(l-a)^3}{l}\right]$$

$$\text{Mit}\quad b=l-a;\quad C_{II_1}=\frac{F}{6}\cdot\frac{b}{l}\left[l^2-b^2\right]=C_{I_1}$$

Gleichungen für die Biegelinie entsprechend den beiden Bereichen I und II:

$$w_{\mathrm{I}}(x) = \frac{F}{6E \cdot I} \cdot \frac{b}{l}\left[(l^2 - b^2) \cdot x - x^3\right]$$

$$w_{\mathrm{II}}(x) = \frac{F}{6E \cdot I} \cdot \frac{b}{l}\left[\frac{l}{b}(x - a)^3 + (l^2 - b^2) \cdot x - x^3\right]$$

Kontrolle: $w_{\mathrm{I}}(x = a) = w_{\mathrm{II}}(x = a)$:

$$w_{\mathrm{I}}(x = a) = \frac{F}{6E \cdot I} \cdot \frac{b}{l}\left[(l^2 - b^2) \cdot a - a^3\right]$$

$$= \frac{F}{6E \cdot I} \cdot \frac{b}{l}\left[\frac{l}{b}(a - a)^3 + (l^2 - b^2) \cdot a - a^3\right]$$

mit $l = a + b$

$$w_{\mathrm{I}}(x = a) = \frac{F}{6E \cdot I} \cdot \frac{b}{l}\left[(a^2 + 2ab + b^2 - b^2) \cdot a - a^3\right]$$

$$= \frac{F}{6E \cdot I} \cdot \frac{b}{l}\left[a^3 + 2a^2b - a^3\right] = \frac{F}{3E \cdot I} \cdot \frac{a^2 b^2}{l}$$

Maximale Durchbiegung: (liegt für $a > b$ im Bereich I)

$$w_{\mathrm{I}}'(x_{\mathrm{m}}) = 0$$

$$w_{\mathrm{I}}' = -\frac{F}{E \cdot I} \cdot \frac{b}{l} \cdot \frac{x_{\mathrm{m}}^2}{2} + \frac{F}{6E \cdot I} \cdot \frac{b}{l}\left[l^2 - b^2\right] = 0$$

$$\frac{x_{\mathrm{m}}^2}{2} = \frac{1}{6}\left[l^2 - b^2\right]$$

$$x_{\mathrm{m}}^2 = \frac{1}{3}(l^2 - b^2)$$

$$\Rightarrow x_{\mathrm{m}} = \sqrt{\frac{(l^2 - b^2)}{3}} \qquad \text{(x-Koordinate der maximalen Durchbiegung!)}$$

$$w_{\max} = w_{\mathrm{I}}(x_{\mathrm{m}}) = \frac{F}{6E \cdot I} \cdot \frac{b}{l}\left[(l^2 - b^2) \cdot x_{\mathrm{m}} - x_{\mathrm{m}}^3\right]$$

$$= \frac{F}{6E \cdot I} \cdot \frac{b}{l}\left[\frac{1}{\sqrt{3}}(l^2 - b^2)^{\frac{3}{2}} - \frac{1}{3\sqrt{3}}(l^2 - b^2)^{\frac{3}{2}}\right]$$

$$= \frac{F}{6E \cdot I} \cdot \frac{b}{l} \frac{1}{\sqrt{3}}\left[\frac{2}{3}(l^2 - b^2)^{\frac{3}{2}}\right]$$

$$w_{\max} = \frac{F}{9\sqrt{3} \cdot E \cdot I} \cdot \frac{b}{l}(l^2 - b^2)^{\frac{3}{2}}$$

Die Gleichungen der Biegelinien, Durchbiegungen und Neigungen grundlegender Balkenprobleme sind in Tab. 4.1 zusammengefasst.

Tab. 4.1 Gleichungen der Biegelinien, Durchbiegungen und Neigungen von Balken

Belastungsfall	Gleichung der Biegelinie	Durchbiegungen w Neigung φ
1	$w = \frac{F \cdot l^3}{6E \cdot I}\left[3\left(\frac{x}{l}\right)^2 - \left(\frac{x}{l}\right)^3\right]$ $w = \frac{F \cdot l^3}{6E \cdot I}\left[2 - 3\left(\frac{x_1}{l}\right) + \left(\frac{x_1}{l}\right)^3\right]$	$w_{\max} = \frac{F \cdot l^3}{3E \cdot I}$ $\varphi_{\max} = \frac{F \cdot l^2}{2E \cdot I}$
2	$w = \frac{M}{2E \cdot I}x^2$ $w = \frac{M \cdot l^2}{2E \cdot I}\left(1 - \frac{x_1}{l}\right)^2$	$w_{\max} = \frac{M \cdot l^2}{2E \cdot I}$ $\varphi_{\max} = \frac{M \cdot l}{E \cdot I}$
3	$w = \frac{q \cdot l^4}{24E \cdot I}\left[6\left(\frac{x}{l}\right)^2 - 4\left(\frac{x}{l}\right)^3 + \left(\frac{x}{l}\right)^4\right]$ $w = \frac{q \cdot l^4}{24E \cdot I}\left[3 - 4\left(\frac{x_1}{l}\right) + \left(\frac{x_1}{l}\right)^4\right]$	$w_{\max} = \frac{q \cdot l^4}{8E \cdot I}$ $\varphi_{\max} = \frac{q \cdot l^3}{6E \cdot I}$
4	$w = \frac{q_0 \cdot l^4}{120E \cdot I}\left[10\left(\frac{x}{l}\right)^2 - 10\left(\frac{x}{l}\right)^3 + 5\left(\frac{x}{l}\right)^4 - \left(\frac{x}{l}\right)^5\right]$ $w = \frac{q_0 \cdot l^4}{120E \cdot I}\left[4 - 5\left(\frac{x_1}{l}\right) + \left(\frac{x_1}{l}\right)^5\right]$	$w_{\max} = \frac{q_0 \cdot l^4}{30E \cdot I}$ $\varphi_{\max} = \frac{q_0 \cdot l^3}{24E \cdot I}$

Tab. 4.1 (Fortsetzung)

Belastungsfall	Gleichung der Biegelinie	Durchbiegungen w Neigung φ
5	$w = \dfrac{q_0 \cdot l^4}{120\,E \cdot I}\left[20\left(\dfrac{x}{l}\right)^2 - 10\left(\dfrac{x}{l}\right)^3 + \left(\dfrac{x}{l}\right)^5\right]$ $w = \dfrac{q_0 \cdot l^4}{120\,E \cdot I}\left[11 - 15\left(\dfrac{x_1}{l}\right) + 5\left(\dfrac{x_1}{l}\right)^4 - \left(\dfrac{x_1}{l}\right)^5\right]$	$w_{max} = \dfrac{11 q_0 \cdot l^4}{120\,E \cdot I}$ $\varphi_{max} = \dfrac{q_0 \cdot l^3}{8\,E \cdot I}$
6	$w = \dfrac{F \cdot l^3}{16\,E \cdot I}\cdot\left(\dfrac{x}{l}\right)\left[1 - \dfrac{4}{3}\left(\dfrac{x}{l}\right)^2\right]$ für $x \leq \dfrac{l}{2}$	$w_F = w_{max} = \dfrac{F \cdot l^3}{48\,E \cdot I}$ $\varphi_A = \dfrac{F \cdot l^2}{16\,E \cdot I} = -\varphi_B$
7	$w = \dfrac{F \cdot l^3}{6\,E \cdot I}\cdot\left(\dfrac{a}{l}\right)^2\cdot\left(\dfrac{b}{l}\right)^2\cdot\left(\dfrac{x}{l}\right)\left[1 + \left(\dfrac{l}{b}\right) - \left(\dfrac{x^2}{a \cdot b}\right)\right]$ für $0 \leq x \leq a$ $w_1 = \dfrac{F \cdot l^3}{6\,E \cdot I}\cdot\left(\dfrac{b}{l}\right)\cdot\left(\dfrac{a}{l}\right)^2\cdot\left(\dfrac{x_1}{l}\right)\left[1 + \left(\dfrac{l}{a}\right) - \left(\dfrac{x_1^2}{a \cdot b}\right)\right]$ für $0 \leq x_1 \leq b$	$w_F = \dfrac{F \cdot l^3}{3\,E \cdot I}\cdot\left(\dfrac{a}{l}\right)^2\cdot\left(\dfrac{b}{l}\right)^2$ $\varphi_A = w_F\cdot\dfrac{1}{2a}\left(1 + \dfrac{l}{b}\right)$ $\varphi_B = -w_F\cdot\dfrac{1}{2b}\left(1 + \dfrac{l}{a}\right)$
8	$w = \dfrac{F}{6\,E \cdot I}\left[3 a l x - 3 a^2 x - x^3\right]$ für $0 \leq x \leq a$ $w = \dfrac{F}{6\,E \cdot I}\left[3 a l x - 3 a x^2 - a^3\right]$ für $a \leq x \leq \dfrac{l}{2}$	$w_{max} = \dfrac{F \cdot a}{24\,E \cdot I}\left(3 l^2 - 4 a^2\right)$ $\varphi_A = \dfrac{F \cdot a}{2\,E \cdot I}(l - a) = -\varphi_B$ $\varphi(a) = \dfrac{F \cdot a}{2\,E \cdot I}(l - 2a)$

Tab. 4.1 (Fortsetzung)

	Belastungsfall	Gleichung der Biegelinie	Durchbiegungen w / Neigung φ
9		$w = \dfrac{F \cdot l^3}{6E \cdot I} \cdot \left(\dfrac{a}{l}\right) \cdot \left(\dfrac{x}{l}\right)\left[1 - \left(\dfrac{x}{l}\right)^2\right]$ für $0 \leq x \leq l$ $w_1 = \dfrac{F \cdot l^3}{6E \cdot I} \cdot \left(\dfrac{x_1}{l}\right)\left[\left(\dfrac{2a}{l}\right) + 3\left(\dfrac{a}{l}\right)\cdot\left(\dfrac{x_1}{l}\right) - \left(\dfrac{x_1}{l}\right)^2\right]$ für $0 \leq x_1 \leq a$	$w_C = \dfrac{F \cdot l^3}{3E \cdot I} \cdot \left(\dfrac{a}{l}\right)^2 \cdot \left(1 + \dfrac{a}{l}\right)$ $\varphi_A = \dfrac{F \cdot l^2}{6E \cdot I} \cdot \dfrac{a}{l} = \dfrac{1}{2}\cdot \varphi_B$ $\varphi_C = \dfrac{F \cdot l^2}{6E \cdot I} \cdot \left(\dfrac{a}{l}\right)\left(2 + 3\dfrac{a}{l}\right)$
10		$w = \dfrac{M_A \cdot l^2}{3E \cdot I}\left[\left(\dfrac{x}{l}\right) - \dfrac{3}{2}\left(\dfrac{x}{l}\right)^2 + \dfrac{1}{2}\left(\dfrac{x}{l}\right)^3\right]$	$w_{max} = \dfrac{M_A \cdot l^2}{9\sqrt{3}\cdot E \cdot I}$ bei $x = 0{,}4426 \cdot l$ $\varphi_A = \dfrac{M_A \cdot l}{3E \cdot I} = -2\varphi_B$
11		$w = \dfrac{M \cdot l^2}{24E \cdot I}\cdot\left(\dfrac{x}{l}\right)\left[1 - 4\left(\dfrac{x}{l}\right)^2\right]$ für $0 \leq x \leq \dfrac{l}{2}$	$w_{max} = \dfrac{\sqrt{3}}{216}\cdot\dfrac{M\cdot l^2}{E \cdot I}$ bei $x = \dfrac{l}{2\sqrt{3}}$ $\varphi_A = \dfrac{M\cdot l}{24E \cdot I} = -\varphi_B$ $\varphi_C = \dfrac{M\cdot l}{12E \cdot I}$
12		$w = \dfrac{q \cdot l^4}{24E \cdot I}\left[\left(\dfrac{x}{l}\right) - 2\left(\dfrac{x}{l}\right)^3 + \left(\dfrac{x}{l}\right)^4\right]$	$w_{max} = \dfrac{5q \cdot l^4}{384E \cdot I}$ $\varphi_A = \dfrac{q\cdot l^3}{24E \cdot I} = -\varphi_B$
13		$w = \dfrac{q_0 \cdot l^4}{360E \cdot I}\left[7\left(\dfrac{x}{l}\right) - 10\left(\dfrac{x}{l}\right)^3 + 3\left(\dfrac{x}{l}\right)^5\right]$ $w = \dfrac{q_0 \cdot l^4}{360E \cdot I}\left[8\left(\dfrac{x_1}{l}\right) - 20\left(\dfrac{x_1}{l}\right)^3 + 15\left(\dfrac{x_1}{l}\right)^4 - 3\left(\dfrac{x_1}{l}\right)^5\right]$	$w_{max} \approx \dfrac{q_0 \cdot l^4}{153E \cdot I}$ bei $x \approx 0{,}519 \cdot l$ $\varphi_A = \dfrac{7q_0 \cdot l^3}{360E \cdot I}$ $\varphi_B = -\dfrac{q_0 \cdot l^3}{45E \cdot I}$

Tab. 4.1 (Fortsetzung)

Belastungsfall	Gleichung der Biegelinie	Durchbiegungen w Neigung φ
14	$w = \frac{q \cdot l^4}{16 E \cdot I} \left\{ \begin{bmatrix} 1 - 4\left(\frac{x}{l}\right)^2 \end{bmatrix} \cdot \left[\frac{5}{24} - \left(\frac{a}{l}\right)^2 - \frac{1}{6}\left(\frac{x}{l}\right)^2 \right] \right\}$ für $-\frac{l}{2} \leq x \leq \frac{l}{2}$ $w_1 = \frac{q \cdot l^4}{24 E \cdot I} \left\{ \begin{bmatrix} 4\left(\frac{a}{l}\right)^3 + 6\left(\frac{a}{l}\right)^2 - 1 \end{bmatrix} \cdot \left(\frac{x_1}{l}\right) - \right.$ $\left. -\left(\frac{a}{l}\right)^4 + \left[\left(\frac{a}{l}\right) - \left(\frac{x_1}{l}\right)\right]^4 \right\}$ für: $0 \leq x_1 \leq a$	$w_{\max} = \frac{q \cdot l^4}{16 E \cdot I}\left[\frac{5}{24} - \left(\frac{a}{l}\right)^2\right]$ $w_{\max} = 0$ wenn $a = l \cdot \sqrt{\frac{5}{24}}$ $w_C = \frac{q \cdot l^3 \cdot a}{24 E \cdot I}\left[6\left(\frac{a}{l}\right)^2 + 3\left(\frac{a}{l}\right)^3 - 1\right]$ $w_C = 0$ wenn $a = 0{,}3747 \cdot l$ $\varphi_A = -\varphi_B$ $\varphi_A = \frac{q \cdot l^3}{24 E \cdot I}\left[6\left(\frac{a}{l}\right)^2 - 1\right]$ $|\varphi_C| = \frac{q}{24 E \cdot I}\left(4a^3 + 6a^2 l - l^3\right)$

4.2 Überlagerungsprinzip bei der Biegung

Aus den Grundlösungen für die Durchbiegungen und Neigungen der elastischen Linie (nach Tab. 4.1) ergeben sich Kombinationsmöglichkeiten. Die Voraussetzung dafür ist, dass die resultierende Spannung kleiner als die Proportionalitätsspannung bleibt: $\sigma_{res\,max} < \sigma_P$.

Im linear-elastischen Bereich gilt:

▶ Eine Überlagerung (Superposition) ist möglich. Durch die Überlagerung von Grundlösungen werden die Durchbiege- und Neigungswerte für komplizierte Belastungsfälle aus Einzelkräften und -momenten sowie Streckenlasten zusammengesetzt.

Wenn kleine Verformungen und geringe Neigungen (vgl. Annahme 5 aus Abschn. 4.1) vorhanden sind und alle Durchbiegungswerte (so gut wie) senkrecht zur unverformten Balkenachse liegen, besteht die Möglichkeit der einfachen Addition. Dazu wird auf die Grundlösungen aus Tab. 4.1 und Abb. 4.12 zurückgegriffen.

Gemäß Abb. 4.13 ist beim Überlagerungsprinzip darauf zu achten, dass sich die Durchbiegung w an der Stelle C additiv aus zwei Anteilen zusammensetzt, und zwar zum einen aus der Durchbiegung w_{BF} infolge der Kraft F (Stelle B; Strecke $\overline{AB}$ (Länge a)) und zum anderen aus der Durchbiegung im Punkt C, die infolge des auftretenden Winkel φ_{BF} (Stelle B) multipliziert mit der Strecke $\overline{BC}$ (Länge b), entsteht.

Beispiel 4.4 Einseitig eingespannter Balken der Länge l mit konstanter Streckenlast q und Einzellast F am freien Ende (Abb. 4.14). Wie groß ist die Durchbiegung und Neigung am freien Ende?

Überlagerung durch Addition:

$$w_{ges} = w_q + w_F, \quad \text{d. h. Fall (3) u. (1) aus Tab. 4.1}$$

$$w_{ges} = \frac{q \cdot l^4}{8E \cdot I} + \frac{F \cdot l^3}{3E \cdot I} = \frac{l^3}{E \cdot I}\left(\frac{q \cdot l}{8} + \frac{F}{3}\right)$$

$$w_{ges} = \frac{l^3}{E \cdot I}\left(\frac{q \cdot l}{8} + \frac{F}{3}\right)$$

Abb. 4.12 Grundlösungen

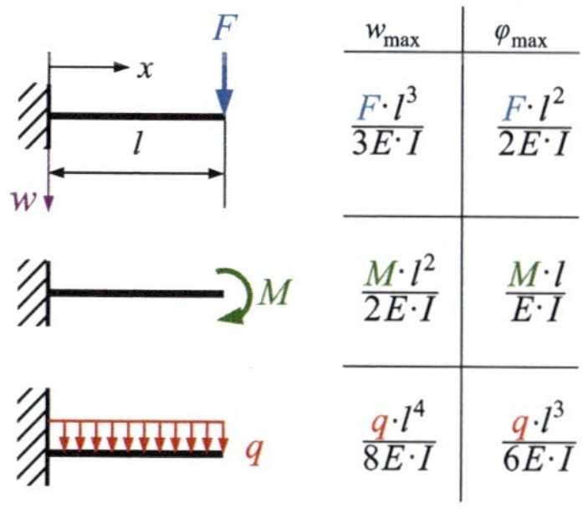

	w_{max}	φ_{max}
F	$\dfrac{F \cdot l^3}{3E \cdot I}$	$\dfrac{F \cdot l^2}{2E \cdot I}$
M	$\dfrac{M \cdot l^2}{2E \cdot I}$	$\dfrac{M \cdot l}{E \cdot I}$
q	$\dfrac{q \cdot l^4}{8E \cdot I}$	$\dfrac{q \cdot l^3}{6E \cdot I}$

Abb. 4.13 Additive Überlagerung

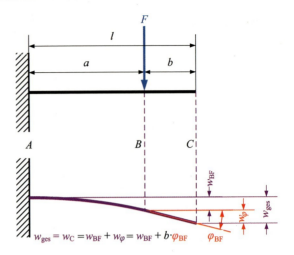

Neigung am freien Ende:

$$\varphi_{ges} = \varphi_q + \varphi_F = \frac{q \cdot l^3}{6E \cdot I} + \frac{F \cdot l^2}{2E \cdot I} \quad \text{Fall (3) u. (1) für die Neigung aus Tab. 4.1}$$

$$\underline{\varphi_{ges} = \frac{l^2}{2E \cdot I} \left(\frac{q \cdot l}{3} + F \right)}$$

Beispiel 4.5 Einseitig eingespannter Träger mit konstanter Streckenlast q auf der ersten
Balkenhälfte und F am freien Ende (Abb. 4.15). Wie groß ist die Durchbiegung und Neigung am freien Ende?

Ansatz

$$w_{ges} = w_2 = w_{1q} + \varphi_{1q} \cdot \frac{l}{2} + w_{2F}$$

Wichtig: q verursacht nicht nur die Durchbiegung an der Stelle 1, sondern für die
Gesamtdurchbiegung muss auch die Neigung des Trägers an dieser Stelle berücksichtigt

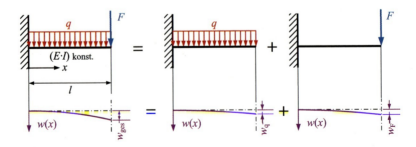

Abb. 4.14 Überlagerungsprinzip Beispiel 4.4

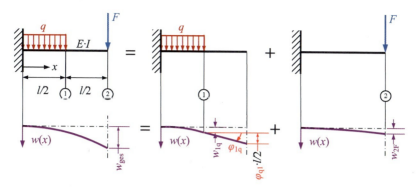

Abb. 4.15 Überlagerungsprinzip Beispiel 4.5

werden (s. Abb. 4.13). Diese Neigung φ_{1q} führt mit dem Hebel $l/2$ zu einer zusätzlichen Absenkung an der Stelle 2.

$$w_{\text{ges}} = \frac{q \cdot \left(\frac{l}{2}\right)^4}{8E \cdot I} + \frac{q \cdot \left(\frac{l}{2}\right)^3}{6E \cdot I} \cdot \frac{l}{2} + \frac{F \cdot l^3}{3E \cdot I}$$

$$\varphi_{\text{ges}} = \varphi_{1q} + \varphi_{2F} = \frac{q \cdot \left(\frac{l}{2}\right)^3}{6E \cdot I} + \frac{F \cdot l^2}{2E \cdot I}$$

Beispiel 4.6 Einseitig eingespannter Balken mit zwei Einzelkräften (Abb. 4.16). Auch bei diesem Beispiel muss berücksichtigt werden, dass die Kraft F_1 nicht nur eine Durchbiegung an der Krafteinleitungsstelle von F_1 verursacht, sondern mit dem Neigungswinkel φ_{1F1} und dem Hebelarm b zur Durchsenkung an der Stelle F_2 beiträgt.

$$w_{\text{max}} = F_1 \left(\frac{a^3}{3E \cdot I} + \frac{a^2}{2E \cdot I} \cdot b \right) + F_2 \frac{l^3}{3E \cdot I}$$

$$\varphi_{\text{max}} = \frac{1}{2E \cdot I} \left(F_1 a^2 + F_2 l^2 \right)$$

Beispiel 4.7 Einseitig eingespannter Balken mit konstanter Streckenlast q über der zweiten Hälfte der Balkenlänge (Abb. 4.17)

Eine **Überlagerung** kann auch mit negativer Addition – also **durch Subtraktion** – stattfinden.

$$w_{\text{ges}} = w_{\text{Ganz}} - w_{\text{Teil}}$$

Auch bei diesem Beispiel muss berücksichtigt werden, dass die Teilquerkraft (rechts im Bild) nicht nur die Durchbiegung w_{1q} an der Stelle 1 verursacht, sondern auch mit dem

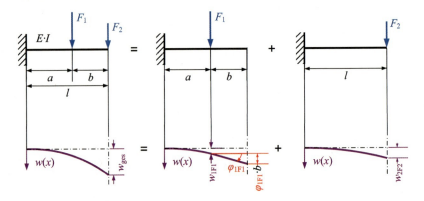

Abb. 4.16 Überlagerungsprinzip Beispiel 4.6

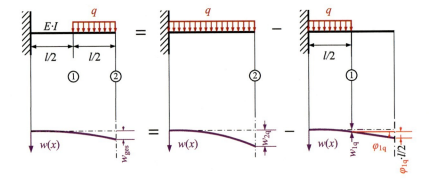

Abb. 4.17 Überlagerungsprinzip Beispiel 4.7

Neigungswinkel φ_{1q} und dem Hebelarm $l/2$ zur Durchsenkung an der Stelle 2 beiträgt.

$$w_{ges} = w_{2q} - \left(w_{1q} + \varphi_{1q} \cdot \frac{l}{2} \right)$$

$$w_{ges} = \frac{q \cdot l^4}{8E \cdot I} - \left(\frac{q \cdot \left(\frac{l}{2}\right)^4}{8E \cdot I} + \frac{q \cdot \left(\frac{l}{2}\right)^3}{6E \cdot I} \cdot \frac{l}{2} \right)$$

$$w_{ges} = \frac{q \cdot l^4}{E \cdot I} \left(\frac{1}{8} - \frac{1}{128} - \frac{1}{96} \right)$$

$$w_{ges} = \frac{q \cdot l^4}{8E \cdot I} \cdot \frac{41}{48} \left(\frac{41}{48} \approx \frac{5}{6} \right)$$

$$\varphi_{ges} = \varphi_{2q} - \varphi_{1q} = \frac{q \cdot l^3}{6E \cdot I} \cdot \frac{7}{8}$$

Beispiel 4.8 Einseitig eingespannter Balken mit abschnittsweise verschiedener Biegestei-figkeit unter der Einzellast F am freien Ende (Abb. 4.18)

Ansatz Addition von drei Anteilen

max. Durchbiegung: $w_{\max} = w_1 + w_2 + w_3$

w_1 an der Stelle 1 infolge F und $M = F \cdot b$:

$$w_1 = F \cdot \frac{a^3}{3E \cdot I_a} + F \cdot b \cdot \frac{a^2}{2E \cdot I_a} = \frac{F \cdot a^2}{E \cdot I_a} \left(\frac{a}{3} + \frac{b}{2} \right)$$

w_2 infolge der Neigung in (1):

$$w_2 = \varphi_1 \cdot b = \left(F \frac{a^2}{2E \cdot I_a} + F \cdot b \cdot \frac{a}{E \cdot I_a} \right) \cdot b$$

w_3 durch F über b:

$$w_3 = \frac{F \cdot b^3}{3E \cdot I_b}$$

$$w_{\max} = \frac{F \cdot a^3}{3E \cdot I_a} \left(1 + 3\frac{l}{a} \cdot \frac{b}{a} + \left(\frac{b}{a} \right)^3 \cdot \frac{I_a}{I_b} \right)$$

Entsprechend: $\varphi_{\max}$ aus drei Anteilen

Kontrollen für $w_{\max}$:

für $b = 0$ und $a = l \Rightarrow w_{\max} = \frac{F \cdot l^3}{3E \cdot I_a}$ i. O.!

für $I_a = I_b = I$ und $a + b = l$:

$$a^3 \left(1 + 3\frac{l}{a}\frac{b}{a} + \left(\frac{b}{a} \right)^3 \right) = a^3 + 3ab\,(a + b) + b^3$$

$$= a^3 + 3a^2b + 3ab^2 + b^3$$

$$\hat{=} (a + b)^3 = l^3 \quad \text{i. O.!}$$

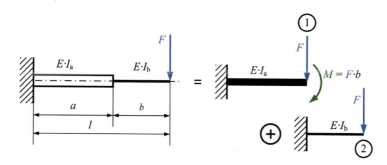

Abb. 4.18 Überlagerungsprinzip Beispiel 4.8

Abb. 4.19 Überlagerungsprinzip Beispiel 4.9

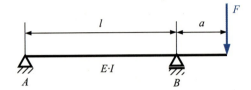

Beispiel 4.9 Kragträger mit Einzellast F am freien Ende (Abb. 4.19)
Verformung bei F aus

- Moment $M = F \cdot a$ in B
- Kraft F über Länge a:

$$w_{ges} = w_M + w_F = \frac{(F \cdot a) \cdot l}{3E \cdot I} \cdot a + \frac{F \cdot a^3}{3E \cdot I}$$

$$\text{wobei} \quad w_M = \varphi_B \cdot a = \frac{M \cdot l}{3E \cdot I} \cdot a = \frac{(F \cdot a) \cdot l}{3E \cdot I} \cdot a$$

$$\underline{w_{ges} = \frac{F \cdot l^3}{3E \cdot I} \cdot \left(\frac{a}{l}\right)^2 \left(1 + \frac{a}{l}\right)}$$

(siehe Tab. 4.1, Zeile 9)

Beispiel 4.10 Träger auf zwei Stützen mit Einzellasten F_1 und F_2 (Abb. 4.20)
Durchbiegungen an den Krafteinleitungsstellen:

$w_1 = w_{1F1} + w_{1F2}$	1. Index: Stelle
$w_2 = w_{2F1} + w_{2F2}$	2. Index: verursachende Kraft

Für die Lagerstellen: $\varphi_A = \varphi_{A1} + \varphi_{A2}$ und $\varphi_B = \varphi_{B1} + \varphi_{B2}$

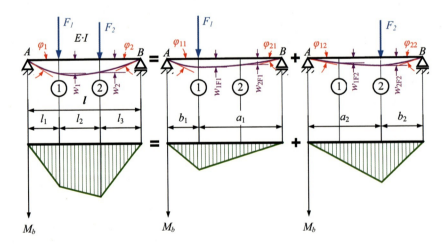

Abb. 4.20 Überlagerungsprinzip Beispiel 4.10

Abb. 4.21 Dreirad von Finn Niklas

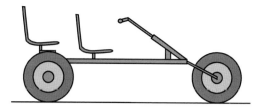

Abb. 4.22 Schnittgrößen am Dreirad

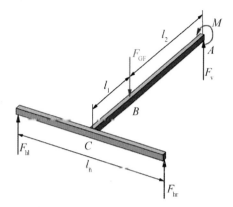

Beispiel 4.11 Jetzt wollen wir uns noch einmal das Dreirad von Finn Niklas (Abb. 4.21) anschauen und bestimmen, wie weit sich das Gestell an der Stelle des Sitzes unter dem Gewicht von Finn Niklas nach unten durchbiegt.

Die Schnittgrößen am Rahmen sind in Abb. 4.22 dargestellt.

Gegeben:

$l_1 = 450\,\text{mm}; \ l_2 = 850\,\text{mm}; \ l_\text{h} = 950\,\text{mm};$

$F_\text{GF} = 550\,\text{N}; \ F_\text{V} = 154{,}7\,\text{N}; \ F_\text{hl} = F_\text{hr} = 197{,}7\,\text{N};$

$M = 46{,}41\,\text{Nm}; \ I_\text{y} = 78.552\,\text{mm}^4;$

Für den vorderen Träger gilt:

$$w_\text{B} = w_\text{BF} + w_\text{BM}$$

$$w_\text{BF} = \frac{F \cdot l^3}{3E \cdot I} \cdot \left(\frac{a}{l}\right)^2 \cdot \left(\frac{b}{l}\right)^2$$

(Fall 7 in Tab. 4.1)

$a = l_1;\ b = l_2$ und $l = l_1 + l_2$

$$w_{BF} = \frac{F_{GF} \cdot l^3}{3E \cdot I} \cdot \left(\frac{l_1}{l}\right)^2 \cdot \left(\frac{l_2}{l}\right)^2$$

$$w_{BM} = \frac{M_A \cdot l^2}{3E \cdot I}\left[\frac{x}{l} - \frac{3}{2}\left(\frac{x}{l}\right)^2 + \frac{1}{2}\left(\frac{x}{l}\right)^3\right] \quad \text{(Fall 10 Tab. 4.1)}$$

$x = l_2$

$$w_{BM} = \frac{M \cdot l^2}{3E \cdot I}\left[\frac{l_2}{l} - \frac{3}{2}\left(\frac{l_2}{l}\right)^2 + \frac{1}{2}\left(\frac{l_2}{l}\right)^3\right]$$

$$\Rightarrow w_B = \frac{F_{GF} \cdot l^3}{3E \cdot I} \cdot \left(\frac{l_1}{l}\right)^2 \cdot \left(\frac{l_2}{l}\right)^2 + \frac{M \cdot l^2}{3E \cdot I}\left[\frac{l_2}{l} - \frac{3}{2}\left(\frac{l_2}{l}\right)^2 + \frac{1}{2}\left(\frac{l_2}{l}\right)^3\right]$$

$$\Rightarrow w_B = \frac{550\,\text{N} \cdot 1300^3\,\text{mm}^3}{3 \cdot 2{,}1 \cdot 10^5\,\frac{\text{N}}{\text{mm}^2} \cdot 78.552\,\text{mm}^4} \cdot \left(\frac{450}{1300}\right)^2 \cdot \left(\frac{850}{1300}\right)^2$$

$$+ \frac{46{,}41\,\text{Nm} \cdot 1300^2\,\text{mm}^2}{3 \cdot 2{,}1 \cdot 10^5\,\frac{\text{N}}{\text{mm}^2} \cdot 78.552\,\text{mm}^4}\left[\frac{850}{1300} - \frac{3}{2}\left(\frac{850}{1300}\right)^2 + \frac{1}{2}\left(\frac{850}{1300}\right)^3\right]$$

$$= 1{,}25\,\text{mm} + 1{,}16\,\text{mm} = \underline{\underline{2{,}14\,\text{mm}}}$$

Gleichzeitig biegt sich der hintere Träger an der Stelle C unter dem Einfluss der Gewichtskraft durch:

$$w_C = \frac{F \cdot l^3}{48E \cdot I} \quad \text{(Fall 6 Tab. 4.1)}$$

$l = l_h;\quad F = F_h = F_{hl} + F_{hr}$

$$w_C = \frac{F_h \cdot l_h^3}{48E \cdot I} = \frac{395{,}3\,\text{N} \cdot 950^3\,\text{mm}^3}{48 \cdot 2{,}1 \cdot 10^5\,\frac{\text{N}}{\text{mm}^2} \cdot 78.552\,\text{mm}^4} = \underline{\underline{0{,}43\,\text{mm}}}$$

Auf die Stelle B wirkt sich diese Durchbiegung wie folgt aus:

$$w_{BC} = w_C \frac{l_2}{l}$$

Die Gesamtdurchbiegung am Sitz ergibt sich aus:

$$w_{Bges} = w_B + w_C \frac{l_2}{l} = 2{,}41\,\text{mm} + 0{,}43\,\text{mm} \cdot \frac{850}{1300} = \underline{\underline{2{,}69\,\text{mm}}}$$

4.3 Anwendung der Biegetheorie auf statisch unbestimmte Systeme

Die Biegetheorie liefert zusätzliche Informationen, um Systeme, die statisch unbestimmt sind und in der Statik nicht lösbar waren, zu lösen. Die in der Statik behandelten Begriffe „statisch bestimmt" beziehungsweise „statisch unbestimmt" sollen hier noch einmal kurz definiert werden.

Die statische (Un-)Bestimmtheit kann unterschieden werden in

- innere und
- äußere statische (Un-)Bestimmtheit.

Bei *innerlich* statisch (un-)bestimmten Systemen werden *geschlossene* Fachwerke, Rahmen oder Ringe betrachtet und die Kräfte in den Stäben berechnet.

Bei *äußerlich* statisch (un-)bestimmten Systemen werden *offene Tragwerke* (wie die in den Abb. 4.23, 4.24, 4.25 und 4.26 dargestellten Balken, Rahmen, ...) betrachtet. Bei diesen sind vor allem die Auflagerkräfte von Interesse. In diesem Buch werden nur die äußerlich statisch (un-)bestimmten Systeme behandelt.

Abb. 4.23 Statisch bestimmte Systeme

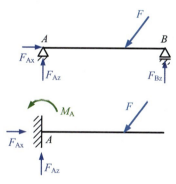

Abb. 4.24 Einfach statisch unbestimmtes System

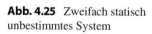

Abb. 4.25 Zweifach statisch unbestimmtes System

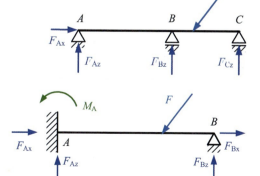

Abb. 4.26 Dreifach statisch
unbestimmtes System

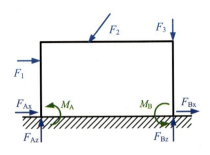

Definition für statische Bestimmtheit

▶ Wenn die Anzahl der statischen Gleichgewichtsbedingungen ausreichend ist, um die
statischen Unbekannten zu bestimmen, dann ist das System statisch bestimmt.

In Abb. 4.23 sind jeweils drei unbekannte Auflagerreaktionen vorhanden: im oberen
System F_{Ax}, F_{Az} und F_{Bz}; im unteren System F_{Ax}, F_{Az} und M_A. Diese Unbekannten
lassen sich bestimmen, wenn drei (statische) Gleichgewichtsbedingungen vorhanden sind.
Für diese Gleichgewichtsbedingungen sind folgende Alternativen möglich:

a) $\Sigma F_{ix} = 0$; $\Sigma F_{iz} = 0$ und $\Sigma M_{i(A)} = 0$
b) $\Sigma F_{ix} = 0$; $\{\Sigma F_{iz} = 0\}$; $\Sigma M_{i(A)} = 0$ und $\Sigma M_{i(C)} = 0$
c) $\Sigma M_{i(A)} = 0$; $\Sigma M_{i(B)} = 0$ und $\Sigma M_{i(C)} = 0$

Bedingung für c) ist, dass die Punkte A, B und C nicht auf einer Geraden liegen.

Im Gegensatz zu statisch bestimmten Systemen sind bei statisch unbestimmten Systemen mehr Unbekannte als Gleichgewichtsbedingungen vorhanden (Abb. 4.24, 4.25 und
4.26).

Das System in Abb. 4.24 basiert auf dem System in Abb. 4.23 oben. Es wurde ein
zusätzliches Loslager in Punkt C eingeführt. Damit gibt es vier unbekannte Größen (F_{Ax},
F_{Az}, F_{Bz} und F_{Cz}). Für die Gleichgewichtsbedingungen gelten die drei unter a) bis c)
beschriebenen Alternativen. Bei vier Unbekannten und drei Gleichgewichtsbedingungen
bedeutet dies eine einfache statische Unbestimmtheit.

In Abb. 4.25 wurde das System aus Abb. 4.23 unten um ein Festlager in Punkt B erweitert. Mit dem Festlager ergeben sich zwei zusätzliche Unbekannte (F_{Bx}, F_{Bz}). Mit fünf
Unbekannten und drei Gleichgewichtsbedingungen ist das System zweifach statisch unbestimmt.

In Abb. 4.26 ist ein fest eingespannter Rahmen dargestellt. In beiden Einspannpunkten
treten Horizontal- und Vertikalkräfte sowie Einspannmomente auf. In Summe gibt es sechs
unbekannte Größen. Bei drei Gleichgewichtsbedingungen bleiben drei Unbekannte übrig,
woraus folgt, dass das System dreifach unbestimmt ist.

Zur Ermittlung der unbekannten Größen werden zusätzliche Gleichungen aus der Formänderung des Systems gewonnen. Für statisch unbestimmt gelagerte Balken bzw. Rahmen sind verschiedene (gängige) Verfahren im Einsatz:

a) **Integrationsmethode:** nutzt Informationen, die bei der Lösung der Differenzialgleichung der Biegelinie berücksichtigt werden.

b) **Überlagerungsmethode:** löst die Biegefälle nach dem Additionsprinzip.

c) **Energiemethode** nach Castigliano[1]: hierbei wird die Formänderungsarbeit bei Biegung betrachtet:

$$W_b = \frac{1}{2} \int M_b \cdot d\varphi \ \hat{=} \ \frac{1}{2} \int \frac{M_b^2}{E \cdot I} dx$$

Der Ansatz von Castigliano ist:

$$w_F = \frac{\partial W_b}{\partial F}$$

d. h. die Durchbiegung an einer Kraftangriffsstelle ist gleich der Ableitung der Formänderungsarbeit nach dieser Kraft. An einem Auflager gilt:

$$w = 0 \Rightarrow \frac{\partial W_b}{\partial F} = 0 \quad \text{für Lager A.}$$

Es werden nur die Methoden a) und b) behandelt. Dabei wird im folgenden Abschnitt aufgezeigt, wie man mit diesen Methoden die Unbekannten für statisch unbestimmte Systeme erhalten kann.

a) Integrationsmethode

Ausgang ist die Differenzialgleichung der Biegelinie: $w'' = -\frac{M_b(x)}{E \cdot I}$

Aus den Randbedingungen des Systems werden zusätzliche Informationen gewonnen, die zur Bestimmung der statisch unbestimmten Größen genutzt werden.

- Für ein zusätzliches Lager gilt: Die Durchbiegung $w = 0$ (unter Umständen auch $w' = 0$, wenn eine Symmetrie vorliegt).
- Bei zusätzlicher Einspannung: $w = 0$, $w' = 0$.

Beispiel 4.11 Ein Balken der Länge $2l$ mit konstanter Biegesteifigkeit $E \cdot I$ wird in den Punkten A, B und C gelagert und mit einer konstanten Streckenlast q belastet (Abb. 4.27). Gesucht werden

- die Auflagerkräfte F_A, F_B, F_C
- der Biegemomentenverlauf $M_b(x)$

---

[1] Carlo Alberto Castigliano (1847–1884), italienischer Ingenieur.

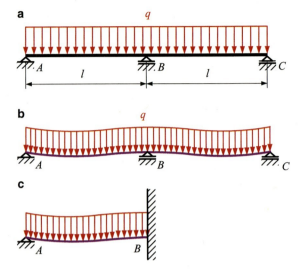

Abb. 4.27 **a** Dreifach gelagerter durchgehender Balken mit Streckenlast, **b** Verformung des Balkens und **c** Ausnutzung der Symmetrie

Lösung Da die Balkenanordnung und die Belastung symmetrisch sind, muss auch die elastische Linie symmetrisch sein (Abb. 4.27b). Es reicht daher aus, nur eine Hälfte des Balkens bis zur Balkenmitte zu betrachten. Wenn die Biegelinie symmetrisch ist, dann muss der Steigungswinkel am Mittellager bei *B* gleich null sein: $w'_B = 0$. Am Lager gilt auch, dass die Durchbiegung gleich null ist: $w_B = 0$. Das Lager *B* mit $w_B = 0$ und $w'_B = 0$ entspricht einer festen Einspannstelle.

Zur Vereinfachung kann daher ein Ersatzsystem mit der Hälfte des Balkens und einer festen Einspannstelle betrachtet werden (Abb. 4.27c). An diesem treten die in Abb. 4.28 dargestellten Schnittgrößen auf.

Es gilt:

$$\sum F_z = 0 = F_A - q \cdot x - F_q$$

$$\sum M = 0 = +\frac{x^2}{2} \cdot q - x \cdot F_A + M_b \tag{4.7}$$

$$E \cdot I \cdot w' = -\int M(x) \cdot dx = \frac{x^3}{6} \cdot q - \frac{x^2}{2} \cdot F_A + C_1 \tag{4.8}$$

$$E \cdot I \cdot w = \frac{x^4}{24} \cdot q - \frac{x^3}{6} \cdot F_A + C_1 \cdot x + C_2 \tag{4.9}$$

Abb. 4.28 Schnittgrößen am Ersatzsystem

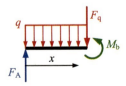

Das heißt, es gibt drei Unbekannte: F_A, C_1, C_2 zu bestimmen, und zwar aus den Randbedingungen:

$$w_0 = w(x = 0) = 0 \quad \text{(Rb. 1)}$$
$$w_1 = w(x = l) = 0 \quad \text{(Rb. 2)}$$
$$w_1' = w'(x = l) - 0 \quad \text{(Rb. 3)}$$

Aus Gl. 4.9 und (Rb. 1) $\Rightarrow C_2 = 0$

Aus Gl. 4.9 und (Rb. 2):

$$0 = \frac{l^4}{24} \cdot q - \frac{l^3}{6} \cdot F_A + C_1 \cdot l$$
$$C_1 = \frac{l^2}{6} \cdot F_A - \frac{l^3}{24} \cdot q$$

Aus Gl. 4.8 und (Rb. 3):

$$0 = \frac{l^3}{6} \cdot q - \frac{l^2}{2} \cdot F_A + C_1$$
$$0 = \frac{l^3}{6} \cdot q - \frac{l^2}{2} \cdot F_A + \frac{l^2}{6} \cdot F_A - \frac{l^3}{24} \cdot q$$
$$0 = -\frac{l^2}{3} \cdot F_A + \frac{l^3}{8} \cdot q$$
$$F_A = \underline{\underline{\frac{3}{8} q \cdot l}}$$

$$C_1 = \frac{l^2}{6} \cdot \frac{3}{8} \cdot q \cdot l - \frac{l^3}{24} \cdot q = \frac{3-2}{48} \cdot q \cdot l^3$$
$$C_1 = \underline{\underline{\frac{1}{48} q \cdot l^3}}$$

Aus Symmetriegründen:

$$F_C = F_A = \underline{\underline{\frac{3}{8} q \cdot l}}$$

Vertikales Kräftegleichgewicht:

$$\sum F_{iz} = 0 = F_A + F_B + F_C - 2 \cdot q \cdot l$$
$$F_B = 2 (q \cdot l - F_A)$$
$$F_B = \underline{\underline{\frac{5}{4} q \cdot l}}$$

Daraus folgt die Gleichung der Biegelinie (aus Gl. 4.9):

$$E \cdot I \cdot w = \frac{x^4}{24} \cdot q - \frac{x^3}{6} \cdot \frac{3}{8} q \cdot l + \frac{q \cdot l^3}{48} \cdot x$$

$$w\,(x) = \frac{q \cdot l^4}{48 E \cdot I} \left(2 \left(\frac{x}{l}\right)^4 - 3 \left(\frac{x}{l}\right)^3 + \left(\frac{x}{l}\right) \right)$$

und für die Neigung:

$$w'\,(x) = \frac{q \cdot l^4}{48 E \cdot I} \left(8 \frac{x^3}{l^4} - 9 \frac{x^2}{l^3} + \frac{1}{l} \right)$$

Proben nach Rb. (1), (2), (3):

$$w(x = 0) = 0 \Rightarrow \text{i. O.}$$
$$w(x = l) = 0 \Rightarrow \text{i. O.}$$
$$w'(x = l) = 0 \Rightarrow \text{i. O.}$$

Biegemomentenverlauf:

$$M_b\,(x) = -\frac{x^2}{2} \cdot q + \frac{3}{8} \cdot q \cdot l \cdot x$$

$$M_b\,(x) = \frac{q \cdot l^2}{8} \left(-4 \left(\frac{x}{l}\right)^2 + 3 \left(\frac{x}{l}\right) \right)$$

$$x = 0 \Rightarrow M_{bA} = 0 \Rightarrow \text{i. O.}$$

$$x = l \Rightarrow M_{bB} = -\frac{q \cdot l^2}{8}$$

Um den Verlauf von M_b grafisch darzustellen, können die Nulldurchgänge mit $M_b\,(x) = 0$ bestimmt werden:

$$\Rightarrow -4 \left(\frac{x}{l}\right)^2 + 3 \left(\frac{x}{l}\right) = 0$$

$$-4 \left(\frac{x}{l}\right) + 3 = 0 \Rightarrow x = \frac{3}{4} l$$

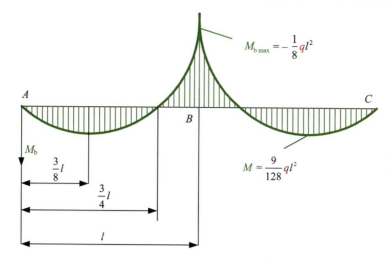

Abb. 4.29 Biegemomentenverlauf zu Beispiel 4.11

Die waagerechte Tangente für M_b kann wie folgt bestimmt werden:

$$M_b' = 0 = \frac{q \cdot l^2}{8} \left(-8\frac{x}{l^2} + 3\frac{1}{l} \right)$$

$$-8x + 3l = 0 \Rightarrow x = \underline{\underline{\frac{3}{8}l}}$$

$$M_b \left(x = \frac{3}{8}l \right) = \frac{q \cdot l^2}{8} \left(-4\frac{9}{64} + 3\frac{3}{8} \right)$$

$$= \frac{q \cdot l^2}{8} \left(\frac{-36 + 72}{64} \right) = \frac{q \cdot l^2}{8} \cdot \frac{36}{64}$$

$$M_b \left(x = \frac{3}{8}l \right) = \underline{\underline{\frac{9}{128}q \cdot l^2}}$$

Der resultierende Biegemomentenverlauf ist in Abb. 4.29 dargestellt.

b) Überlagerungs- bzw. Superpositionsprinzip

Das grundlegende Prinzip besteht darin, statisch unbestimmte Systeme in statisch bestimmte (Teil-)Systeme zu zerlegen:

- in ein statisch bestimmt gelagertes **Hauptsystem** (wird auch Grund- oder Nullsystem genannt) mit allen gegebenen äußeren Belastungen und
- so viele **Zusatzsysteme**, wie überzählige Lagerreaktionen vorhanden sind. Die Reaktionskräfte oder -momente der überzähligen Auflager werden im jeweiligen Zusatzsystem als äußere Belastungen berücksichtigt.

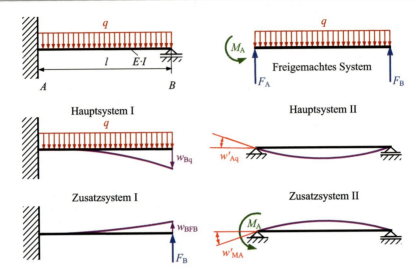

Abb. 4.30 Statisch überbestimmt gelagerter Träger, zu zerlegen in Haupt- und Zusatzsystem

Dann erfolgt die Bestimmung der Verformungen (Durchbiegungen und/oder Tangentenneigungen) für das Hauptsystem und die Zusatzsysteme.

Anschließend werden die einzelnen Verformungswerte so überlagert, dass die Gesamtverschiebungen und/oder Tangentenneigungen dem Ausgangssystem entsprechen (z. B. an den betreffenden Lagerstellen gleich null sind).

In Abb. 4.30 ist dargestellt, dass es verschiedene Möglichkeiten gibt, um das Ursprungssystem zu zerlegen. Zweckmäßig ist es, das Hauptsystem so zu wählen, dass die zu verwendenden Grundlösungen möglichst einfach sind.

Dieses Beispiel soll im folgenden Teil nach beiden Zerlegungsvarianten gelöst werden.

Beispiel 4.12 Der eingespannte Träger nach Abb. 4.31 hat ein überzähliges Lager. Er ist damit einfach statisch unbestimmt. Zur Lösung werden ein statisch bestimmtes Hauptsystem und ein Zusatzsystem gesucht.

Lösung nach Hauptsystem I: Entfernen von Lager A
Als Hauptsystem wird ein eingespannter Träger betrachtet (Abb. 4.32).

Die maximale Durchbiegung, die durch die Streckenlast q verursacht wird, wird mit w_{Bq} bezeichnet.

Abb. 4.31 Statisch überbestimmt gelagerter Träger, zu zerlegen in Haupt- und Zusatzsystem

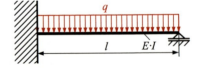

Abb. 4.32 Hauptsystem

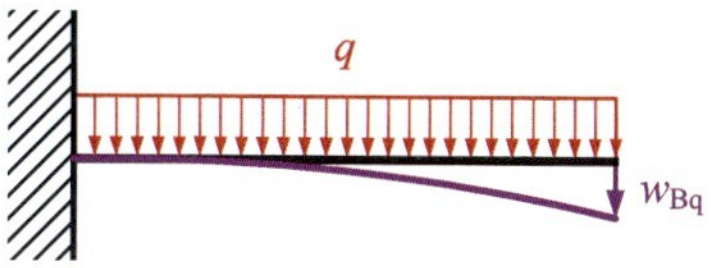

Abb. 4.33 Zusatzsystem

Zur besseren Übersichtlichkeit werden im Index der Durchbiegungen (und auch der Neigungen) immer der Ort (in diesem Fall B) und die verursachende Kraft (hier q) angegeben.

Im Zusatzsystem (Abb. 4.33) wird die überzählige Auflagerkraft (F_B) als äußere Belastung angenommen.

Der Ansatz zur Lösung der Aufgabe ist die Überlagerung der Durchbiegungen am Lager B:

$$w_B = w_{Bq} + w_{BFB} = 0$$

Nach Tab. 4.1, Fall 3 und Fall 1:

$$w_{Bq} = \frac{q \cdot l^4}{8E \cdot I}$$

$$w_{BF_B} = -\frac{F_B \cdot l^3}{3E \cdot I}$$

$$w_B = \frac{q \cdot l^4}{8E \cdot I} - \frac{F_B \cdot l^3}{3E \cdot I} = 0$$

$$\frac{F_B \cdot l^3}{3E \cdot I} = \frac{q \cdot l^4}{8E \cdot I}$$

$$F_B = \frac{3}{8} q \cdot l$$

Damit ist die Auflagerreaktion des überzähligen Lagers bestimmt. Alle weiteren Größen könnten jetzt berechnet werden.

Lösung nach Hauptsystem II: Die feste Einspannung in Punkt A wird zu einem Festlager

Das Hauptsystem mit dem Neigungswinkel w'_{Aq} am Lager A zeigt Abb. 4.34.

Abb. 4.34 Hauptsystem

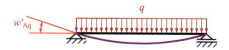

Abb. 4.35 Zusatzsystem

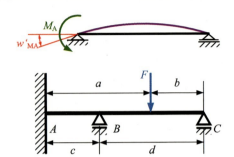

Abb. 4.36 Zweifach statisch
unbestimmtes System

Im Zusatzsystem wird die überzählige Auflagerreaktion (das Moment M_A, welches im Hauptsystem weggelassen wurde) als äußere Kraft angenommen (Abb. 4.35).

Der Ansatz zur Lösung liegt hier in der Überlagerung der Neigungswinkel am Lager A:

$$w'_A = w'_{Aq} + w'_{AM_A} \stackrel{\wedge}{=} \varphi_A = \varphi_{Aq} + \varphi_{AM_A} = 0$$

Nach Tab. 4.1, Fall 12 und Fall 10:

$$\varphi_{Aq} = -\frac{q \cdot l^3}{24 E \cdot I}$$

$$\varphi_{AM_A} = \frac{M \cdot l}{3 E \cdot I}$$

$$\Rightarrow M_A = \underline{\underline{\frac{q \cdot l^2}{8}}}$$

Aus $\Sigma M_A = 0$ lässt sich F_B bestimmen und über $\Sigma F_{iz} = 0$ dann auch F_A.

Bei einem zweifach statisch unbestimmten System (s. Abb. 4.36) müssen neben dem statisch bestimmten Hauptsystem zwei Zusatzsysteme aufgestellt werden. In jedem Zusatzsystem wird eine der überzähligen Auflagerreaktionen als äußere Kraft angenommen. Die möglichen Varianten zur Aufstellung der Hauptsysteme und die Ansätze zur Lösung werden in Abb. 4.37 dargestellt.

Beispiel 4.13 Für den Träger (Abb. 4.36 und 4.37) sind die Lagerkräfte F_A, F_B, F_C und das Moment M_A zu berechnen, wenn

$a = d = l$ und $b = c = 0{,}5\,l$ ist.

Für die Berechnung soll nach Abb. 4.37b vorgegangen und mit Hilfe der Tab. 4.1, Zeile 1, die Durchbiegung für die Kräfte F, F_B, F_C und das Moment M_A ermittelt werden.

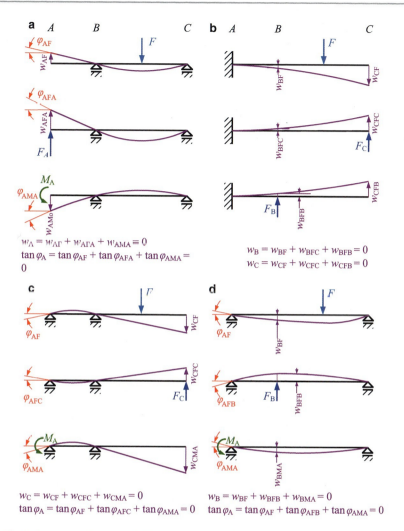

Abb. 4.37 Zerlegung in Haupt- und Zusatzsysteme (**a–d**) bei einem zweifach statisch unbestimm-ten System

Die Durchbiegung an der Stelle C (Abb. 4.38b) infolge von F, F_B und F_C:

$$w_{CF}\left(x = \frac{3}{2}l\right) = w_F + \varphi_F \cdot b = w_F + \varphi_F \cdot \frac{l}{2} = \frac{F \cdot l^3}{3E \cdot I} + \frac{F \cdot l^2}{2E \cdot I} \cdot \frac{l}{2} = \underline{\underline{\frac{7}{12} \frac{F \cdot l^3}{E \cdot I}}}$$

$$w_{CFC}\left(x = \frac{3}{2}l\right) = \frac{F_C \cdot \left(\frac{3}{2}l\right)^3}{3E \cdot I} = \underline{\underline{\frac{9}{8} \frac{F_C \cdot l^3}{E \cdot I}}}$$

$$w_{CFB}\left(x = \frac{3}{2}l\right) = w_{BFB} + \varphi_{FB} \cdot l = \frac{F_B \cdot \left(\frac{l}{2}\right)^3}{3E \cdot I} + \frac{F_B \cdot \left(\frac{l}{2}\right)^2}{2E \cdot I} \cdot l = \underline{\underline{\frac{F_B \cdot l^3}{6E \cdot I}}}$$

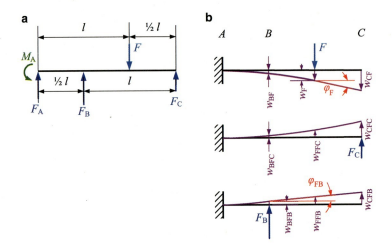

Abb. 4.38 **a** freigemachter Träger, **b** Durchbiegungen infolge F, F_B und F_C

Durchbiegung an der Stelle B:

$$w_{BF}\left(x = \frac{l}{2}\right) = \frac{F \cdot l^3}{3E \cdot I}\left[1 - \frac{3}{2}\left(\frac{l}{2l}\right) + \frac{1}{2}\left(\frac{l}{2l}\right)^3\right] = \frac{F \cdot l^3}{3E \cdot I}\left[1 - \frac{3}{4} + \frac{1}{16}\right]$$

$$= \underline{\underline{\frac{5}{48}\frac{F \cdot l^3}{E \cdot I}}}$$

$$w_{BFB}\left(x = \frac{l}{2}\right) = \frac{F_B \cdot \left(\frac{l}{2}\right)^3}{3E \cdot I} = \underline{\underline{\frac{F_B \cdot l^3}{24E \cdot I}}}$$

$$w_{BFC}\left(x = \frac{l}{2}\right) = \frac{F_C \cdot \left(\frac{3}{2}l\right)^3}{3E \cdot I}\left[1 - \frac{3}{2}\left(\frac{l}{2l}\right) + \frac{1}{2}\left(\frac{l}{2l}\right)^3\right] = \frac{9}{8}\cdot\frac{F_C \cdot l^3}{E \cdot I}\left[1 - \frac{3}{4} + \frac{1}{16}\right]$$

$$= \underline{\underline{\frac{45}{128}\frac{F_C \cdot l^3}{E \cdot I}}}$$

Es gilt die Bedingung $w_B = w_C = 0$

$$w_B = 0: \quad \frac{5}{48}F - \frac{1}{24}F_B - \frac{45}{128}F_C = 0$$

$$w_C = 0: \quad \frac{7}{12}F - \frac{1}{6}F_B - \frac{9}{8}F_C = 0$$

Man erhält also zwei Gleichungen mit zwei Unbekannten, mit dem Ergebnis:

$$F_B = \frac{15}{2}F \quad \text{und} \quad F_C = -\frac{16}{27}F$$

F_A kann aus $\sum F_{iz} = 0$ bestimmt werden: $F_A + F_B + F_C F = 0 \Rightarrow F_A = -\frac{319}{54}F$

M_A kann aus $\sum M_{iA} = 0$ bestimmt werden: $F_C \cdot \frac{3}{2}lF \cdot l + F_B \cdot \frac{l}{2}M_A = 0$

$$\Rightarrow M_A = -\frac{F \cdot l}{12}$$

Aus dem Ergebnis ist ersichtlich, dass F_A, F_C und M_A (Abb. 4.38a) entgegengesetzt wie angenommen gerichtet sind.

Beispiel 4.14 Die Auflagerreaktionen des Balkens aus Beispiel 4.11 (Abb. 4.39) sollen mit Hilfe des Überlagerungsprinzips bestimmt werden.

Ansatz zur Lösung: Das Hauptsystem bleibt erhalten, indem das mittlere Auflager (Lager *B*) entfernt wird, so dass ein statisch bestimmt gestützter Balken vorhanden ist. Im Zusatzsystem wird die Kraft F_B als äußere Belastung angenommen. Da am realen System im Lager *B* die Durchbiegung null ist, gilt:

$$w_B = w_{Bq} + w_{BF} = 0$$

Tab. 4.1, Fall 12 und Fall 6:

$$w_{Bq} = \frac{5}{384}\frac{q(2 \cdot l)^4}{E \cdot I} \;\hat{=}\; \frac{5}{24}\frac{q \cdot l^4}{E \cdot I}$$

$$w_{BF} = -\frac{F_B(2 \cdot l)^3}{48E \cdot I} = -F_B\frac{l^3}{6E \cdot I}$$

$$\frac{5}{24}\frac{q \cdot l^4}{E \cdot I} - F_B\frac{l^3}{6E \cdot I} = 0 \Rightarrow F_B = \frac{5}{4}q \cdot l$$

Aus Symmetriegründen mit vertikalem Kräftegleichgewicht:

$$F_A = F_C = \frac{3}{8}q \cdot l$$

Abb. 4.39 Balken aus Beispiel 4.11

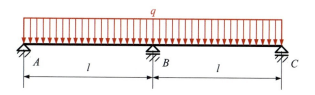

Fazit Wenn man den Lösungsweg mit dem in Beispiel 4.11 (Lösung mit Integrationsmethode) vergleicht, ist der Ansatz mit dem Überlagerungsprinzip viel schneller. Er lässt sich immer dann sehr gut einsetzen, wenn sich ein statisch unbestimmtes System in einfache Teilsysteme zerlegen lässt, deren Durchbiegungen und Neigungen bekannt sind.

4.4 Verständnisfragen zu Kapitel 4

1. Wie wird die Krümmung eines Balkens berechnet?
2. Wie lautet die lineare Differenzialgleichung für die elastische Linie?
3. Wie lautet der differenzielle Zusammenhang zwischen der Krümmung, dem Neigungswinkel und der Durchbiegung eines auf Biegung beanspruchten Balkens?
4. Was versteht man unter der Biegesteifigkeit und wie wirkt sie sich auf die Formänderung eines Balkens aus?
5. Warum haben zwei Balken aus S235 und S355 mit dem gleichen Querschnitt die gleiche Biegesteifigkeit?
6. Warum führt die Anwendung der Biegegleichung für Werkstoffe mit hohen Verformungen zu Fehlern?
7. Was versteht man unter dem Superpositionsprinzip zur Ermittlung von Durchbiegungen?
8. Welches ist das grundlegende Prinzip zur Lösung statisch unbestimmter Systeme nach der Überlagerungsmethode?
9. Wann ist eine Überlagerung von Biegefällen möglich?
10. Wie (unter welchen Randbedingungen) werden Haupt- und Zusatzsysteme überlagert?

4.5 Aufgaben zu Kapitel 4

Aufgabe 4.1 In den Außenfasern eines Balkens herrscht der von Null mit der Trägerlänge linear ansteigende Spannungsverlauf.

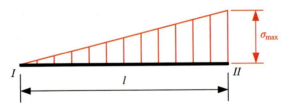

Gegeben: $E_{St} = 2{,}1 \cdot 10^5 \, \text{N/mm}^2$; $\sigma_{max} = 120 \, \text{N/mm}^2$; $l = 2 \, \text{m}$; $h = 300 \, \text{mm}$ (Balkenhöhe; konstant)

a) Welchen Wert hat die größte Krümmung im Balken und wie ist der Krümmungsverlauf entlang des Trägers?

b) Welchen Winkel bilden die Tangente an der Biegelinie in den Endpunkten *I* und *II*?
c) Durch welchen Belastungsfall kann der obige Spannungsverlauf erzeugt werden?
d) Wie groß ist die maximale Durchbiegung des Balkens?

Aufgabe 4.2 Dargestellt sind zwei horizontal eingespannte Blattfedern gleicher Biegesteifigkeit.

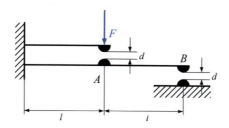

Gegeben: Länge *l*; Kontaktabstand *d* mit $d \ll l$; Biegesteifigkeit $E \cdot I$.
   Zu bestimmen sind:

a) die Grenzkraft *F*, so dass gerade eine Berührung bei *A* eintritt.
b) die Grenzkraft *F*, so dass gerade eine Berührung bei *B* eintritt.

Aufgabe 4.3 Ein wie im Bild skizziert gelagerter Träger wird durch die Kraft *F* belastet.

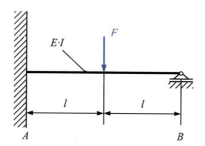

Gegeben: $F, l, E \cdot I = $ konst
   Zu bestimmen ist die Verschiebung des Kraftangriffspunktes bei konstanter Biegesteifigkeit.

Aufgabe 4.4 Ein einseitig eingespannter Träger wird an seinem freien Ende durch einen Gelenkstab abgestützt.

Gegeben: I, E, l, q, A, a

a) Wie groß ist die Verschiebung des Punktes C?
b) Wie groß ist die Kraft F im Gelenkstab?

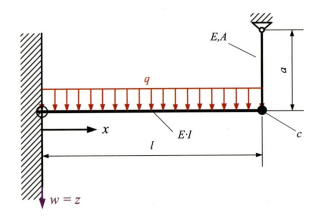

Aufgabe 4.5 Ein horizontal in der Wand eingespannter Träger mit der Biegesteifigkeit $E_1 \cdot I_1$ wird durch eine Kraft F beansprucht. In der Mitte des Trägers (B) wird dieser zusätzlich durch ein Stahlseil gehalten.

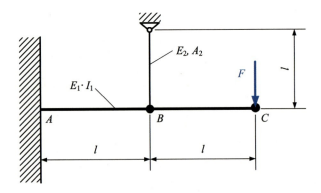

Gegeben: $F = 1\,\text{kN}$, $l = 1\,\text{m}$, $E_1 = 0{,}72 \cdot 10^5\,\text{N/mm}^2$, $I_1 = 1008\,\text{cm}^4$, $E_2 = 2{,}10 \cdot 10^5\,\text{N/mm}^2$, $A_2 = 113{,}10\,\text{mm}^2$

a) Um welchen Betrag dehnt sich das Stahlseil?
b) Wie groß ist der Winkel von Träger am Punkt B?
c) Um wie viel verschiebt sich der Punkt C?

Aufgabe 4.6 Der beidseitig einbetonierte Träger wird durch die Kraft F belastet. Wie groß ist die Durchbiegung an der Krafteinleitungsstelle?

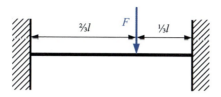

5.1 Lösungen zu Kap. 1

5.1.1 Lösungen zu Verständnisfragen aus Kap. 1

1. Die Statik betrachtet ideale starre Körper und ermittelt die unbekannten Auflager-, Gelenk- und Stabkräfte. Die Festigkeitslehre betrachtet deformierbare oder elastische Körper und stellt einen Zusammenhang zwischen den äußeren und inneren Kräften sowie den Verformungen her, mit dem Ziel der Bauteilbemessung und des Spannungsnachweises.

2. Ein Versagen eines Bauteils kann durch Gewaltbruch, Dauerbruch, unzulässig große Verformungen und durch Instabilität auftreten.

3. Zu den Grundbeanspruchungsarten zählen: Zug, Druck, Biegung, Schub/Abscheren und Torsion(Verdrehen).

4. Beim Freimachen werden die Auflager eines Systems durch ihre Kraft- und Momentenwirkungen ersetzt. Beim Freischneiden werden die Systeme gedanklich aufgeschnitten und die inneren Kräfte angetragen, so dass sich Kraft- und Momentenverläufe und schließlich Spannungen ermitteln lassen.

5. Die Spannung ist das Verhältnis aus der Teilschnittkraft ΔF_i und der dazugehörigen Teilschnittfläche ΔA_i.

6. Normalspannungen treten senkrecht zur gedachten Schnittfläche auf, während die Tangentialspannungen parallel zur gedachten Schnittfläche auftreten. Daraus resultieren zwei unterschiedliche Verformungs- und Zerstörungswirkungen.

7. Die wahre Spannung wird aus dem Quotienten der jeweiligen Kraft F zum jeweiligen Querschnitt A_{tat} ermittelt. Der Unterschied besteht darin, dass beim allgemeinen Spannungs-Dehnungs-Diagramm die Spannung sich auf den Ausgangsquerschnitt bezieht.

8. Das Hooke'sche Gesetz gilt nur für den elastischen Bereich und sagt aus, dass zwischen der Spannung σ und der Dehnung ε ein linearer Zusammenhang besteht.

© Springer Fachmedien Wiesbaden GmbH 2017
K.-D. Arndt et al., *Festigkeitslehre für Wirtschaftsingenieure*,
https://doi.org/10.1007/978-3-658-18066-9_5

9. Die Poisson'sche Konstante m ist das Verhältnis der Längsdehnung ε zur Querkürzung ε_q. Die Querkontraktionszahl μ ist der Kehrwert der Poisson'schen Konstanten.

10. Die Formänderungsarbeit W_f ist abhängig von der Kraft F^2, der Länge l, dem Elastizitätsmodul E und der Querschnittsfläche A.

11. Die Haltbarkeit eines Bauteils ist abhängig vom zeitlichen Verlauf der Belastung/Beanspruchung und der Betriebsart (Dauer- oder Aussetzbetrieb).

12. Die Lastfälle nach Bach werden unterschieden nach ruhender, schwellender und wechselnder Belastung.

13. Das Wöhler-Diagramm dient zur Ermittlung der Bruch-, Kurzzeit-, Zeit- und Dauerfestigkeit einer Wertstoffprobe.

14. Das Smith-Diagramm wird aus einer Vielzahl von Wöhler-Diagrammen zur Ermittlung der Dauerfestigkeiten für die jeweilige Beanspruchungsart erstellt. Aus ihm können die Grenzspannungen σ_o und σ_u für den jeweiligen Werkstoff entnommen werden.

15. Sicherheiten S werden eingeführt, da die aus Versuchen gefundenen Grenzspannungen (σ_m, σ_D) im Betrieb nicht erreicht werden dürfen und um Unsicherheiten bei der Berechnung der auftretenden Spannungen aufgrund von Einflüssen (keine homogenen, isotropen Werkstoffe, Oberflächenbeschaffenheit, Kerben) zu berücksichtigen.

5.1.2   Lösungen zu Aufgaben aus Kap. 1

Aufgabe 1.1 Zunächst müssen die Kräfte aus dem Kräfte- und Momentengleichgewicht bestimmt werden (Reihenschaltung): $F = F_1 + F_2$; $F_1 = 25\,\text{N}$; $F_2 = 75\,\text{N}$. Damit wird $\Delta l_1 = 0{,}238\,\text{mm}$; $\Delta l_2 = 0{,}714\,\text{mm}$ und $\varphi = 0{,}036°$.

Für die Spannungen muss die Gewichtskraft F_G des Stabes mit berücksichtigt werden, somit wird $F_1 = 50\,\text{N}$; $\sigma_1 = 200\,\text{N/mm}^2$ und $F_2 = 100\,\text{N}$; $\sigma_2 = 400\,\text{N/mm}^2$.

Aufgabe 1.2 Durch die Belastung des Verbundstabes ergeben sich gleiche Dehnungen für Holz und Stahl. Die beiden Stahlplatten sind identisch und dürfen deshalb zusammengefasst werden. Unter Beachtung dieses Zusammenhanges ergeben sich folgende Werte:

$$A_H = 1500\,\text{mm}^2; \ A_{St} = 200\,\text{mm}^2; \ F = F_H = 8{,}72\,\text{kN}; \ F_{St} = 16{,}28\,\text{kN}.$$

a) Für die Spannungen ergeben sich folgende Werte:
   $\sigma_H = 5{,}8\,\text{N/mm}^2$ und $\sigma_{St} = 81{,}4\,\text{N/mm}^2$

b) Verlängerung $\Delta l = 0{,}116\,\text{mm}$

Aufgabe 1.3 Die Formänderungsenergie für die Gummifeder beträgt $W_f = 4{,}3\,\text{Nmm}$.

Aufgabe 1.4 Die Formänderungsenergie für den linken und rechten Teil des Stabes beträgt $W_{f\,li} = 327{,}4\,\text{Nmm}$ und $W_{f\,re} = 873\,\text{Nmm}$.

Aufgabe 1.5

a) Berechnung der Kraft pro Stahlband mit $F_{leer} = 3679\,N$ und $F_{voll} = 9810\,N$
    Berechnung der Spannungen im Stahlband: $\sigma_{leer} = 41\,N/mm$ und $\sigma_{voll} = 109\,N/mm^2$

b) Bedingung für Fließen (voller Tank): $S_F = 2{,}7$ (ausreichend, da $S_{min} > 1{,}5$)
    Festigkeitsbedingung für Bruch (voller Tank): $S_B = 4{,}3$ (ausreichend, da $S_B > 2$)

c) Berechnung der Verlängerung der Stahlbänder (Befüllung): $\Delta\varepsilon = 0{,}00032$ und $\Delta l = 0{,}45\,mm$

5.2 Lösungen zu Kap. 2

5.2.1 Lösungen zu Verständnisfragen aus Kap. 2

1. Die Zugspannung in Stäben ist konstant, wenn folgende Bedingungen vorliegen:
    - die Querschnittsfläche liegt senkrecht zur Stabachse
    - die Wirklinie von F liegt auf der Schwerpunktachse (Mittelinie) und
    - der Querschnitt ist konstant bzw. hat sanfte Übergänge.

2. Für die Tragfähigkeitsrechnung gilt: $F \leq F_{zul} = \sigma_{zul} \cdot A$ und für die Bemessungsrechnung: $A \geq A_{erf} = F / \sigma_{zul}$.

3. Die Normalspannung beträgt $\sigma = \sigma_0 / 2$ und die Schubspannung $\tau_{max} = \sigma_0 / 2$.

4. Die Trag- und die Reißlänge sind nur abhängig von σ_{zul} bzw. R_m und vom spezifischen Gewicht des verwendeten Werkstoffs.

5. Bei Erwärmung dehnen sich Körper aus und beim Abkühlen ziehen sie sich zusammen. Die Spannung ist abhängig vom Längenausdehnungskoeffizienten, dem E-Modul und der Temperaturdifferenz.

6. Der Werkstoff mit der geringeren Festigkeit ist bei der Ermittlung der Flächenpressung maßgebend.

7. Für das Aufreißen von Behältern, Kesseln oder Rohren in Längsrichtung ist die Tangentialspannung σ_t verantwortlich, da sie doppelt so groß wie die Axialspannung σ_a ist.

8. Die Grenzgeschwindigkeit eines frei rotierenden Ringes hängt von der zulässigen Spannung σ_{zul} und der Dichte ρ des Werkstoffs ab.

9. Die Querkraft F_q bewirkt ein Verschieben der einzelnen Querschnitte gegeneinander und bildet mit der Auflagerkraft ein Kräftepaar, was ein Moment erzeugt.

10. Die neutrale Faser ist spannungsfrei und die Spannungen nehmen von ihr aus linear nach außen zu. Darüber hinaus bleibt die Länge in diesem Bereich unverändert.

11. Die Hauptgleichung der Biegung lautet $\sigma_b = M_b / W_b$.

12. Das Widerstandsmoment ist proportional der Breite b und proportional der Höhe h^2.

13. Das (axiale) Flächenmoment 2. Grades ist ein Maß für die Steifigkeit eines Querschnitts gegen Biegung.

14. Mit dem Satz von Steiner lässt sich das Gesamtflächenmoment 2. Grades von zusammengesetzten Flächen berechnen. Er lautet: $I = I_s + s^2 \cdot A$.

15. Eine Umrechnung des Flächenmomentes von einer beliebigen Achse auf eine andere Achse, die nicht Schwerpunktachse ist, ist mit dem Steiner'schen Satz nicht möglich, sondern kann nur über die S-Achse vorgenommen werden.

16. Die Schubspannung ergibt sich aus dem Produkt von Schubwinkel γ und Schubmodul G.

17. Die Schubspannung ist (bei symmetrischen Profilen) in Profilmitte maximal. An dieser Stelle ist die Biegespannung null, während am Rand die Biegespannung maximal, die Schubspannung aber null ist. Bei langen Trägern unter Querkraftbiegung ist die Biegespannung sehr viel größer als die Schubspannung aus Querkraft.

18. Unsymmetrische Profile verdrehen sich unter Querkraft, die nicht im Schubmittelpunkt eingeleitet wird. Nur wenn die Querkraft im Schubmittelpunkt angreift, erfährt der Träger keine Torsionsbeanspruchung (zusätzlich zur Biege- und Schubbeanspruchung).

19. Die Torsionsspannungen eines Kreisquerschnitts sind an der Außenseite am größten, in der Mitte dagegen null. Zur besseren Ausnutzung des Materials ist deshalb ein Kreisringprofil (Rohr gegenüber Vollwelle) günstiger.

20. Entsprechend Gl. 2.90 können nur der Durchmesser der Drehstabfeder verkleinert und/oder die Länge vergrößert werden. Bei einer Verkleinerung des Durchmessers erhöht sich die Spannung in der Feder; die Länge der Feder hat auf die Spannung keinen Einfluss.

21. Die 1. Bredt'sche Formel dient zur Ermittlung des Torsionswiderstandsmomentes dünnwandiger geschlossener Querschnitte.

22. Offene Profile (hier: U-Profile) sind wesentlich torsionsweicher als geschlossene Profile (z. B. Rohre). Da Lkw-Rahmen in der Regel torsionsweich ausgelegt werden, verwendet man als Längsträger der Rahmen U-Profile.

23. Knicken ist kein Festigkeitsproblem, sondern ein Stabilitätsproblem. Sobald die Knickkraft erreicht wird, erfolgt schlagartig das Versagen eines druckbelasteten Stabs durch Knicken. Daher muss die vorhandene Kraft bzw. Spannung eine entsprechende Sicherheit ($S_K > 2 \ldots 4$) gegenüber der theoretischen Knickkraft bzw. Knickspannung haben.

24. Die Knickspannung (für schlanke Stäbe meist nach Euler) hängt nur vom minimalen Flächenmoment 2. Grades und dem Elastizitätsmodul, ab. Ansonsten ist die Stabgeometrie maßgebend. Wenn ein Stab aus Baustahl eine zu geringe Knicksicherheit hat, bleibt nur eine Veränderung des Querschnitts (evtl. der Länge und der Lagerungsparameter). Die Wahl eines höherfesten Stahls führt aufgrund des gleichen Elastizitätsmoduls nicht zum Ziel.

25. Bei der Knickung nach Tetmajer liegt die Knickspannung im Bauteil oberhalb der Proportionalitätsgrenze, also im unelastischen Bereich.

5.2.2   Lösungen zu Aufgaben aus Kap. 2

Aufgabe 2.1

a) Mit der Bedingung $2\Delta l_{St} + \Delta l_{Cu} = h$ kann die Kraft $F = 4{,}67\,\mathrm{kN}$ bestimmt werden.
b) Die Spannungen ergeben sich zu $\sigma_{St} = 140\,\mathrm{N/mm^2}$ und $\sigma_{Cu} = 70\,\mathrm{N/mm^2}$.
c) Die Temperaturabsenkung muss $\Delta\vartheta = 50\,\mathrm{K}$ betragen.

Aufgabe 2.2

a) Der erforderliche Querschnitt A_{erf} beträgt $43.087{,}4\,\mathrm{mm^2}$ und damit $d_{ierf} = 230\,\mathrm{mm}$ (gewählt).
b) Die erforderliche Fläche $A_{D1\,erf}$ ist $148.214\,\mathrm{mm^2}$ und damit $D_1 = 440\,\mathrm{mm}$ (gewählt).

Aufgabe 2.3

a) Die Kraft, die auf den Flansch wirkt, beträgt $F = 29{,}32\,\mathrm{kN}$.
b) Die Spannungen betragen $\sigma_t = 16{,}2\,\mathrm{N/mm^2}$ und $\sigma_a = 8{,}1\,\mathrm{N/mm^2}$.

Aufgabe 2.4   Bei einer Drehzahl $n_F = 2065\,\mathrm{min^{-1}}$ beginnt der Ring, sich plastisch zu verformen.

Aufgabe 2.5   Das y-z-Koordinatensystem wird in die Profilmitte ($y_S = 0$) und den unteren Rand des Profils gelegt, der Schwerpunkt z_S befindet bei $46{,}6\,\mathrm{mm}$. Die Flächenmomente betragen $I_y = 588{,}4\,\mathrm{cm^4}$ und $I_z = 217{,}3\,\mathrm{cm^3}$.

Für das rechte Profil erfolgt die gleiche Koordinatenzuordnung mit $z_S = 26\,\mathrm{mm}$; damit erhält man die Flächenmomente $I_y = 43{,}8\,\mathrm{cm^4}$ und $I_z = 213{,}6\,\mathrm{cm^4}$.

Aufgabe 2.6   Für das Maschinengestell ergeben sich folgende Werte: $y_S = 0$ und $z_S = 23\,\mathrm{cm}$,

$$I_{y\,ges} = 1{,}4\cdot 10^5\,\mathrm{cm^4};\ I_{z\,ges} = 3{,}9\cdot 10^5\,\mathrm{cm^4}$$
$$W_{y\,ges} = 8\cdot 10^3\,\mathrm{cm^3};\ W_{z1} = 1{,}06\cdot 10^4\,\mathrm{cm^4}\ \text{und}\ W_{z2} = 1{,}7\cdot 10^4\,\mathrm{cm^4}.$$

Aufgabe 2.7   Die Länge l beträgt $78{,}7\,\mathrm{m}$.

Aufgabe 2.8

a) Flächenmoment $I_{y\,ges} = 295.096{,}3\,\mathrm{mm^4}$
b) Biegespannungen $\sigma_{b1} = 57{,}5\,\mathrm{N/mm^2}$ und $\sigma_{b2} = -50{,}3\,\mathrm{N/mm^2}$
c) die Biegespannung in Höhe der Schweißnaht $\sigma_{b\,Schw} = 11{,}7\,\mathrm{N/mm^2}$

Aufgabe 2.9

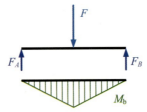

a) Das größte Biegemoment beträgt $M_{b\,max} = 12{,}6\,kNm$
b) das Flächenmoment 2. Grades um die y-Achse $I_{y\,max} = 8.572.500\,mm^4$
c) Biegespannung in der Randfaser $\sigma_b = 88{,}19\,N/mm^2$
d) Sicherheit gegen Fließen $S_F = 2{,}95 > 1{,}5$

Aufgabe 2.10

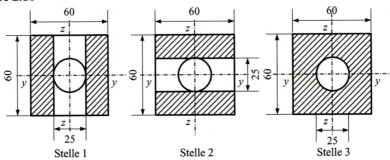

Stelle 1   Stelle 2   Stelle 3

$M_{b1} = 2.000.000\,Nmm$; $W_{b1} = 21.000\,mm^3$; $\sigma_{b1} = 95{,}24\,N/mm^2 < \sigma_{b\,zul}$

$M_{b2} = 7.000.000\,Nmm$; $I_{y2} = 1.001.875\,mm^4$; $W_{b2} = 33.395{,}83\,mm^3$;

$\sigma_{b2} = 209{,}61\,N/mm^2 < \sigma_{b\,zul}$

$M_{b3} = 10.000.000\,Nmm$; $I_{y3} = 1.060.825{,}24\,mm^4$; $W_{b3} = 35.360{,}84\,mm^3$;

$\sigma_{b3} = 282{,}80\,N/mm^2 \geq \sigma_{b\,zul}$

Aufgabe 2.11

a) Das Gesamtdrehmoment ergibt sich aus dem Bohrmoment und dem Reibmoment.
    Das Reibmoment lässt sich aus der Normalkraft, dem Reibbeiwert und dem Hebel-
    arm berechnen. Die Normalkraft erhält man aus Flächendruck und Mantelfläche des
    Gestänges:
    $$T_R = r \cdot \mu \cdot p \cdot \pi \cdot d \cdot L_E = 462\,Nm$$
    Das Gesamtmoment beträgt somit:
    $$T_{ges} = T_R + T = 2462\,Nm$$

b) $\tau_t = 36{,}6 \, \text{N/mm}^2$

c) Der Verdrehwinkel wird mit der Gesamtlänge $L = 5{,}5$ m berechnet.

    $\varphi = 0{,}0715 \, \text{rad}; \quad \varphi^\circ = 4{,}1^\circ$

Aufgabe 2.12 Das Torsionsmoment berechnet man über die Formel $P = T \cdot \omega = 500{,}4 \, \text{Nm}$ mit ω = Winkelgeschwindigkeit.

a) Mit $\tau_{t\,\text{zul}} = T / W_t$ erhält man für den Außendurchmesser $D = 41{,}59 \, \text{mm}$ und über das gegebene Durchmesserverhältnis δ für den Innendurchmesser $d = 32{,}27 \, \text{mm}$.

b) Die Torsionsspannung ist linear über dem Querschnitt verteilt (im Mittelpunkt ist die Torsionsspannung Null). Da hier die Durchmesser so ausgelegt wurden, dass an der Außenfaser die zulässige Spannung vorliegt, beträgt die Spannung an der Innenseite $\tau_{ti} = 0{,}8 \cdot \tau_{t\,\text{zul}} = 48 \, \text{N/mm}^2$.

Aufgabe 2.13 Das Torsionsmoment wirkt auf beide Längenabschnitte; $\varphi = \varphi_1 + \varphi_2$; damit ist $a = 301{,}6 \, \text{mm}$. Die Torsionsspannung ist im durchbohrten Teil höher; $\tau_t = 407{,}4 \, \text{N/mm}^2$.

Aufgabe 2.14 Für die Torsion geschlossener beliebiger Hohlprofile kann die Formel von Bredt, Gl. 2.99, angewendet werden:

$$\tau = \frac{T}{2 \cdot A_m \cdot s}$$

Dazu ermitteln wir zunächst die von der Mittellinie des Profils eingeschlossen Fläche A_m. Sie kann über zwei Rechtecke angenähert werden:

$$A_m \approx (36 \cdot 44 + 56 \cdot 32) \, \text{mm}^2 = 3376 \, \text{mm}^2$$

Die Torsionsspannung beträgt damit $\tau \approx 59 \, \text{N/mm}^2$.

Aufgabe 2.15 Wir ermitteln zuerst nach Tab. 2.4, Zeile 9, das Torsionsträgheitsmoment und das Drillwiderstandsmoments für die V-förmige Torsionsfeder: $I_t \approx 1080 \, \text{mm}^4$; $W_t \approx 360 \, \text{mm}^3$. Den Faktor η nehmen wir wie beim rechtwinkligen Profil mit 0,99 an. Über Gl. 2.89 kann man durch Umstellen das Torsionsmoment für den Winkel $\varphi = 10^\circ$ bestimmen ($T \approx 12.758 \, \text{Nmm}$). Die Torsionsspannung erhält man dann nach Gl. 2.78: $\tau_t = 35 \, \text{N/mm}^2$.

Aufgabe 2.16 Die Aufgabe kann mithilfe der Bredt'schen Formeln (siehe Tab. 2.5, Zeile 3) zur Bestimmung von W_t und I_t gelöst werden.

$W_t \approx 35.280 \, \text{mm}^3$ (mit $A_m = 2940 \, \text{mm}^2$); $\tau_t \approx 60 \, \text{N/mm}^2$

$I_t \approx 810.338 \, \text{mm}^4$ (mit $u_m = 256 \, \text{mm}$); $\varphi \approx 16{,}5^\circ$

Aufgabe 2.17 Um die Druckkraft im Stab AB bestimmen zu können, müssen zunächst die Winkel im Dreieck bestimmt werden nach der für schiefwinklige Dreiecke geltenden Formel

$$\cos\alpha = \frac{b^2 + c^2 - a^2}{2\,b\cdot c}$$

mit a = der dem Winkel α gegenüber liegenden Seite des Dreiecks. Dann kann man die Kraft bestimmen über die Kräftegleichgewichte in waagerechter und in senkrechter Richtung im Punkt B: $F_{AB} = 72\,\text{kN}$ (Druck).

Wir nehmen zunächst an, dass elastische Knickung vorliegt. Damit kann die Knickkraft nach Euler, also nach Gl. 2.101, ermittelt werden. Aufgrund der gelenkigen Lagerung des Stabs liegt Knickfall 2 vor mit $l_K = 4500\,\text{mm}$. Das axiale Flächenträgheitsmoment für ein Rohr ist

$$I_{\min} = \frac{\pi}{32}\cdot(D^4 - d^4)$$

Mit der Beziehung für die Sicherheit gegen Knicken

$$S_K = \frac{F_K}{F_{AB}}$$

erhält man schließlich als Gleichung für den gesuchten Innendurchmesser

$$d = \sqrt[4]{D^4 - \frac{64\cdot S_K\cdot F_{AB}\cdot l_K^2}{\pi^3\cdot E}}$$

und als Zahlenwert $d \approx 84\,\text{mm}$.

Ob unsere Annahme der elastischen Knickung richtig war, prüfen wir über den Schlankheitsgrad λ nach Gl. 2.106. Hier ist $\lambda = 138$, unsere Annahme war also richtig: Es liegt elastische Knickung nach Euler vor.

Aufgabe 2.18

a) Die Spindel ist entsprechend Knickfall 3 gelagert (siehe Tab. 2.6) mit $l_K \approx 0{,}7\cdot l$. Damit ergibt sich der Schlankheitsgrad der Spindel zu $\lambda \approx 100 > \lambda_0 = 88$ (für E335), also Euler-Knickung. Die Knickspannung ist demnach $\sigma_K \approx 210\,\text{N/mm}^2$.
   Als vorhandene Spannung liegt die Druckspannung aus der gegebenen Spindelkraft mit $\sigma_d \approx 50\,\text{N/mm}^2$ vor. Damit ergibt sich eine Sicherheit gegen Knicken $S_K \approx 4{,}2$ für die unbeheizte Presse.
b) Die Gesamtspannung in der Spindel setzt sich aus der Druckspannung und der Wärmespannung zusammen:

$$\sigma = \sigma_d + \sigma_\vartheta \quad \text{mit der Wärmespannung} \quad \sigma_\vartheta = \alpha\cdot\Delta\vartheta\cdot E.$$

Die Sicherheit gegen Knicken lautet hier also:

$$S_{\mathrm{K}} = \frac{\sigma_{\mathrm{K}}}{\sigma_{\mathrm{d}} + \alpha \cdot \Delta\vartheta \cdot E}$$

Diese Gleichung stellt man nach $\Delta\vartheta$ um und setzt Zahlenwerte ein.
Man erhält: $\Delta\vartheta \approx 20\,\mathrm{K}$.

Aufgabe 2.19

a) Länge des Auslegers $l = l_{\mathrm{K}} = \sqrt{5^2\,\mathrm{m}^2 + 4{,}9^2\,\mathrm{m}^2} = 7\,\mathrm{m}$
   Der Ausleger wird mit F_{K} nach Knickfall 2 auf Druck belastet

$$\frac{F_{\mathrm{K}}}{F_{\mathrm{G}}} = \frac{7\,\mathrm{m}}{2{,}6\,\mathrm{m}};\ F_{\mathrm{K}} = 79.234{,}62\,\mathrm{N} \approx 79{,}2\,\mathrm{kN}$$

$$I_{\min} \ge I_{\mathrm{erf}} = \frac{S \cdot F_{\mathrm{K}} \cdot l^2}{\pi^2 \cdot E} = 9834{,}48\,\mathrm{cm}^4;\ d_{\mathrm{erf}} = \sqrt[4]{\frac{64 \cdot I_{\mathrm{erf}}}{\pi}} = 21{,}16\,\mathrm{cm};$$

$d = 22\,\mathrm{cm}$ gewählt

   $i = d/4 = 5{,}5\,\mathrm{cm}$

b) $\lambda = 127{,}27 > 104 \to$ Knickung nach Euler; $I_{\min} = 281\,\mathrm{cm}^4 \to$ gewählt U 260 mit
   $I_z = 317\,\mathrm{cm}^4$; $A = 48{,}3\,\mathrm{cm}^2 \to i = 2{,}56\,\mathrm{cm}$
   $\lambda = 273{,}44 > 104 \to$ Euler
   $\sigma_{\mathrm{D}} = 8{,}2\,\mathrm{N/mm}^2$; $\sigma_{\mathrm{K}}\ 27{,}72\,\mathrm{N/mm}^2$; $S_{\mathrm{tat}} = 3{,}38$

Aufgabe 2.20

a) $F_{\mathrm{G}} = 36\,\mathrm{kN}$; $F_{\mathrm{wasser}} = m \cdot g = l \cdot b \cdot h \cdot \rho \cdot g = 147.150\,\mathrm{N}$;
   $F_{\mathrm{ges}} = F_{\mathrm{G}} + F_{\mathrm{wasser}} = 183.150\,\mathrm{N}$
   $F_{\mathrm{St}} = F_{\mathrm{ges}}/4 = 45.785{,}5\,\mathrm{N}$
b) Knickfall 2: $l = l_{\mathrm{K}} = 4000\,\mathrm{mm}$; $I_{\min} = 141{,}4\,\mathrm{cm}^4$
c) Gemäß Tabelle $I_z = I_{\min}$, gewählt: I 200 mit $I_z = I_{\min} = 142\,\mathrm{cm}^4$; $A = 28{,}5\,\mathrm{cm}^2$;
   $i_z = 2{,}24\,\mathrm{cm}$ oder IPB 100 mit $I_z = I_{\min} = 167\,\mathrm{cm}^4$; $A = 26\,\mathrm{cm}^2$; $i_z = 2{,}53\,\mathrm{cm}$
d) $\lambda = 178$ (I 200) bzw. $\lambda = 158$ (IPB 100) $\to$ Euler

5.3 Lösungen zu Kap. 3

5.3.1 Lösungen zu Verständnisfragen aus Kap. 3

1. Träger unter Querkraft werden auf Biegung und Schub beansprucht. Ein Kranhaken wird auf Zug, Biegung und Schub beansprucht. Getriebewellen werden z. B. auf Biegung und Torsion beansprucht.

2. Schubspannungen sind wie Vektoren zu behandeln, d. h. neben der Größe muss bei der Überlagerung auch die Richtung beachtet werden. Die größte Schubspannung im Querschnitt tritt dort auf, wo Schubspannungen aus Querkraft und Torsion dieselbe Richtung haben.

3. Ein ebener Spannungszustand liegt vor, wenn alle auftretenden Spannungen (Normal- und Schubspannungen) in einer Ebene liegen, wie es z. B. bei Blechelementen der Fall ist.

4. Die Normalspannungen in Richtung einer der Hauptachsen sind maximal, senkrecht dazu minimal. In Richtung der Hauptachsen sind die Schubspannungen null.

5. Der Mohr'sche Spannungskreis ist ein grafisches Verfahren, mit dessen Hilfe für z. B. einen ebenen Spannungszustand Größe und Richtung der maximalen und minimalen Spannungen bestimmt werden können.

6. Normalspannungen und Schubspannungen führen zu unterschiedlichen Schadensmechanismen im Bauteil. Diese lassen sich nicht linear überlagern. Daher nie Normal- und Schubspannungen addieren!

7. Immer wenn Normal- und Schubspannungen in einem Bauteil auftreten, muss die Vergleichsspannung berechnet werden. Nur wenn eine dieser beiden Spannungen sehr klein sein sollte, z. B. die Schubspannung infolge einer Querkraft bei einem langen eingespannten Träger, kann diese Spannung vernachlässigt werden, so dass dann auch nicht die Vergleichsspannung bestimmt werden muss.

8. Als Festigkeitsnachweis gilt, wenn die berechnete Vergleichsspannung kleiner als die zulässige Normalspannung ist. Zur Bestimmung der zulässigen Spannung siehe Abschn. 1.7.

9. a) Bei vorwiegend ruhender Beanspruchung wird für spröde Werkstoffe die Normalspannungshypothese und für zähe Werkstoffe mit ausgeprägter Streckgrenze die Schubspannungshypothese eingesetzt.

   b) Bei dynamischer Beanspruchung wird die Gestaltänderungsenergiehypothese verwendet.

10. Beanspruchungen können ruhend, schwellend oder wechselnd auftreten. Dies gilt sowohl für die Normalspannungen als auch für die Schubspannungen. Da das Eintreten eines Schadens von den unterschiedlichen Beanspruchungen abhängig ist, müssen diese in den Vergleichsspannungshypothesen berücksichtigt werden. Dies geschieht über das Anstrengungsverhältnis α_0.

5.3.2 Lösungen zu Aufgaben aus Kap. 3

Aufgabe 3.1 Die Säule wird durch die Kraft F auf Druck und durch das Moment $M_b = F \cdot (l - a/2)$ auf Biegung beansprucht. Die aus diesen beiden Belastungen herrührenden Spannungen sind Normalspannungen und können daher addiert werden. Es ist zu beachten, dass auf der linken Seite der Säule Biegezug-, auf der rechten Biegedruckspannungen vorliegen. Die Spannungen im Querschnitt B–B und im Einspannquerschnitt (unten links) sind gleich, da die Säule durch ein konstantes Biegemoment und eine konstante Druckkraft belastet wird.

a) Die Biegespannung beträgt $\sigma_b = 144{,}4\,\text{N/mm}^2$. Sie liegt auf der linken Seite der Säule als Biegezug-, rechts als Biegedruckspannung vor.
   Für die Druckspannung erhält man $\sigma_d = 4{,}8\,\text{N/mm}^2$. Damit ist die größte resultierende Spannung eine Druckspannung mit $\sigma_d \approx 149\,\text{N/mm}^2$.

b) Die neutrale Faser verschiebt sich zur Biegezugseite (hier also nach links) und zwar um den Wert

$$y_0 = \frac{\sigma_d}{\sigma_{bd}} e_z = \frac{\sigma_d}{\sigma_{bd}} \cdot \frac{d_a}{2} = \underline{\underline{4{,}54\,\text{mm}}}$$

Aufgabe 3.2

a) Da es sich um einen zähen Werkstoff handelt und schwingende Beanspruchung vorliegt, ist die Gestaltänderungsenergiehypothese (GEH) anzuwenden.

b) $\alpha_0 = \frac{\sigma_{\text{Grenz}}}{\varphi \cdot \tau_{\text{Grenz}}} = \frac{1}{\sqrt{3}} \frac{\sigma_{bW}}{\tau_{\text{Sch}}} = \frac{1}{\sqrt{3}} \frac{290\,\text{N/mm}^2}{230\,\text{N/mm}^2} = \underline{\underline{0{,}73}}$

Aufgabe 3.3

a) Es handelt sich um einen zähen Werkstoff und statische Belastung, damit kommt die Schubspannungshypothese (SH) zur Anwendung.

b)
$$\sigma_v = \sqrt{\left(\sigma_y - \sigma_x\right)^2 + 4 \cdot \tau_{yx}^2}$$

$$= \sqrt{(48 - 132)^2 \frac{\text{N}^2}{\text{mm}^4} + 4 \cdot 61^2 \frac{\text{N}^2}{\text{mm}^4}} = \underline{\underline{148{,}12\,\text{N/mm}^2}}$$

c) $S = \frac{R_e}{\sigma_v} = \frac{235\,\text{N/mm}^2}{148{,}12\,\text{N/mm}^2} = \underline{\underline{1{,}59}}$

Aufgabe 3.4

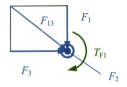

$$\sigma_{res} = \sigma_z + \sigma_b$$

$$M_{b13} = F_{13} \cdot l_1$$

$$F_{13} = F_1^2 + F_3^2 = \sqrt{(1,5\,\text{kN})^2 + (1,0\,\text{kN})^2} = \underline{\underline{1,80\,\text{kN}}}$$

$$\sigma_{res} = \frac{F_2}{A} + \frac{F_{13} \cdot l_1}{W_b}; \quad W_b = \frac{\pi}{32}d^3 \quad A = \frac{\pi}{4}d^2$$

$$\sigma_{res} = \frac{3600\,\text{N}}{\frac{\pi}{4} \cdot 50^2\,\text{mm}^2} + \frac{1800\,\text{N} \cdot 1000\,\text{mm}}{\frac{\pi}{32}50^3\,\text{mm}^3}$$

$$\sigma_{res} = 1,83\frac{\text{N}}{\text{mm}^2} + 146,68\frac{\text{N}}{\text{mm}^2} \approx \underline{\underline{149\frac{\text{N}}{\text{mm}^2}}}$$

$$\tau_t = \frac{F_1 \cdot l_1}{W_t} = \frac{F_1 \cdot l_1}{\frac{\pi}{16}d^3} = \frac{1500\,\text{N} \cdot 500\,\text{mm}}{\frac{\pi}{16}50^3\,\text{mm}^3} \approx \underline{\underline{31\frac{\text{N}}{\text{mm}^2}}}$$

$$\sigma_v = \sqrt{\sigma^2 + 3\tau^2} = \sqrt{\left(149\frac{\text{N}}{\text{mm}}\right)^2 + 3 \cdot \left(31\frac{\text{N}}{\text{mm}}\right)^2} \approx \underline{\underline{158\frac{\text{N}}{\text{mm}^2}}}$$

Aufgabe 3.5

a) Ansatz: F_a und F_r liegen in einer Ebene. Die Biegung ist aber entgegengesetzt
   ⇒ Subtrahieren und resultierendes Biegemoment ermitteln.

$$M_{bF_a} = \frac{F_a \cdot d_0}{2} = \frac{2000\,\text{N} \cdot 120\,\text{mm} \cdot \text{m}}{2 \cdot 10^3\text{mm}} = \underline{\underline{120\,\text{Nm}}}$$

$$M_{bF_r} = F_r \cdot l = 1000\,\text{N} \cdot 40\,\text{mm}\frac{\text{m}}{10^3\,\text{mm}} = \underline{\underline{40\,\text{Nm}}}$$

$$M_{bar} = M_{bF_a} - M_{bF_r} = 120\,\text{Nm} - 40\,\text{Nm} = \underline{\underline{80\,\text{Nm}}}$$

F_a und F_r stehen senkrecht auf F_u $\Rightarrow$ das Biegemoment ergibt sich aus einer vektoriellen Addition.

$$M_{bF_u} = F_u \cdot l = 6000\,\text{N} \cdot 40\,\text{mm}\,\frac{\text{m}}{10^3\,\text{mm}} = \underline{\underline{240\,\text{Nm}}}$$

$$M_{b_{res}} = \sqrt{M_{b_{ar}}{}^2 + M_{b_u}{}^2} = \sqrt{(240\,\text{Nm})^2 + (80\,\text{Nm})^2} = \underline{\underline{253\,\text{Nm}}}$$

$$\sigma_b = \frac{M_b}{W_b}, M_b = M_{b_{res}}\, W_b = \frac{\pi}{32} \cdot d^3$$

$$\sigma_b = \frac{253\,\text{Nm} \cdot 32 \cdot 10^3\,\text{mm}}{\pi \cdot 50^3\,\text{mm}^3\,\text{m}} = \underline{\underline{20,61\,\text{N/mm}^2}}$$

Überlagerung der Normalspannung mit der Biegespannung:

$$\sigma_d = \frac{F_a}{A} = \frac{2000\,\text{N} \cdot 4}{\pi \cdot 50^2\,\text{mm}^2} = \underline{\underline{1,01\,\text{N/mm}^2}}\, A = \frac{\pi}{4} \cdot d^2$$

$$\sigma_{max} = \sigma_d + \sigma_b = 20,61\,\text{N/mm}^2 + 1,01\,\text{N/mm}^2 = \underline{\underline{21,62\,\text{N/mm}^2}}$$

b) $\quad \tau_t = \dfrac{T}{W_t}, T = \dfrac{F_u \cdot d_0}{2}, W_t = \dfrac{\pi}{16} \cdot d^3$

$$\tau_t = \frac{F_u \cdot d_0 \cdot 16}{2 \cdot \pi \cdot d^3} = \frac{6000\,\text{N} \cdot 120\,\text{mm} \cdot 16}{\pi \cdot 50^3\,\text{mm}^3} = \underline{\underline{14,66\,\text{N/mm}^2}}$$

$$\sigma_v = \sqrt{\sigma_n + 3 \cdot (\alpha_0 \cdot \tau_t)^2} = \sqrt{21,62^2 + 3 \cdot 14,66^2}\,\text{N/mm}^2 = \underline{\underline{33,3\,\text{N/mm}^2}}$$

c) Unter Berücksichtigung der Schubspannung aus der Querkraft ergibt sich die resultierende Schubkraft aus: $F_r + F_u$

$$F_{res} = \sqrt{F_r^2 + F_u^2} = \sqrt{(1\,\text{kN})^2 + (6\,\text{kN})^2} = \underline{\underline{6,08\,\text{kN}}}$$

$$\tau = \frac{4}{3} \cdot \frac{F}{A} \quad \text{für einen Vollkreisquerschnitt}$$

$$\tau = \frac{4}{3} \cdot \frac{F_{res}}{A} = \frac{4 \cdot 6,08\,\text{kN} \cdot 4 \cdot 10^3\,\text{N}}{3 \cdot \pi \cdot 50^2\,\text{mm}^2\,\text{kN}} = \underline{\underline{4,13\,\text{N/mm}^2}}$$

Schubspannung aus der Querkraft und Torsion zusammenfassen:

$$\tau_{res} = \tau_{max} = \tau_t + \tau = 14,66\,\text{N/mm}^2 + 4,13\,\text{N/mm}^2$$

$$\tau_{res} = \underline{\underline{18,80\,\text{N/mm}^2}}$$

$$\sigma_v = \sqrt{\left(21,62\,\frac{\text{N}}{\text{mm}^2}\right)^2 + 3 \cdot \left(18,80\,\frac{\text{N}}{\text{mm}^2}\right)^2} = \underline{\underline{39,1\,\text{N/mm}^2}}$$

d) Bei kurzen Trägern oder Wellen kann die Schubkraft aus der Querkraft einen nennenswerten Einfluss haben und muss berücksichtigt werden.

5.4   Lösungen zu Kap. 4

5.4.1   Lösungen zu Verständnisfragen aus Kap. 4

1. Die Krümmung eines Balkens berechnet sich nach Gl. 4.1:

$$k = \frac{1}{\rho} = \frac{M_b}{E \cdot I}$$

2. Die Differenzialgleichung der elastischen Linie lautet nach Gl. 4.2:

$$w'' = -\frac{M_b(x)}{E \cdot I}$$

3. Krümmung $\frac{1}{\rho} = -\dfrac{w''}{\left(1+w'^2\right)^{\frac{3}{2}}}$

   Gleichung der Biegelinie $w'' = -\frac{M_b}{E \cdot I}$

   Neigungswinkel der Biegelinie $w' = \varphi = -\int \frac{M_b(x)}{E \cdot I} dx + C_1$

   Durchbiegung der Biegelinie $w = \int \left[\frac{M_b}{E \cdot I} dx\right] dx + C_1 x + C_2$

4. Das Produkt $E \cdot I$ ist die Biegesteifigkeit. Je steifer ein Träger auf Grund seines Werkstoffes (E) und seiner Querschnittsform (I) ist, um sei kleiner ist die Formänderung des Trägers.

5. Nein, die Biegesteifigkeit ist unabhängig von der Festigkeit des Werkstoffs. Sie ist nur abhängig vom E-Modul und vom Flächenträgheitsmoment I.

6. Die Herleitung der Biegelinie gilt nur für kleine Winkeländerungen. Bei größeren Verformungen und größeren Winkeländerungen ist die Berechnung mit einem Fehleranteil verbunden.

7. Liegt linear-elastische Biegung vor, dann dürfen die Lösungen von bekannten Einzelbelastungsfällen zur Gesamtlösung durch Superposition (Überlagerung durch Addition oder Subtraktion) zusammengeführt werden.

8. Grundlegendes Prinzip ist die Zerlegung eines statisch unbestimmten Systems in ein statisch bestimmtes Hauptsystem und Zusatzsysteme. Die Anzahl der Zusatzsysteme entspricht dem Grad der statischen Unbestimmtheit (1-fach, 2-fach, ...). In jedem Zusatzsystem wird eine der überzähligen Lagerreaktionen als äußere Kraft angenommen.

9. Eine Überlagerung von Biegefällen ist im linear-elastischen Bereich, also mit $\sigma_{res} < \sigma_p$, möglich.

10. Die Überlagerung findet an Punkten statt, an denen die Verformung des Systems bekannt ist. Dazu gehören Lager- und Einspannstellen. An diesen ist die Durchbiegung $w = 0$ und bei Einspannstellen auch die Neigung $w' = 0$. Für diese Stellen gilt:

w Hauptsystem an dieser Stelle $+ w$ Zusatzsystem an dieser Stelle $= 0$ im Ursprungssystem an dieser Stelle.

5.4.2 Lösungen zu Aufgaben aus Kap. 4

Aufgabe 4.1

a) Krümmung des Balkens

$$\sigma_{max} = \frac{M_b}{W_b} = \frac{M_b}{I} \cdot e = \frac{M_b}{I} \cdot \frac{h}{2} \Rightarrow M_b = \frac{2 \cdot \sigma_{max} \cdot I}{h}$$

$$M_b = F \cdot l$$

$$\sigma_{max} = \frac{F \cdot l}{I} \cdot \frac{h}{2} \Rightarrow M_b = F \cdot l = \frac{2 \cdot \sigma_{max} \cdot I}{h}$$

$$k = \frac{1}{\rho} = \frac{M_b}{EI} \Rightarrow k = \frac{2 \cdot \sigma_{max} \cdot I}{E \cdot I \cdot h}$$

$$k = \frac{2 \cdot \sigma_{max}}{E \cdot h} = \frac{2 \cdot 120 \frac{N}{mm^2}}{2,1 \cdot 10^5 \frac{N}{mm^2} \cdot 300\,mm} = \underline{\underline{3,81 \cdot 10^{-6}\,mm^{-1}}}$$

b) Winkel der Tangente

$$\varphi_{II} = 0$$

$$\varphi_{I} = \varphi_{max} = \frac{F \cdot l^2}{2E \cdot I} = \frac{2 \cdot \sigma_{max} \cdot I \cdot l}{2E \cdot I \cdot h} = \frac{\sigma_{max} \cdot l}{E \cdot h}$$

$$\varphi_{max} = \frac{120\,\frac{N}{mm^2} \cdot 2000\,mm}{2,1 \cdot 10^5 \frac{N}{mm^2} \cdot 300\,mm} = \underline{\underline{0,00381\,rad \approx 0,22°}}$$

c) Belastungsfall
Der Spannungsverlauf tritt bei einem mit einer Kraft F belasteten eingespannten Balken auf.

d) Maximale Durchbiegung

$$w = \frac{F \cdot l^3}{3E \cdot I} = \frac{2 \cdot \sigma \cdot l^2 \cdot I}{3E \cdot I \cdot h} = \frac{2 \cdot 120 \frac{N}{mm^2} \cdot 2000^2\,mm^2}{3 \cdot 2,1 \cdot 10^5 \frac{N}{mm^2} \cdot 300\,mm}$$

$$w_{max} = \underline{\underline{5,08\,mm}}$$

Aufgabe 4.2

a) $w_F = \frac{F \cdot l^3}{3E \cdot I}$; $w_F = d$; $F = F_{IA}$
$\Rightarrow \underline{\underline{F_{IA} = \frac{3E \cdot I \cdot d}{l^3}}}$

b) Wir betrachten zunächst nur den unteren Träger:

$$w_B = w_A + \varphi_A \cdot l = d$$

$$w_B = \frac{F_{IIA} \cdot l^3}{3E \cdot I} + \frac{F_{IIA} \cdot l^2}{2E \cdot I} \cdot l = \frac{F_{IIA} \cdot l^3}{E \cdot I} \cdot \frac{5}{6} = d$$

$$\Rightarrow F_{IIA} = \frac{6}{5} \cdot \frac{E \cdot I \cdot d}{l^3}.$$

Dies ist die Kraft, um den unteren Träger so weit hinunter zu drücken, dass dieser den Punkt B berührt. Die notwendige Gesamtkraft ergibt sich aus:

$$F_{ges} = F_{IIA} + F_{IA} + F_{Iw_A}$$

F_{Iw_A} ist die Kraft, um den oberen Träger zusätzlich um die Durchbiegung des unteren Trägers hinunter zu drücken.

$$F_{Iw_A} = \frac{3 \cdot E \cdot I \cdot w_A}{l^3} = \frac{3 \cdot E \cdot I}{l^3} \cdot \frac{F_{IIA} \cdot l^3}{3 \cdot E \cdot I} = F_{IIA}$$

$$\Rightarrow F_{ges} = 2 \cdot F_{IIA} + F_{IA} = \frac{12}{5} \cdot \frac{E \cdot I \cdot d}{l^3} + \frac{3 \cdot E \cdot I \cdot d}{l^3} = \underline{\underline{\frac{27}{5} \cdot \frac{E \cdot I \cdot d}{l^3}}}$$

Aufgabe 4.3 Als Hauptsystem wird ein eingespannter Balken gewählt. Im Zusatzsystem wird die überzählige Auflagerkraft F_B als äußere Belastung angenommen:

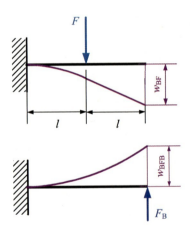

Der Ansatz zur Überlagerung ist:

$$w_B = w_{BF} + w_{BFB} = 0$$

Bestimmung von w_{BF} im Hauptsystem:

$$w_{BF} = w_F + \varphi_F \cdot l$$

$$w_{BF} = \frac{F \cdot l^3}{3E \cdot I} + \frac{F \cdot l^2}{2E \cdot I} \cdot l$$

(Tab. 4.1, Fall 1)

$$w_{BF} = \frac{F \cdot l^3}{E \cdot I} \left(\frac{1}{3} + \frac{1}{2} \right)$$

$$w_{BF} = \frac{5}{6} \frac{F \cdot l^3}{E \cdot I}$$

Bestimmung von w_{BB} im Zusatzsystem:

$$w_{BFB} = \frac{F_B \cdot (2l)^3}{3E \cdot I} = \frac{8}{3} \frac{F_B \cdot l^3}{E \cdot I}$$

Auflager $\Rightarrow w_{BF} - w_{BFB} = 0$

$$-\frac{5}{6} \frac{F \cdot l^3}{E \cdot I} - \frac{8}{3} \frac{F_B \cdot l^3}{E \cdot I} = 0$$

$$F_B = \frac{3}{8} \cdot \frac{5}{6} F = \frac{5}{16} F$$

Durchbiegung w_m in der Balkenmitte (am Kraftangriffspunkt):

$$w_m = w_{mF} - w_{mB},$$

$$w_{mF} = \frac{F \cdot l^3}{3E \cdot I} \quad \text{(Tab. 4.1, Fall 1)}$$

$$w_{mB} = \frac{F_B(2l)^3}{6EI} \left(3\left(\frac{l}{2l}\right)^2 - \left(\frac{l}{2l}\right)^3 \right) \quad \text{(Tab. 4.1, Fall 1)}$$

$$w_{mB} = \frac{5 \cdot 8 \cdot F \cdot l^3}{16 \cdot 6 \cdot E \cdot I} \left(\frac{3}{4} - \frac{1}{8} \right) = \frac{5}{6} \frac{F \cdot l^3}{E \cdot I} \left(\frac{5}{16} \right)$$

$$w_{mB} = \frac{25}{96} \frac{F \cdot l^3}{E \cdot I}$$

$$w_m = \frac{F \cdot l^3}{E \cdot I} \left(\frac{32}{96} - \frac{25}{96} \right)$$

$$w_m = \frac{7}{96} \frac{F \cdot l^3}{E \cdot I}$$

Aufgabe 4.4 Als Hauptsystem wird ein eingespannter Balken gewählt. Im Zusatzsystem wird die Kraft, die im Gelenkstab auftritt, als äußere Kraft F_C berücksichtigt.

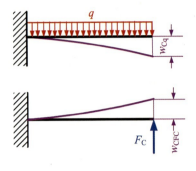

(Tab. 4.1, Fall 3)

$$w_{Cq} = \frac{q \cdot l^4}{8E \cdot I}$$

(Tab. 4.1, Fall 1)

$$w_{CFC} = \frac{F_C \cdot l^3}{3E \cdot I}$$

$$w_{CS} = F_C \cdot \frac{l}{E \cdot A} = F_C \cdot \frac{a}{E \cdot A} \quad \text{(Dehnung des Stabes C)}$$

$$w_{Cq} + w_{CFC} = w_{CS}$$

$$\frac{q \cdot l^4}{8E \cdot I} - \frac{F_C \cdot l^3}{3E \cdot I} = F_C \cdot \frac{a}{E \cdot A}$$

$$\frac{q \cdot l^4}{8E \cdot I} = \frac{F_C \cdot a}{E \cdot A} + \frac{F_C \cdot l^3}{3E \cdot I}$$

$$\frac{q \cdot l^4}{8E \cdot I} = F_C \left[\frac{a}{E \cdot A} + \frac{l^3}{3E \cdot I} \right]$$

$$F_C = \frac{q \cdot l^4}{8E \cdot I} \cdot \frac{1}{\frac{a}{E \cdot A} + \frac{l^3}{3E \cdot I}} = \frac{q l^4}{8I} \cdot \frac{1}{\frac{a}{A} + \frac{l^3}{3I}}$$

Aufgabe 4.5 Als Hauptsystem wird ein eingespannter Balken gewählt. Das System wird bis Punkt A betrachtet! Die Kraft F wird in den Punkt B verschoben. Daraus ergibt sich auch das zusätzlich zu berücksichtigende Moment $M = F \cdot l$. Im Zusatzsystem wird die Kraft, die über das Stahlseil eingebracht wird, als äußere Kraft F_S berücksichtigt.

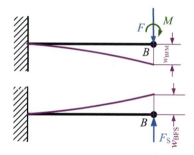

a) Hauptsystem, Berücksichtigung von F und M:

$$w_{\text{BFM}} = \frac{F \cdot l^3}{3E_1 \cdot I_1} + \frac{F \cdot l \cdot l^2}{2E_1 \cdot I_1} = \frac{5}{6}\frac{F \cdot l^3}{E_1 \cdot I_1}$$

Nebensystem, Berücksichtigung von F_S:

$$w_{\text{BFS}} = -\frac{F_S \cdot l^3}{3E_1 \cdot I_1}$$

Überlagerung:

$$w_{\text{Bres}} = w_{\text{BFM}} + w_{\text{BFS}} = \frac{5}{6}\frac{F \cdot l^3}{E_1 \cdot I_1} - \frac{F_S \cdot l^3}{3E_1 \cdot I_1} = \frac{l^3}{3E_1 \cdot I_1}\left(\frac{5}{2}F - F_S\right)$$

Spannung im Stahlseil:

$$\sigma_2 = E_2 \cdot \varepsilon_2 = E_2 \cdot \frac{w_{\text{Bres}}}{l} = \frac{F_S}{A_2}$$

$$\Rightarrow F_S = E_2 \cdot A_2 \cdot \frac{w_{\text{Bres}}}{l}$$

$$\Rightarrow w_{\text{Bres}} = \frac{l^3}{3E_1 \cdot I_1}\left(\frac{5}{2}F - E_2 \cdot A_2 \cdot \frac{w_{\text{Bres}}}{l}\right)$$

$$\Rightarrow w_{\text{Bres}} = \frac{5F \cdot l^3}{6E_1 \cdot I_1 + 2E_2 \cdot A_2 \cdot l^2} = \underline{\underline{0{,}096 \text{ mm}}}$$

b) Berechnung F_S:

$$F_S = E_2 \cdot A_2 \cdot \frac{w_{\text{Bres}}}{l} = \underline{\underline{2280{,}96 \text{ N}}}$$

Winkel in Punkt B:

$$\varphi_B = \varphi_{\text{BF}} + \varphi_{\text{BM}} + \varphi_{\text{BFS}}$$

$$\varphi_B = \frac{F \cdot l^2}{2E_1 \cdot I_1} + \frac{F \cdot l \cdot l}{E_1 \cdot I_1} - \frac{F_S \cdot l^2}{2E_1 \cdot I_1} = \underline{\underline{0{,}005 \text{ rad}}}$$

c) Verschiebung im Punkt C:

$$w_C = w_{Bres} + \varphi_B \cdot l + \frac{F \cdot l^3}{3 E_1 \cdot I_1} = \underline{\underline{1{,}06\,\text{mm}}}$$

Aufgabe 4.6 Als Hauptsystem wird ein eingespannter Balken gewählt. Im Zusatzsystem werden die Kraft und das Moment, die in der rechten Einspannstelle in der Wand vorhanden sind, als äußere Kraft F_B und äußeres Moment M_B berücksichtigt.

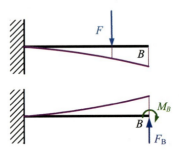

Ansatz 1: $w_B = 0$ in Einspannstelle

$$\Rightarrow \frac{F\left(\frac{2}{3}l\right)^3}{3 E \cdot I} + \frac{F\left(\frac{2}{3}l\right)^2}{2 E \cdot I} \cdot \frac{1}{3} l - \frac{F_B \cdot l^3}{3 E \cdot I} + \frac{M_B \cdot l^2}{2 E \cdot I} = 0$$

$$\Rightarrow M_B = \frac{2}{3} F_B \cdot l - \frac{28}{81} F \cdot l$$

Ansatz 2: $\varphi_B = 0$ in Einspannstelle

$$\Rightarrow \frac{F\left(\frac{2}{3}l\right)^2}{2 E I} - \frac{F_B l^2}{2 E I} + \frac{M_B l}{E I} = 0$$

$$\Rightarrow F_B = 2 \frac{M_B}{l} + \frac{4}{9} F$$

$$\Rightarrow F_B = \underline{\underline{\frac{20}{27} F}}$$

$$\Rightarrow M_B = \underline{\underline{\frac{4}{27} F l}}$$

Durchbiegung an der Krafteinleitungsstelle

$$w_F = w_{FF} - w_{FF_B} + w_{FM_B}$$

$$w_F = \frac{F\left(\frac{2}{3}l\right)^3}{3 E \cdot I} - \frac{F_B l^3}{6 E \cdot I} \left[3\left(\frac{2}{3}\right)^2 - \left(\frac{2}{3}\right)^3 \right] + \frac{M_B \cdot l^2}{2 E \cdot I} \left(\frac{2}{3}\right)^2$$

$$w_F = \underline{\underline{\frac{8}{2187} \frac{F \cdot l^3}{E \cdot I}}}$$

5.5 Übungsklausuren

Um ein Gefühl für den Zeitbedarf in einer Klausur zu bekommen, sind nachfolgend die Aufgaben zweier Klausuren aufgeführt. Zulässige Hilfsmittel: Taschenrechner, ein Blatt eigene Formelsammlung, Skript. Bearbeitungszeit 90 min. Der Lösungsweg ist vollständig anzugeben.

5.5.1 Klausur 1

Aufgabe 1 Die drei Stäbe sind miteinander verbunden und spannungsfrei zwischen den Wänden platziert. Die Temperatur wird von T_1 auf T_2 erhöht.

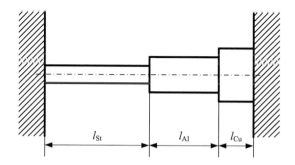

Gegeben:

$T_1 = 20\,°C, T_2 = 40\,°C$

$\alpha_{St} = 1{,}2 \cdot 10^{-5}\,K^{-1}; E_{St} = 2{,}1 \cdot 10^5\,N/mm^2$

$l_{St} = 300\,mm; A_{St} = 200\,mm^2$

$\alpha_{Al} = 2{,}3 \cdot 10^{-5}\,K^{-1}; E_{Al} = 0{,}7 \cdot 10^5\,N/mm^2$

$l_{Al} = 200\,mm; A_{Al} = 450\,mm^2$

$\alpha_{Cu} = 1{,}7 \cdot 10^{-5}\,K^{-1}; E_{Cu} = 1{,}2 \cdot 10^5\,N/mm^2$

$l_{Cu} = 100\,mm; A_{Cu} = 515\,mm^2$

a) Bestimmen Sie die Spannung im Stahlstab, wenn beide Wände als starr angenommen werden.

b) Welche Spannung tritt im Stahlstab auf, wenn die Wände nachgeben ($C = 100.000$ N/mm)?

Aufgabe 2 Ein im Boden eingespanntes Rohr ist mit einem Flachstahl verschweißt. Auf diesen wirken die Kräfte F_y und F_z. Die Länge, um die der Flachstahl gebogen wird, beträgt l.

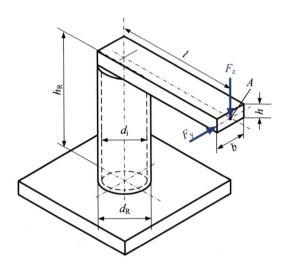

Gegeben:

$F_y = 0{,}5\,\text{kN}$

$F_z = 1{,}0\,\text{kN}$

$l = 400\,\text{mm}$

$h = 20\,\text{mm}$

$b = 30\,\text{mm}$

$h_R = 1000\,\text{mm}$

$d_a = 70\,\text{mm}$

$d_i = 64\,\text{mm}$

$E = 2{,}1 \cdot 10^5\,\text{N/mm}^2$

$\alpha_0 = 1$

a) Bestimmen Sie die vertikale Verlagerung des Punktes A infolge der Kraft F_z.

b) Bestimmen Sie die Vergleichsspannung, die im Rohr auftritt. Lassen Sie den Einfluss der Schubspannung aus Querkräften unberücksichtigt.

Aufgabe 3 Das Profil des skizzierten Biegeträgers ist aus drei Rechtecken zusammengesetzt.

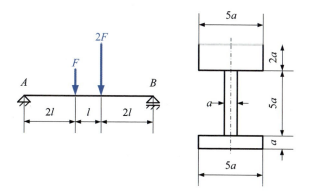

a) Skizzieren Sie den Biegemomentenverlauf für den Balken mit Angabe des größten Biegemoments.
b) Ermitteln Sie die Lage der Schwerpunktachse des Profils.
c) Wie groß ist das axiale Flächenträgheitsmoment I_y für die waagerechte Schwerpunktachse?
d) Wie groß ist die maximale Biegespannung für $F = 1$ kN, $a = 1$ cm und $l = 1$ m?

Aufgabe 4 Die Kolbenstange eines Schiffsdieselmotors ist im Kolben und im Kreuzkopf (Geradführung, siehe Skizze) gelenkig gelagert. Sie hat eine maximale Druckkraft bei Höchstlast des Motors von $F = 500$ kN aufzunehmen.

Weisen Sie nach, dass die Kolbenstange aus Schmiedestahl richtig dimensioniert ist.

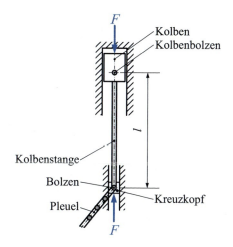

Gegeben:

Länge $l = 350\,\text{cm}$
Flächenmoment 2. Grades $I_{\min} = 1200\,\text{cm}^4$
Querschnittsfläche: $A = 140\,\text{cm}^2$
Elastizitätsmodul: $E = 210.000\,\text{N/mm}^2$
Streckgrenze: $Re = 355\,\text{N/mm}^2$

5.5.2 Klausur 2

Aufgabe 1 Der Stab 1 mit dem Radius $r = 15\,\text{mm}$ wird um $\Delta\vartheta = 60°$ erwärmt.

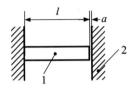

Gegeben:

$\alpha = 1{,}2 \cdot 10^{-5}\,\text{K}^{-1}$

$E = 2{,}1 \cdot 10^5\,\text{N/mm}^2$

$l_1 = 500\,\text{mm}$

$a = 0{,}2\,\text{mm}$

a) Welche Spannung tritt im Stab *1* auf, wenn die Wand *2* als starr angenommen wird?
b) Welche Spannung tritt im Stab *1* auf, wenn die Wand *2* nachgibt ($C = 100.000\,\text{N/mm}$)?

Aufgabe 2 Ein T-Träger wird durch eine Kraft F auf Zug und Biegung beansprucht.

Gegeben:

$F = 10\,\text{kN}$

$l_1 = 200\,\text{mm}$

$l_2 = 300\,\text{mm}$

$a = 10\,\text{mm}$

$b = 50\,\text{mm}$

$c = 70\,\text{mm}$

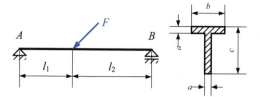

a) Bestimmen Sie die Lage des Flächenschwerpunktes.
b) Berechnen Sie die maximal auftretende Spannung.

Aufgabe 3

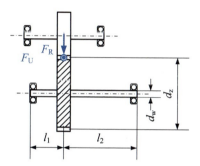

In einem Getriebe wird die untere Welle durch eine Radialkraft F_R und durch eine Umfangskraft F_U belastet.

Gegeben:

$F_U = 500\,\text{N}$

$F_R = 300\,\text{N}$

$l_1 = 100\,\text{mm}$

$l_2 = 200\,\text{mm}$

$d_Z = 200\,\text{mm}$

$\sigma_{zul} = 120\,\text{N/mm}^2$

Wie groß muss der Wellendurchmesser d_W sein, damit die maximal auftretende Vergleichsspannung (Anstrengungsverhältnis $\alpha_o = 1$) die zulässige Spannung nicht überschreitet?

Aufgabe 4 Eine mit der Streckenlast q belastete Brücke ($E \cdot I_1$) wird durch eine Stahlstütze ($E \cdot I_2$) mit dem Durchmesser d_S abgestützt.

Gegeben:

$q = 10\,\text{kN/m}$

$l = 10\,\text{m}$

$h = 8\,\text{m}$

$d_S = 200\,\text{mm}$

$I_1 = 2 \cdot 10^6\,\text{mm}^4$

$E = 2{,}1 \cdot 10^5\,\text{N/mm}^2$

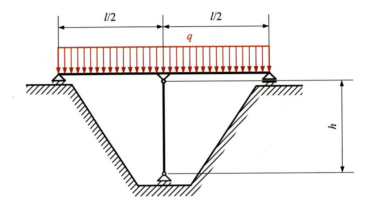

a) Um welchen Betrag senkt sich die Brücke in der Mitte durch?
b) Wie groß ist die Sicherheit der Stütze gegen Knicken?

5.5.3 Lösung Klausur 1

Aufgabe 1

a) $\Delta l_\vartheta = \Delta \vartheta \left[\alpha_{St} \cdot l_{St} + \alpha_{Al} \cdot l_{Al} + \alpha_{Cu} \cdot l_{Cu} \right]$

$$\Delta l_\vartheta = \Delta l_{St} + \Delta l_{Al} + \Delta l_{Cu}$$

$$= \frac{F \cdot l_{St}}{E_{St} \cdot A_{St}} + \frac{F \cdot l_{Al}}{E_{Al} \cdot A_{Al}} + \frac{F \cdot l_{Cu}}{E_{Cu} \cdot A_{Cu}}$$

$$= F \left[\frac{l_{St}}{E_{St} \cdot A_{St}} + \frac{l_{Al}}{E_{Al} \cdot A_{Al}} + \frac{l_{Cu}}{E_{Cu} \cdot A_{Cu}} \right]$$

$$F = \frac{\Delta \vartheta \left[\alpha_{St} \cdot l_{St} + \alpha_{Al} \cdot l_{Al} + \alpha_{Cu} \cdot l_{Cu} \right]}{\frac{l_{St}}{E_{St} \cdot A_{St}} + \frac{l_{Al}}{E_{Al} \cdot A_{Al}} + \frac{l_{Cu}}{E_{Cu} \cdot A_{Cu}}}$$

$$F = \frac{20\,\mathrm{K} \left[1{,}2 \cdot 10^{-5} \cdot 300 + 2{,}3 \cdot 10^{-5} \cdot 200 + 1{,}7 \cdot 10^{-5} \cdot 100 \right] \mathrm{K}^{-1}\mathrm{mm}}{\left[\frac{300}{2{,}1 \cdot 10^5 \cdot 200} + \frac{200}{0{,}7 \cdot 10^5 \cdot 450} + \frac{100}{1{,}2 \cdot 10^5 \cdot 515} \right] \frac{\mathrm{mm}}{\frac{N}{\mathrm{mm}^2} \, \mathrm{mm}^2}}$$

$$F = \underline{\underline{13.104\,\mathrm{N}}}$$

$$\sigma_{St} = \frac{F}{A_{St}} = \frac{13.104\,\mathrm{N}}{200\,\mathrm{mm}^2} = 65{,}52 \, \frac{\mathrm{N}}{\mathrm{mm}^2} \approx \underline{\underline{66 \, \frac{\mathrm{N}}{\mathrm{mm}^2}}}$$

b) $\Delta l_\vartheta = \frac{F \cdot l_{St}}{E_{St} \cdot A_{St}} + \frac{F \cdot l_{Al}}{E_{Al} \cdot A_{Al}} + \frac{F \cdot l_{Cu}}{E_{Cu} \cdot A_{Cu}} + \frac{2 \cdot F}{C}$

$$F = \frac{\cdots}{\frac{l_{St}}{E_{St} \cdot A_{St}} + \frac{l_{Al}}{E_{Al} \cdot A_{Al}} + \frac{l_{Cu}}{E_{Cu} \cdot A_{Cu}} + \frac{2}{C}} = \underline{\underline{5639\,\mathrm{N}}}$$

$$\sigma_{St} = \frac{F}{A_{St}} = \frac{5639\,\mathrm{N}}{200\,\mathrm{mm}^2} = 28{,}2 \, \frac{\mathrm{N}}{\mathrm{mm}^2} \approx \underline{\underline{28 \, \frac{\mathrm{N}}{\mathrm{mm}^2}}}$$

Aufgabe 2

a) $\Delta z = \frac{F_z \cdot h_R}{E \cdot A_\circ} + \frac{F_z \cdot l \cdot h_R}{E \cdot I_\circ} \cdot l + \frac{F_z \cdot l^3}{3E \cdot I_{\text{Flachstahl}}}$

$$A_\circ = \frac{\pi}{4}\left(d_a^2 - d_i^2\right) = \frac{\pi}{4}\left(70^2 - 64^2\right) \text{ mm}^2 = \underline{631{,}5 \text{ mm}^2}$$

$$I_\circ = \frac{\pi}{64}\left(d_a^4 - d_i^4\right) = \frac{\pi}{64}\left(70^4 - 64^4\right) \text{ mm}^4 = \underline{35{,}5 \text{ cm}^4}$$

$$I_{\text{Flachstahl}} = \frac{b \cdot h^3}{12} = \frac{30 \text{ mm} \cdot 20^3 \text{ mm}^3}{12} = \underline{20.000 \text{ mm}^4}$$

$$\Delta z = \frac{10^3 \text{ N} \cdot 1000 \text{ mm}}{2{,}1 \cdot 10^5 \frac{\text{N}}{\text{mm}^2} \cdot 631{,}5 \text{ mm}^2} + \frac{10^3 \text{ N} \cdot 400 \cdot 1000 \text{ mm}^3}{2{,}1 \cdot 10^5 \frac{\text{N}}{\text{mm}^2} \cdot 35{,}5 \cdot 10^4 \text{ mm}^4} \cdot 400$$

$$+ \frac{10^3 \text{ N} \cdot 400^3 \text{ mm}^3}{3 \cdot 2{,}1 \cdot 10^5 \frac{\text{N}}{\text{mm}^2} \cdot 20 \cdot 10^3 \text{ mm}^4}$$

$$\Delta z = 0{,}0075 \text{ mm} + 2{,}15 \text{ mm} + 5{,}079 \text{ mm}$$

$$\Delta z = \underline{7{,}24 \text{ mm}}$$

b) $M_{b_1} = F_z \cdot l = 1000 \text{ N} \cdot 400 \text{ mm} = \underline{400.000 \text{ Nmm}}$

$$M_{b_2} = F_y \cdot h_R = 500 \text{ N} \cdot 1000 \text{ mm} = \underline{500.000 \text{ Nmm}}$$

$$M_{b_{ges}} = \sqrt{M_{b_1}^2 + M_{b_2}^2} = \underline{640.310 \text{ Nmm}}$$

$$W_b = \frac{\pi}{32}\frac{d_a^4 - d_i^4}{d} = \frac{\pi}{32}\frac{(70 \text{ mm})^4 - (64 \text{ mm})^4}{70 \text{ mm}} = \underline{10.144 \text{ mm}^3}$$

$$\sigma = \frac{M_{b_{ges}}}{W_b} + \frac{F_z}{A_\circ} = \frac{640.310 \text{ Nmm}}{10.144 \text{ mm}^3} + \frac{1000 \text{ N}}{631{,}5 \text{ mm}^2} = 64{,}71\frac{\text{N}}{\text{mm}^2} \approx \underline{65\frac{\text{N}}{\text{mm}^2}}$$

$$\tau_t = \frac{T}{W_t} = \frac{F_y \cdot l}{W_t}$$

$$W_t = \frac{\pi}{16}\frac{d_a^4 - d_i^4}{d_a} = \underline{20.288 \text{ mm}^3}$$

$$\tau_t = \frac{500 \cdot 400 \text{ Nmm}}{20.288 \text{ mm}^3} = 9{,}86\frac{\text{N}}{\text{mm}^2} \approx \underline{10\frac{\text{N}}{\text{mm}^2}}$$

$$\sigma_v = \sqrt{\sigma^2 + 3\tau_t^2} = \sqrt{\left(65\frac{\text{N}}{\text{mm}^2}\right)^2 + 3 \cdot \left(10\frac{\text{N}}{\text{mm}^2}\right)^2} \approx \underline{67\frac{\text{N}}{\text{mm}^2}}$$

Aufgabe 3

a) $\sum F_z = 0 = F_A + F_B - 3F \rightarrow F_A = 3F - F_B$

$$\sum M_b = 0 = F \cdot 2l + 2F \cdot 3l - F_B \cdot 5l = 0$$

$$F_B = \frac{8Fl}{5l} = \underline{\underline{\frac{8}{5}F}}$$

$$F_A = -\frac{8}{5}F + \frac{15}{5}F = \underline{\underline{\frac{7}{5}F}}$$

$$M_{b_{max}} = \underline{\underline{\frac{16}{5}Fl}}$$

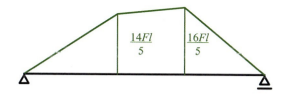

$$\frac{14Fl}{5} \qquad \frac{16Fl}{5}$$

b) $y_S = \dfrac{-3a \cdot 5a^2 + 3{,}5a \cdot 10a^2}{5a^2 + 5a^2 + 10a^2} = \dfrac{-15a^3 + 35a^3}{20a^2}$

$$\underline{\underline{y_S = a}}$$

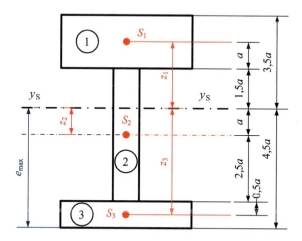

c) $I_{y_{ges}} = I_1 + A_1 \cdot z_1^2 + I_2 + A_2 \cdot z_2^2 + I_3 + A_3 \cdot z_3^2$

$$I_{y_{ges}} = \frac{5a \cdot (2a)^3}{12} + 10a^2 \cdot (2{,}5a)^2 + \frac{a \cdot (5a)^3}{12} + 5a^2 \cdot a^2 + \frac{5a \cdot a^3}{12} + 5a^2 \cdot (4a)^2$$

$$I_{y_{ges}} = \frac{40a^4 + 125a^4 + 5a^4}{12} + 62{,}5a^4 + 5a^4 + 80a^4$$

$$I_{y_{ges}} = \frac{40 + 125 + 5 + 750 + 60 + 960}{12} \cdot a^4$$

$$I_{y_{ges}} = \frac{1940}{12}a^4 = \frac{485}{3}a^4 \approx \underline{\underline{162a^4}}$$

d) $W_b = \dfrac{I_{y_{ges}}}{e_{max}} = \dfrac{485}{3}a^4 \cdot \dfrac{2}{9a} = \dfrac{970}{27}a^3 \approx \underline{\underline{35{,}9a^3}}; \ e_{max} = \dfrac{9}{2}a$

$$\sigma_{max} = \frac{M_b}{W_b} = \frac{16 \cdot F \cdot l \cdot 27}{5 \cdot 970 \cdot a^3} = \frac{432}{4850} \frac{F \cdot l}{a^3}$$

$$\sigma_{max} = 0{,}089 \cdot \frac{F \cdot l}{a^3}$$

$$\sigma_{max} = \frac{432}{4850} \cdot \frac{1000\,\text{N} \cdot 1000\,\text{mm}}{10^3\,\text{mm}^3}$$

$$\sigma_{max} \approx \underline{\underline{89 \frac{\text{N}}{\text{mm}^2}}}$$

Aufgabe 4

$$\lambda = \frac{l_K}{i_{min}} \qquad l_K = l = 350 \, \text{mm}$$

$$i_{min} = \sqrt{\frac{I_{min}}{A}} = \sqrt{\frac{1200 \, \text{cm}^4}{140 \, \text{cm}^2}} = \underline{\underline{2,93 \, \text{cm}}}$$

$$\lambda = \frac{350 \, \text{cm}}{2,93 \, \text{cm}} = \underline{\underline{119,45 \approx 120}}$$

$$\lambda = 120 \Rightarrow \text{Euler-Knickung}$$

$$\sigma_K = \frac{\pi^2 \cdot E}{\lambda^2} = \frac{\pi^2 \cdot 210.000 \, \text{N}}{120^2 \, \text{mm}^2} \approx \underline{\underline{144 \, \frac{\text{N}}{\text{mm}^2}}}$$

$$\sigma_d = \frac{F}{A} = \frac{500.000 \, \text{N}}{14.000 \, \text{mm}^2} \approx \underline{\underline{36 \, \frac{\text{N}}{\text{mm}^2}}}$$

$$S_K = \frac{\sigma_K}{\sigma_d} = \frac{144}{36} \approx \underline{\underline{4}} \Rightarrow \underline{\underline{\text{ausreichend}!}}$$

$$F_K = \frac{\pi^2 \cdot E \cdot I_{min}}{l^2}$$

$$= \frac{\pi^2 \cdot 210.000 \, \text{N} \cdot 1200 \, \text{cm}^4 \cdot 10^2 \, \text{mm}^2}{350^2 \, \text{cm}^2 \, \text{cm}^2 \, \text{mm}^2}$$

$$F_K = \underline{\underline{2030,32 \, \text{kN}}}$$

$$S = \frac{F_K}{F_D} = \frac{2030,32 \, \text{kN}}{500 \, \text{kN}} = \underline{\underline{4,06}}$$

5.5.4 Lösung Klausur 2

Aufgabe 1

a) $\Delta l_\vartheta = \alpha \cdot \Delta \vartheta \cdot l$

$$= 1,2 \cdot 10^{-5} \cdot 60 \cdot 500 \, \text{mm} = \underline{\underline{0,36 \, \text{mm}}}$$

$$\Delta l_s = \Delta l_\vartheta - a = 0,36 \, \text{mm} - 0,2 \, \text{mm} = \underline{\underline{0,16 \, \text{mm}}}$$

$$\frac{\Delta l_s}{\Delta l} \cdot E = \sigma \Rightarrow \sigma = \frac{0,16 \, \text{mm}}{500 \, \text{mm}} \cdot 2,1 \cdot 10^5 \, \frac{\text{N}}{\text{mm}^2} = \underline{\underline{67,2 \, \frac{\text{N}}{\text{mm}^2}}}$$

b) $\Delta l_\vartheta = \Delta l_s + a + x_2$

$$x_2 = \frac{F}{C}$$

$$\Rightarrow \Delta l_\vartheta = \frac{F \cdot l}{E \cdot A} + a + \frac{F}{C} \Rightarrow \Delta l_\vartheta - a = F \left[\frac{l}{EA} + \frac{1}{C} \right]$$

$$\Rightarrow F = \frac{\Delta l_\vartheta - a}{\frac{l}{E \cdot A} + \frac{1}{C}} = \frac{\Delta l_\vartheta - a}{\frac{l}{E \cdot \pi \cdot r^2} + \frac{1}{C}} = \frac{0,16\,\text{mm}}{\left(\frac{500\,\text{mm}}{2,1 \cdot 10^5 \frac{N}{mm^2} \cdot \pi \cdot 15^2\,mm^2} + \frac{1}{100.000\,\frac{N}{mm}} \right) \frac{10^3\,N}{kN}}$$

$$= \underline{\underline{11,97\,\text{kN}}}$$

$$\Rightarrow \sigma = \frac{F}{A} = \frac{11,97\,\text{kN}}{\pi \cdot r^2} = \frac{11,97\,\text{kN}}{\pi \cdot 15^2\,\text{mm}^2} = \underline{\underline{16,93\,\frac{N}{mm^2}}}$$

Aufgabe 2

a)

i	A_i mm^2	z_i mm	$A_i\,z_i$ mm^3	$z_{is} = z_i - z_s$ mm
1	600	0	0	$-15,91$
2	500	35	17.500	19,09
Σ	**1100**		**17.500**	

$$z_s = \frac{\sum z_i A_i}{A_{ges}} = \frac{17.500}{1100} = \underline{\underline{15,91\,\text{mm}}}$$

b)

$$I_{y_{ges}} = \frac{10\,\text{mm} \cdot 60^3\,\text{mm}^3}{12} + 15,91^2\,\text{mm}^2 \cdot 600\,\text{mm}^2 + \frac{50\,\text{mm} \cdot 10^3\,\text{mm}^3}{12}$$
$$+ 19,09^2\,\text{mm}^2 \cdot 500\,\text{mm}^2$$
$$= \underline{\underline{518.257,58\,\text{mm}^4}}$$

$$\sigma_b = \frac{M_b}{W_b} = \frac{M_b}{I_{y_{ges}}} \cdot e$$

$$M_b = \frac{1}{2}\sqrt{2} \cdot F \cdot \frac{l_2}{l_1 + l_2} \cdot l_1 = \frac{1}{2}\sqrt{2} \cdot 10\,\text{kN} \cdot \frac{3}{5} \cdot 200\,\text{mm} \cdot 10^3 \frac{\text{N}}{\text{kN}} \cdot \frac{\text{m}}{10^3\,\text{mm}}$$

$$= \underline{\underline{848,53\,\text{Nm}}}$$

$$e_{max} = e_u = 15,91\,\text{mm} + 30\,\text{mm} = \underline{45,91\,\text{mm}}$$

$$\sigma_{bmax} = \frac{M_b}{I_y} \cdot e_{max} = \frac{848,53 \cdot 10^3\,\text{Nmm}}{518.257,58\,\text{mm}^4} \cdot 45,91\,\text{mm} = 75,17\,\underline{\frac{\text{N}}{\text{mm}^2}}$$

$$\sigma_{max} = \sigma_b + \sigma_z$$

$$\sigma_z = \frac{\frac{1}{2}\sqrt{2}F}{A_{ges}} = \frac{\frac{1}{2}\sqrt{2} \cdot 10\,\text{kN} \cdot 10^3\,\text{N}}{1100\,\text{mm}^2\,\text{kN}} = 6,43\,\underline{\frac{\text{N}}{\text{mm}^2}}$$

$$\Rightarrow \sigma_{max} = 75,17\,\frac{\text{N}}{\text{mm}^2} + 6,43\,\frac{\text{N}}{\text{mm}^2} = 81,6\,\underline{\underline{\frac{\text{N}}{\text{mm}^2}}}$$

Aufgabe 3

$$\tau = \frac{T}{W_t} = \frac{T}{\frac{\pi}{16}d^3}$$

$$T = F_u \cdot \frac{d_z}{2} = 500\,\text{N} \cdot 100\,\text{mm} = \underline{50.000\,\text{Nmm}} \,\hat{=}\, \underline{50\,\text{Nm}}$$

$$F_{res} = \sqrt{F_U^2 + F_R^2} = \underline{583,1\,\text{N}}$$

$$M_b = F_{res} \cdot \frac{l_2}{l_1 + l_2} \cdot l_1 = 583,1\,\text{N} \cdot \frac{2}{3} \cdot 100\,\text{mm} \,\hat{=}\, \underline{38,87\,\text{Nm}}$$

$$\sigma_b = \frac{M_b}{W_b} = \frac{M_b}{\frac{\pi}{32}d^3}$$

$$\sigma_v = \sqrt{\sigma_b^2 + 3\tau^2} = \sqrt{\left(\frac{M_b}{\frac{\pi}{32}d^3}\right)^2 + 3 \cdot \left(\frac{T}{\frac{\pi}{16}d^3}\right)^2} = \sqrt{\left(\frac{16}{\pi d_3}\right)^2 \left[4M_b^2 + 3T^2\right]}$$

$$= \frac{16}{\pi d^3}\sqrt{4M_b^2 + 3M_t^2}$$

$$\Rightarrow d^3 - \frac{16}{\pi \cdot \sigma_v}\sqrt{4M_b^2 + 3T^2}$$

$$d = \sqrt[3]{\frac{1}{\pi \cdot \sigma_v}\sqrt{4M_b^2 + 3T^2}}$$

$$= \sqrt[3]{\frac{16\,\text{mm}^2}{\pi \cdot 120\,\text{N}} \cdot \sqrt{4 \cdot \left(38,87 \cdot 10^3\,\text{Nmm}\right)^2 + 3 \cdot \left(50 \cdot 10^3\,\text{Nmm}\right)^2}} = \underline{17,03\,\text{mm}}$$

$$\Rightarrow d_w \geq \underline{17,03\,\text{mm}}$$

Aufgabe 4

a)

$$w_q = \frac{5}{384} \cdot \frac{q \cdot l^4}{E \cdot I}$$

$$w_s = \frac{F_s \cdot l^3}{48 E \cdot I}$$

$$w_{res} = w_q - w_s = \frac{5}{384} \cdot \frac{q \cdot l^4}{E \cdot I} - \frac{F_s \cdot l^3}{48 E \cdot I} = \frac{F_s \cdot h}{E \cdot A}$$

$$\Rightarrow \frac{F_s \cdot h}{A} + \frac{F_s \cdot l^3}{48 I} = \frac{5}{384} \frac{q \cdot l^4}{I}$$

$$\Rightarrow F_s \left[\frac{h}{A} + \frac{l^3}{48 I} \right] = \frac{5}{384} \frac{q \cdot l^4}{I}$$

$$\Rightarrow F_s = \frac{5}{384} \frac{q \cdot l^4}{I} \cdot \frac{1}{\left[\frac{h}{A} + \frac{l^3}{48 I} \right]} = \frac{5 q \cdot l^4}{384 \left[\frac{h \cdot I}{A} + \frac{l^3}{48} \right]}$$

$$= \frac{5 \cdot 10 \cdot (10.000)^4}{384 \left[\frac{8000 \cdot 2 \cdot 10^6}{\frac{\pi}{4} \cdot 200^2} + \frac{10.000^3}{48} \right]} = \underline{\underline{62,5\,\text{kN}}}$$

$$\Rightarrow w_{res} = \frac{62,5 \cdot 10^3 \cdot 8000}{2,1 \cdot 10^5 \cdot \frac{\pi}{4} 200^2} = \underline{\underline{0,076\,\text{mm}}}$$

b) Knickfall 2: $l = h$

$$I = \frac{\pi}{64} d^4$$

$$\lambda = \frac{s}{\sqrt{\frac{I}{A}}} = \frac{h}{\sqrt{\frac{\pi}{64} \cdot \frac{d^4}{\pi} \frac{4}{d^2}}} = \frac{4h}{d} = \frac{4 \cdot 8000\,\text{mm}}{200\,\text{mm}} = \underline{\underline{160}} \Rightarrow \text{Euler}$$

$$F_K = \frac{\pi^2 \cdot E \cdot I}{l^2}$$

$$\Rightarrow F_K = \frac{\pi^2 \, 2,1 \cdot 10^5\,\text{N} \cdot \pi \cdot 200^4\,\text{mm}^4\,\text{kN}}{\text{mm}^2 \, 64 \cdot 8000^2\,\text{mm}^2 \cdot 10^3\,\text{N}} = \underline{\underline{2543,48\,\text{kN}}}$$

$$S = \frac{F_K}{F_s} = \frac{2543,48\,\text{kN}}{62,5\,\text{kN}} = \underline{\underline{40,7}}$$

Weiterführende Literatur

[1] Assmann, B.: Aufgaben zur Festigkeitslehre, 13. Aufl. Oldenbourg, München (2009)

[2] Assmann, B., Selke, P.: Festigkeitslehre, 18. Aufl. Technische Mechanik, Bd. 2. Oldenbourg, München (2013)

[3] Böge, A.: Technische Mechanik. Statik – Dynamik – Fluidmechanik – Festigkeitslehre, 31. Aufl. Springer, Wiesbaden (2015)

[4] Brommundt, E., Sachs, G., Sachau, D.: Technische Mechanik. Eine Einführung, 4. Aufl. Oldenbourg, München (2007)

[5] Falk, S.: Mechanik des elastischen Körpers. Technische Mechanik, Bd. 3. Springer, Berlin Heidelberg New York (1969)

[6] Hibbeler, R.C.: Festigkeitslehre, 8. Aufl. Technische Mechanik, Bd. 2. Pearson Studium, München (2013)

[7] Holzmann, G., Dreyer, H.-J., et al.: Holzmann-Meyer-Schumpich. Technische Mechanik – Festigkeitslehre. Springer, Wiesbaden (2016)

[8] Läpple, V.: Lösungsbuch zur Einführung in die Festigkeitslehre. Ausführliche Lösungen und Formelsammlung, 3. Aufl. Springer, Wiesbaden (2012)

[9] Läpple, V.: Einführung in die Festigkeitslehre. Lehr- und Übungsbuch, 4. Aufl. Springer, Wiesbaden (2016)

[10] Muhs, D., Wittel, H., et al.: Roloff/Matek Maschinenelemente. Normung – Berechnung – Gestaltung, 23. Aufl. Springer, Wiesbaden (2015)

[11] Skolaut, W. (Hrsg.): Maschinenbau. Springer, Berlin/Heidelberg (2014)

© Springer Fachmedien Wiesbaden GmbH 2017
K.-D. Arndt et al., *Festigkeitslehre für Wirtschaftsingenieure*,
https://doi.org/10.1007/978-3-658-18066-9

Sachverzeichnis